环境生物催化原理与应用

主　编　吕小梅　胡俊杰
副主编　唐海江　兰善红
编　委　吕小梅　东莞理工学院
　　　　胡俊杰　东莞理工学院
　　　　唐海江　深圳市科德环保科技有限公司
　　　　兰善红　东莞理工学院

http://press.hust.edu.cn
中国·武汉

内容提要

环境生物催化技术是生物催化技术与环境工程技术相结合而产生的一种新兴的环境污染治理与修复技术。作为一种高效的污染物处理方法，环境生物催化技术发展极其迅速，已成为环境保护中最重要、应用最广泛的技术，在环境科学与工程以及可再生能源开发等领域得到广泛的应用。

全书分为九章，第一章对环境生物催化进行概述；第二章介绍环境生物催化剂的起源与催化特点；第三章介绍环境生物催化剂的来源与筛选，包括极端微生物与极端酶的分类、筛选、生产及其应用；第四章介绍环境生物催化剂的固定化；第五章介绍环境生物催化剂的改造，包括酶的改造方法、改造工具以及改造案例；第六章介绍环境生物催化研究中的生物信息学工具，包括常用生物信息数据库以及生物信息学在环境生物催化领域的应用；第七章介绍环境生物催化研究中的分子生物学工具；第八章介绍生物催化技术在环境污染治理中的应用；第九章介绍生物催化技术在废弃物资源化与生物能源开发中的应用。

本书可用作高等院校环境科学与工程专业教材及参考书，也可供环境工程、生物工程及相关领域科研、设计院所及生产单位的技术人员以及相关院校的师生参考。

图书在版编目(CIP)数据

环境生物催化原理与应用 / 吕小梅，胡俊杰主编. -- 武汉：华中科技大学出版社，2025.4.
ISBN 978-7-5772-1779-6

Ⅰ．X17

中国国家版本馆 CIP 数据核字第 2025WM8598 号

环境生物催化原理与应用　　　　　　　　　　　　　　吕小梅　胡俊杰　主编
Huanjing Shengwu Cuihua Yuanli yu Yingyong

策划编辑：王新华	
责任编辑：王新华	
封面设计：潘　群	
责任校对：朱　霞　袁梦丽	
责任监印：周治超	
出版发行：华中科技大学出版社（中国·武汉）	电话：(027)81321913
武汉市东湖新技术开发区华工科技园	邮编：430223
录　　排：武汉市洪山区佳年华文印部	
印　　刷：武汉市洪林印务有限公司	
开　　本：710mm×1000mm　1/16	
印　　张：16.75	
字　　数：336 千字	
版　　次：2025 年 4 月第 1 版第 1 次印刷	
定　　价：43.00 元	

本书若有印装质量问题，请向出版社营销中心调换
全国免费服务热线：400-6679-118　竭诚为您服务
版权所有　侵权必究

前　言

　　环境污染问题目前已成为全球面临的四大难题之一,保护环境也早已被确定为我国的基本国策。污染物种类繁多、污染形式复杂,对生态系统和人类健康造成极大威胁。生物催化技术的开发与利用已有悠久的历史,生物催化技术与环境工程的交叉与结合,形成了环境生物催化技术。环境生物催化技术作为一种高效且环境友好的生物工程应用,已成为经济效益与环境效益俱佳的环境保护手段,在大气污染治理、水污染控制、废弃物资源化、环境污染修复、有毒有害物质的降解和转化、清洁可再生能源的开发、环境友好材料的合成、环境监测等环境保护的多个领域,发挥着重要作用。

　　本书是编者在长期从事环境污染治理与修复的生物技术工作基础上,总结提炼多年的研究成果,并结合国内外该领域的最新技术编写而成的。全书分为九章,第一章对环境生物催化进行概述;第二章介绍环境生物催化剂的起源与催化特点;第三章介绍环境生物催化剂的来源与筛选,包括极端微生物与极端酶的分类、筛选、生产及其应用;第四章介绍环境生物催化剂的固定化;第五章介绍环境生物催化剂的改造,包括酶的改造方法、改造工具以及改造案例;第六章介绍环境生物催化研究中的生物信息学工具,包括常用生物信息数据库以及生物信息学在环境生物催化领域的应用;第七章介绍环境生物催化研究中的分子生物学工具;第八章介绍生物催化技术在环境污染治理中的应用;第九章介绍生物催化技术在废弃物资源化与生物能源开发中的应用。

　　本书由吕小梅、胡俊杰主编,唐海江、兰善红为副主编。具体分工如下:第1章、第6章由胡俊杰编写;第2章由兰善红编写;第4章由唐海江编写;第3章、第5章、第7章、第8章由吕小梅编写;第9章由吕小梅、唐海江、兰善红共同编写;全书由吕小梅统稿。本书的出版得到华中科技大学出版社的大力支持。在此,编者向所有对此书的出版给予关心和支持的前辈、同行和朋友表示深切的谢意。

　　由于编者知识水平和写作能力有限,书中难免存在许多遗漏和不当之处,敬请读者批评指正,不胜感激!

编　者

目 录

第一章 绪论 (1)
第一节 环境生物催化的定义与分类 (1)
一、环境生物催化的定义 (1)
二、环境生物催化的分类 (2)
第二节 环境生物催化的发展历程与学科体系 (3)
一、环境生物催化的发展历程 (3)
二、环境生物催化发展过程中的学科交叉 (6)
第三节 环境生物催化技术的研究范围与工程学特征 (9)
一、环境生物催化技术的研究范围 (10)
二、环境生物催化技术的工程学特征 (11)
第四节 环境生物催化技术的发展趋势 (12)
一、瓶颈与挑战 (12)
二、新催化剂的研发 (13)
三、集成与智能化 (13)
四、可持续发展 (14)
五、经济性与市场需求 (15)

第二章 环境生物催化剂的起源与催化特点 (17)
第一节 概述 (17)
第二节 酶催化剂的起源与催化特点 (17)
一、酶催化剂的起源及发展 (17)
二、酶催化的特点 (20)
三、影响酶催化的因素 (22)
第三节 微生物催化剂的起源与催化特点 (25)
一、微生物催化剂的起源及发展 (25)
二、微生物催化的特点 (25)
三、影响微生物催化的因素 (26)
第四节 催化剂的性能评价指标 (27)
一、活性 (27)
二、选择性 (28)
三、稳定性 (28)

第三章 环境生物催化剂的来源与筛选 (29)
第一节 环境微生物催化剂的来源与多样性 (29)

第二节　酶和产酶微生物的筛选策略 …………………………………… (30)
　　第三节　酶和产酶微生物的筛选方法 …………………………………… (31)
　　　一、从商品酶库或菌种保藏中心筛选 ………………………………… (31)
　　　二、自然环境中发现和筛选 …………………………………………… (33)
　　　三、宏基因组文库中筛选 ……………………………………………… (36)
　　　四、数据库中筛选 ……………………………………………………… (40)
　　　五、高通量筛选 ………………………………………………………… (41)
　　第四节　极端微生物与极端酶 …………………………………………… (48)
　　　一、极端微生物的分类及应用 ………………………………………… (48)
　　　二、极端酶的分类及应用 ……………………………………………… (56)
　　　三、极端酶的筛选与生产 ……………………………………………… (61)
　　　四、极端微生物与极端酶在环境保护中的应用 ……………………… (63)
　　　五、极端微生物学的研究意义与发展趋势 …………………………… (67)

第四章　环境生物催化剂的固定化 …………………………………………… (69)
　　第一节　固定化生物催化剂概述 ………………………………………… (69)
　　　一、固定化技术的发展背景 …………………………………………… (69)
　　　二、固定化生物催化剂的优势 ………………………………………… (70)
　　　三、生物催化剂固定化的基本原则 …………………………………… (71)
　　第二节　生物催化剂固定化载体材料 …………………………………… (73)
　　　一、载体材料的分类 …………………………………………………… (73)
　　　二、载体材料的选择 …………………………………………………… (78)
　　第三节　生物催化剂的固定化方法 ……………………………………… (78)
　　　一、吸附法 ……………………………………………………………… (78)
　　　二、包埋法 ……………………………………………………………… (80)
　　　三、共价结合法 ………………………………………………………… (80)
　　　四、交联法 ……………………………………………………………… (81)
　　　五、固定化技术的发展 ………………………………………………… (82)
　　第四节　影响固定化生物催化剂活性的因素 …………………………… (82)

第五章　环境生物催化剂的改造 ……………………………………………… (83)
　　第一节　酶改造方法 ……………………………………………………… (83)
　　　一、酶核酸改造 ………………………………………………………… (83)
　　　二、酶蛋白改造 ………………………………………………………… (92)
　　第二节　酶设计改造工具 ………………………………………………… (95)
　　　一、同源建模 …………………………………………………………… (95)
　　　二、分子对接 …………………………………………………………… (95)

三、分子动力学模拟 …………………………………………… (96)
　　四、自由能计算 ………………………………………………… (96)
　　五、在线网络预测服务 ………………………………………… (96)
　第三节　工业环境下酶蛋白的适应性改造 ………………………… (98)
　　一、高温条件下酶蛋白的适应性改造 ………………………… (98)
　　二、强酸或强碱条件下酶蛋白的适应性改造 ………………… (99)
　　三、高盐条件下酶蛋白的适应性改造 ………………………… (101)
　　四、有机溶剂中酶蛋白的适应性改造 ………………………… (102)
　　五、高底物浓度条件下酶蛋白的适应性改造 ………………… (103)
第六章　环境生物催化研究中的生物信息学工具 ……………………… (105)
　第一节　生物信息学概述 …………………………………………… (105)
　第二节　生物信息数据库 …………………………………………… (106)
　　一、概述 ………………………………………………………… (106)
　　二、核酸序列数据库 …………………………………………… (109)
　　三、蛋白质序列数据库 ………………………………………… (111)
　　四、基因组数据库 ……………………………………………… (113)
　　五、生物大分子结构数据库 …………………………………… (115)
　　六、其他数据库 ………………………………………………… (117)
　第三节　生物信息学在环境生物催化领域的应用 ………………… (118)
　　一、指导生物催化剂基因的发现与获取 ……………………… (119)
　　二、指导现有生物催化剂的改性研究 ………………………… (120)
　第四节　生物信息学工具应用的基本策略 ………………………… (121)
第七章　环境生物催化研究中的分子生物学工具 ……………………… (123)
　第一节　核酸的分离和纯化 ………………………………………… (123)
　　一、核酸提取分离的主要步骤 ………………………………… (124)
　　二、DNA 提取技术 …………………………………………… (125)
　　三、RNA 提取技术 …………………………………………… (125)
　　四、核酸凝胶电泳 ……………………………………………… (126)
　第二节　基因的检测与确认 ………………………………………… (126)
　　一、DNA、RNA 的定量 ……………………………………… (126)
　　二、聚合酶链式反应扩增技术 ………………………………… (127)
　　三、DNA 测序技术 …………………………………………… (136)
　第三节　基因克隆技术 ……………………………………………… (139)
　　一、基因克隆常用的工具酶 …………………………………… (140)
　　二、目的基因获取 ……………………………………………… (143)

三、载体 …………………………………………………………… (144)
　　四、重组DNA的构建 ………………………………………………… (147)
　　五、宿主细胞 ………………………………………………………… (149)
　　六、重组DNA导入宿主细胞 ………………………………………… (151)
　　七、重组子的筛选 …………………………………………………… (151)
　　八、阳性重组子的验证、分析 ……………………………………… (155)
　第四节　目的基因的表达 ……………………………………………… (156)
　　一、目的基因表达机制 ……………………………………………… (157)
　　二、目的基因表达的影响因素 ……………………………………… (158)
　　三、目的基因表达系统 ……………………………………………… (163)

第八章　生物催化技术在环境污染治理中的应用 ………………… (164)
　第一节　污染物净化中的生物催化技术的原理 …………………… (164)
　第二节　污染物生物净化的微生物学基础 ………………………… (165)
　　一、微生物的新陈代谢 ……………………………………………… (165)
　　二、微生物生长的营养 ……………………………………………… (166)
　第三节　废水生物处理 ………………………………………………… (167)
　　一、废水生物处理的基本原理 ……………………………………… (168)
　　二、废水生物处理的活性污泥法 …………………………………… (173)
　　三、废水生物处理的生物膜法 ……………………………………… (182)
　　四、废水生物处理的厌氧法 ………………………………………… (188)
　　五、废水生物脱氮除磷技术 ………………………………………… (194)
　第四节　废气生物处理 ………………………………………………… (201)
　　一、废气生物处理原理 ……………………………………………… (202)
　　二、废气生物处理工艺 ……………………………………………… (202)
　　三、含硫废气的生物处理 …………………………………………… (207)
　　四、含氮化合物的生物处理 ………………………………………… (208)
　　五、二氧化碳的生物处理 …………………………………………… (209)
　第五节　固体废弃物的生物处理 …………………………………… (211)
　　一、堆肥化处理 ……………………………………………………… (211)
　　二、厌氧发酵 ………………………………………………………… (214)
　　三、填埋 ……………………………………………………………… (216)

第九章　生物催化技术在废弃物资源化与生物能源开发中的应用 ………… (219)
　第一节　生物质与生物质能 ………………………………………… (220)
　　一、生物质 …………………………………………………………… (220)
　　二、生物质能 ………………………………………………………… (220)

三、生物质能的转化途径 …………………………………………… (221)
第二节 有机废弃物资源化 ………………………………………… (221)
一、有机废水发酵制氢 ……………………………………………… (221)
二、有机废弃物发酵产甲烷 ………………………………………… (225)
三、有机废弃物发酵制醇 …………………………………………… (227)
四、有机废弃物生产生物可降解塑料 ……………………………… (232)
五、有机废弃物生产单细胞蛋白与饲料 …………………………… (235)
第三节 生物燃料电池 ……………………………………………… (238)
一、生物燃料电池概述 ……………………………………………… (238)
二、生物燃料电池的工作原理 ……………………………………… (239)
三、生物燃料电池的类型 …………………………………………… (240)
四、影响生物燃料电池性能的因素 ………………………………… (241)
五、生物燃料电池的应用 …………………………………………… (242)
第四节 微生物采油 ………………………………………………… (242)
一、微生物采油概述 ………………………………………………… (242)
二、微生物采油的原理 ……………………………………………… (243)
三、微生物采油工艺及应用 ………………………………………… (244)
第五节 微生物冶金 ………………………………………………… (245)
一、微生物冶金概述 ………………………………………………… (245)
二、微生物冶金技术的分类 ………………………………………… (246)
三、微生物冶金技术的应用 ………………………………………… (248)

参考文献 ……………………………………………………………… (250)

第一章 绪 论

生物催化是利用生物催化剂,例如酶或微生物细胞,来加速化学反应,具有反应条件温和、副产品少、适用范围广和可持续性强等优点。生物催化技术在资源、能源、环保等许多方面发挥着重要的作用,已成为当前优先发展的技术之一。

环境污染已成为全球性问题,涉及水体、大气和土壤等多个方面。污染物的种类繁多,包括有机污染物、重金属污染物、放射性污染物等,它们对生态系统和人类健康造成极大威胁。环境生物催化作为一种新兴的环境治理技术,利用自然界中的微生物细胞或者酶等生物催化剂,能够在温和条件下,通过生化反应高效地转化和分解污染物。相比于传统的物理和化学方法,环境生物催化不仅能够减少能源消耗,降低处理成本,还能减小二次污染的风险,展现出巨大的应用潜力。因此,生物催化技术在环境污染治理中的应用,具有重大的理论价值和实践意义。

未来生物催化技术的发展将更加注重与环境工程、分子生物学、材料科学等多学科的交叉融合。通过这种跨学科的合作,可以不断地发现新的生物催化剂,探索更多的催化机制,从而为环境污染治理提供更多的可能性。同时,随着基因工程和纳米技术的发展,生物催化剂的设计和改造将更加精准和高效,为解决环境污染问题提供更强大的工具。在此背景下,生物催化技术在环境污染治理中的应用具有长远的战略意义。

第一节 环境生物催化的定义与分类

环境生物催化技术的发展离不开对其概念的深入理解和不断更新。从最初利用自然界中存在的微生物来降解有机物,到后来发现和应用特定酶催化特定化学反应,环境生物催化的概念不断扩展和丰富。随着科学技术的进步,人们对环境生物催化的认知也在不断深化,其定义也趋于明确和全面。

一、环境生物催化的定义

环境生物催化作为一种利用生物体内的催化机制促进化学反应的技术,在环境科学与工程领域扮演着重要角色。其定义为使用酶或微生物细胞作为催化剂来降解或转化环境中的有害物质,以减少污染、恢复生态平衡和开发可持续的环境污染解决方案的技术。环境生物催化的特性体现在高效性、选择性和环境友好性,这些特性使其成为处理复杂环境问题的有力工具(图 1-1)。

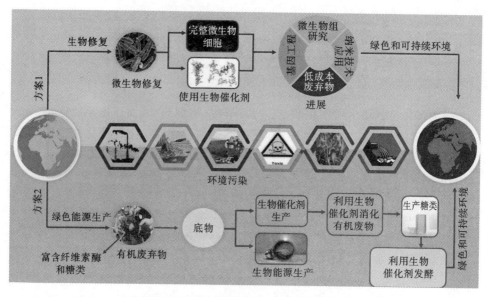

图 1-1　环境生物催化技术应用展示图

(改自 Haque 等，2022)

环境生物催化技术的核心在于催化剂，包括微生物细胞和酶，它们通过特定的生化途径和代谢途径促进反应的进行。微生物在生物催化过程中发挥着关键作用，它们可以利用自身的代谢系统将环境中的有害物质转化为无害或低害的物质。酶作为生物催化剂，具有高度的专一性和高效率，能够在温和的条件下催化复杂的化学反应。环境生物催化技术的特性使其在众多领域展现出巨大的应用潜力，例如污染物降解、能源转换和生物修复等。

二、环境生物催化的分类

环境生物催化的分类方法多种多样，环境生物催化可以根据其应用领域、所使用的生物催化剂类型以及生物催化反应类型进行分类。

按照应用领域，环境生物催化可以分为污染物治理生物催化和能源生产生物催化两大类。在污染物治理方面，生物催化技术能够针对特定的污染物如有机污染物、无机污染物以及放射性污染物进行有效处理和修复。在能源生产方面，生物催化技术用于废弃生物质能源的转化，如利用农林废弃物、动植物粪便、剩余污泥等各类有机固体废弃物生产生物燃料、生物气体以及进行微生物产电，还可以利用微生物的代谢作用进行微生物采油以提高采收率，提高国家或地区的能源自给率。

根据生物催化剂的类型，环境生物催化可以分为酶催化和微生物催化两大类

(图 1-2)。酶催化是指利用天然酶或经过生物工程改造的酶进行催化反应,如某些氧化还原酶可以催化降解废水中的难降解有机污染物,漆酶可以催化降解多环芳烃等。微生物催化是利用整个微生物细胞或其代谢产物进行催化反应,常用于废水处理、废气处理、固体废弃物处理以及土壤修复。

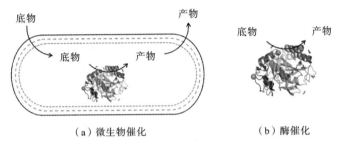

图 1-2　环境生物催化过程的示意图

根据生物催化反应类型,环境生物催化可分为氧化还原反应生物催化、水解反应生物催化、合成反应生物催化和基团转移反应生物催化四大类。① 氧化还原反应生物催化。在环境生物催化中,氧化还原酶催化的氧化还原反应较为常见。如在大气污染与水污染控制中,某些微生物中的氧化酶可以催化氧化有机污染物,还原酶可催化还原氮氧化物等;在土壤修复中,一些铁还原菌可以将土壤中的高价铁还原为低价铁,从而促进某些污染物的还原降解。② 水解反应生物催化。水解酶能够催化酯类、酰胺类、糖类等化合物的水解反应,可用于降解农药、石油污染物等。③ 合成反应生物催化。某些酶可以催化合成可生物降解的聚合物,在环境友好材料的合成方面极具应用潜力,如聚羟基脂肪酸酯(PHA)等,这些聚合物在环境中容易被微生物分解。④ 基团转移反应生物催化。转移酶催化的基团转移反应在环境生物催化中也有一定的应用。例如,在生物修复过程中,某些转移酶可以将污染物分子中的特定基团转移到其他分子上,从而改变污染物的化学性质,使其更容易被降解或转化。

第二节　环境生物催化的发展历程与学科体系

在当前环境问题日益严重的背景下,环境生物催化技术展现出其独特的价值和广阔的应用前景。下面对环境生物催化的概念演变进行回顾,分析其在不同历史阶段的发展特点,并展望其发展方向。

一、环境生物催化的发展历程

环境生物催化的历史根源可以追溯到古代文明时期,当时人们无意中发现了微生物的催化作用,尽管对微生物本身的认识尚未形成。例如,在制酒和面包发酵过程中,微生物的作用至关重要,但其背后的科学原理直到19世纪才逐渐被揭开。路易斯·巴斯德的研究开启了微生物学的新篇章,他证明了微生物在生物催化过程中的作用,并揭示了发酵过程的生物学本质。19世纪末,科学家就已经观察到微生物在自然界中的催化作用,这些早期的观察为后来环境生物催化技术的发展打下了基础。

进入20世纪,随着化学工业的快速发展,人们开始寻求替代传统化学过程的方法,以解决能源消耗大、副产品污染严重等问题。在这一背景下,生物催化技术因其高效性和环境友好性而受到重视。科学家开始探索利用微生物和酶来催化化学反应,从而在不增加额外污染的情况下生产化学品的新途径(图1-3)。例如,在抗生素的生产过程中,微生物发挥了至关重要的催化作用。此外,石油危机的出现也促使人们寻找可再生能源,生物催化技术在生物燃料如生物乙醇和生物柴油的生产中展现出巨大潜力。

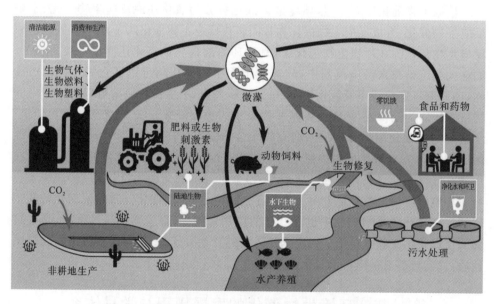

图1-3　微藻生物技术可以实现土壤污染修复和能源生产
(改自Singh,2023)

随着工业化进程的加速和环境污染问题的恶化,研究人员开始关注微生物在污染物处理中的潜在应用,环境生物催化开始受到重视,科学家致力于寻找利用生物催化原理解决环境问题的方法。环境生物催化开始转向污染物的生物降解和生物修复领域。20世纪50年代,科学家发现了微生物在有机污染物降解过程中的关键作用,揭示了微生物如何将有机物作为能量和碳源进行转化的机制。这一领域的开拓者(如 Gibson 和 Stanier 等)对假单胞菌属(*Pseudomonas*)等微生物的研究奠定了微生物降解有机污染物的分子生物学基础。此外,这一时期还产生了首次利用微生物进行污水处理的实践,这标志着环境生物催化开始从实验室转向实际应用。污水处理的成功案例不仅证明了生物催化技术在环境管理中的有效性,也为后续的技术发展和工程化应用奠定了坚实的基础。其他相关技术的发展,包括微生物的筛选与培养技术的进步、特定酶的发现与结构解析,以及生物反应器设计的创新,不仅推动了环境生物催化技术的发展,也为环境科学与工程领域的其他研究提供了宝贵的理论基础和实践经验。

进入 20 世纪 70 年代,环境法规的制定和执行对环境生物催化技术的发展起到推动作用。例如,美国《清洁水法》和《清洁空气法》要求工业界对排放到环境中的污染物进行控制,这促进了对环境友好型生物催化技术的需求。在此背景下,生物修复技术作为一种新兴的环境生物催化应用技术,开始得到研究。生物修复技术利用微生物与植物来降解、转化或稳定化环境中的有害污染物(图 1-4),其应用范围从土壤修复到海洋油污清理等。例如,1989 年发生 Exxon 公司 Valdez 油轮泄漏事件之后,生物修复技术在油污清理过程中发挥了重要作用。这些应用实例不仅展示了环境生物催化技术的实际效果,也推动了相关技术的进一步研究和发展。

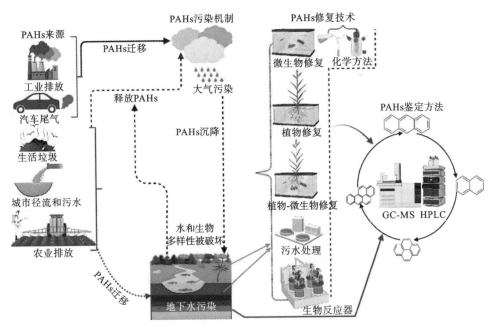

图 1-4 植物与微生物联合降解土壤和地下水中的 PAHs 污染

(改自 Masotti,2023)

随着分子生物学和计算生物学的进步,21世纪初期环境生物催化技术迎来了新的发展机遇。基因工程的应用使得科学家可以设计和构建具有特定催化能力的微生物和酶,极大地扩展了生物催化剂的种类和应用范围,也显著提高了生物催化剂的效率和稳定性。此外,生物信息学的发展为理解和优化催化过程提供了新的工具,使得人们可以通过计算方法预测和优化酶的催化性能。例如,通过计算模拟可以预测酶的活性,从而指导酶的定向进化实验。这些技术的融合进一步推动了环境生物催化技术的工程化和规模化应用。环境生物催化技术如今正朝着更加高效、定制化和智能化的方向发展,展现出解决环境问题的巨大潜力。工程化的生物反应器和优化的生物处理流程等创新,都是在这一时期部分基于计算工具的预测和设计而实现的。这些进步不仅标志着环境生物催化技术的成熟,也为未来的技术革新和环境问题的解决提供了强有力的支持。

二、环境生物催化发展过程中的学科交叉

环境生物催化技术是在多学科相互交叉、相互渗透过程中逐步形成的,是生物技术在环境污染控制领域的应用,使环境变化向有利于人类社会发展的方向转变。同时,应用生物技术还可以实现废弃物资源化(图1-5),使人类更充分地利用自然资源,保持生态平衡。因此,环境生物催化主要涉及生物工程、环境工程和环境风险管理等。

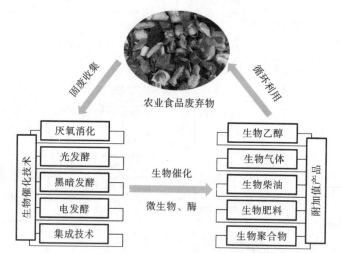

图1-5 运用生物催化技术实现农业食品废弃物高效转化与和循环利用

(一)与生物工程的交叉

环境生物催化技术与生物工程学联系紧密。工程化生物反应器作为一种集成了生物催化剂的高效处理设备,在环境污染物的降解与转化中发挥着至关重要

的作用。工程化生物反应器在环境生物催化中的应用策略包括其设计原则、操作模式,以及如何针对特定污染物进行优化。生物反应器的设计需要考虑催化剂的选择、负载能力、反应动力学参数以及系统的稳定性和可控性。通过对生物工程学原理的应用,环境生物催化技术不仅能够实现对污染物的高效转化,还能优化整个处理过程,降低操作成本,提高系统的可持续性。

在探讨生物工程学与环境生物催化技术的交叉应用时,必须深入理解微生物催化剂在反应器中的作用。微生物催化剂的选择是基于其对特定污染物的降解能力以及在特定环境条件下的稳定性。生物反应器中的微环境,如 pH 值、温度、溶解氧等,需根据微生物的生理特性进行精确控制,以维持其最佳活性。此外,生物膜技术的应用也是提升生物反应器性能的重要方面,通过控制生物膜的厚度、结构和组成,可以有效提高污染物转化效率和系统抗干扰能力。

工程化生物反应器的操作模式对环境生物催化过程有着决定性的影响。批次式、连续式及半连续式是生物反应器最常见的操作模式,每种模式都有其适用的场景和优势。批次式操作简单,易于控制,适用于处理量小、污染物浓度高的场合。连续式操作则适用于大规模、稳定的污染物处理,可以实现无间断的运行和更高的处理效率。半连续式操作结合了批次式和连续式的优点,提供了更灵活的控制方式和更好的适应性。选择合适的操作模式是确保生物反应器高效运行的关键,需要根据污染物特性、处理目标以及经济因素综合考虑。

最后,生物工程学的原理和技术在优化环境生物催化过程中也扮演了不可或缺的角色。通过遗传工程和代谢工程手段,可以对微生物催化剂进行改造,提高其对污染物的特异性和耐受性。同时,系统的模拟与优化也是提升生物催化效率的重要手段。通过建立数学模型和采用计算机辅助设计,可以预测反应过程,指导反应器设计和操作策略的优化。这些工程化手段的应用,极大地提升了环境生物催化技术的实用性和可操作性,为环境污染物的治理提供了新的思路和方法。

(二)与环境工程的交叉

环境工程作为关乎生态平衡与公共健康的重大工程,其实施效率与成效直接影响着环境质量和人类福祉。在这一领域,生物催化技术的引入不仅提供了一种高效、环境友好的处理方法,还为传统的物理和化学治理手段带来了革命性的改进。该技术通过利用微生物细胞或酶等生物催化剂来加速污染物的降解过程,能够针对性地转化特定的污染物,从而达到治理的目的。环境生物催化技术在污染物治理中的应用不仅仅在于降解有机污染物,也涉及重金属等无机物的稳定化和无害化处理,为复杂污染环境中的治理问题提供了创新的解决方案。

环境生物催化技术具有对环境污染物的高度特异性,以及在环境适应性方面的优势。在工程应用中,生物催化剂通常需要在复杂多变的环境中保持活性,这要求研究人员深入了解生物催化剂的作用机制和环境适应性。例如,在处理含氮污染物时,特定的微生物可以通过硝化和反硝化过程转化氨氮,降低水体中氮的浓度,从而减小对水环境的影响。在重金属污染治理中,某些微生物可以通过生物吸附或生物转化的方式将重金属稳定化或转化为低毒性形式,以减少其生物有效性并防止进一步污染。针对污染物的生物降解通常要求对催化剂进行工程化改造,以适应特定的环境条件和处理需求。环保工程师和环境科学家通过优化微生物菌株、改进酶活性、开发固定化技术等手段,提高了生物催化剂的稳定性和处理效率,从而使其更加适用于实际的环境污染物治理工程。

污染物治理工程的实施通常面临着成本和效率的双重挑战。环境生物催化技术在这方面展现出独特的优势,由于其使用的是自然界中的微生物或酶,因此在资源获取上相对经济,同时这些生物催化剂在适宜条件下可以高效地进行催化反应,大幅度降低处理过程的能耗和运行成本。在实际应用中,生物催化剂的使用往往要求在工程设计时深思熟虑,以确保反应条件的优化和系统的稳定运行。例如,生物反应器的设计需要考虑到微生物的生长需求、催化效率和系统的可控性。通过对反应器设计的不断优化和创新,如流化床生物反应器、膜生物反应器等,环保工程师能够更好地控制生物催化过程,提高污染物的处理效率和系统的稳定性。此外,生物催化技术在污染物治理中的应用也促进了相关监测和控制技术的发展,如在线监测系统和自动化控制策略,这些技术的应用使得生物催化过程更加精准和高效,同时也为工程的规模化和自动化奠定了基础。

尽管环境生物催化技术在环境工程领域展现出巨大的潜力和优势,但其实际应用仍面临着一系列挑战。这些挑战包括生物催化剂在复杂污染环境中的稳定性和活性保持、工程化系统的长期运行可靠性,以及环境法规和标准的修改等。为了克服这些挑战,环境科学家和环保工程师需要进行跨学科的合作,结合环境生物学、分子生物学、化学工程和环境工程等多个领域的知识和技术。研究人员正在探索使用基因工程和合成生物学技术来改造微生物,以提高其对特定污染物的降解能力和环境适应性。同时,通过对生物催化剂和反应过程的深入理解,科学家正在开发新的生物反应器设计和操作策略,以提高系统的稳定性和处理效率。此外,对于工程化生物催化系统的生命周期评估和环境影响分析也是实现可持续污染物治理的关键。通过这些努力,环境生物催化技术将在未来的污染物治理工程中扮演更加重要的角色,为实现环境的可持续发展和人类社会的福祉作出更大的贡献。

(三)与环境风险管理学的交叉融合

环境生物催化技术与环境风险管理学的交叉融合是现代环境科学与工程领域的一个重要发展方向。环境生物催化技术,通过利用微生物细胞或酶等生物催化剂,可以在分子水平上转化和降解污染物,为环境污染物的治理提供了一种高效、环保的手段。环境风险管理学则提供了一套方法论,用于识别、评估和控制环境中的潜在风险。当环境生物催化技术在环境治理中得到应用时,它与环境风险管理学的结合为环境污染的预防和控制提供了科学的决策支持。

在生物催化剂的选择与管理方面,环境风险管理学为环境生物催化技术提供了一种风险识别和评估的框架。通过分析不同生物催化剂在特定环境条件下的稳定性和效率,可以优化催化过程,降低由于催化剂选择不当或使用不当而产生的环境风险。例如,在处理特定类型的污染物时,选择对该污染物具有高度专一性的酶或微生物,不仅可以提升处理效率,还可以减少非目的反应的发生,从而减少副产物的风险。此外,通过对生物催化剂的生命周期,包括其生产、使用和处置过程进行管理,可以确保整个催化过程的环境安全性,从而在源头上控制风险。

针对污染物风险评估,环境生物催化技术与环境风险管理学的交叉融合表现在对污染物的危害性和暴露风险进行综合评价的能力上。利用环境生物催化技术,可以在分子层面上理解污染物的转化途径和最终降解产物,为风险评估提供重要的基础数据。在此基础上,结合环境风险管理学的定量方法,如风险评估模型和敏感性分析,可以预测污染物在环境中的行为和对人类健康及生态系统的潜在影响,从而为制定有效的风险控制策略提供科学依据。

环境风险管理学提供了一种系统性的方法来监测生物催化过程,并对其进行实时控制。通过建立生物催化反应的动力学模型,并结合实时监测技术,可以对催化过程进行精确控制,确保催化效率和安全性。例如,通过在线监测pH值、温度、底物浓度和产物浓度等关键参数,可以及时调整反应条件,提高催化效率,同时预防可能的环境风险。这种监测与控制策略的应用,不仅提高了污染物处理的效率和安全性,也为环境风险的主动管理提供了技术支持。

最后,在环境管理决策方面,生物催化技术与环境风险管理学的结合为决策者提供了一个科学的决策工具。通过对生物催化过程的全面理解和风险评估,政策制定者可以在考虑环境、经济和社会因素的基础上,制定出既有效又可持续的环境管理策略。例如,通过比较不同生物催化方案的风险与收益,决策者可以选择最适合当地环境和社会经济条件的技术方案,从而实现环境污染治理的最优化。此外,环境生物催化技术与环境风险管理学的结合还有助于提升公众对环境治理技术的接受度,通过透明的风险沟通和参与,增加社会各界对环境保护的共识和支持。

第三节 环境生物催化技术的研究范围与工程学特征

环境生物催化技术作为一种高效且环境友好的生物工程应用,其研究范围广泛,覆盖了从污染物降解到能源转换,再到生物修复等多个领域。

一、环境生物催化技术的研究范围

利用微生物细胞和酶等生物催化剂,通过生化反应分解有害化合物,将其转化为无害或低毒的物质,以此减少环境中的污染负担。这一过程不仅涉及对污染物种类的识别和降解机制的探究,还包括对生物催化剂的筛选、优化和应用。在能源转换领域,生物催化技术则关注如何将生物质资源通过生化途径转化为可再生能源,例如生产生物燃料。这一研究范围的关键点在于生物催化剂的效率和稳定性,以及生物质资源的可持续获取和转化过程的经济性。而在生物修复领域,环境生物催化技术则着眼于利用生物催化剂修复受污染的土壤和水体环境,这包括对污染场地的生物地球化学特性进行深入分析,以及开发适宜的生物催化剂和修复方案。

（一）污染物降解

环境生物催化技术在污染物降解,尤其是在处理难降解和有毒有害化合物方面显示出巨大的潜力。例如,由于多环芳烃（PAHs）、多氯联苯（PCBs）和染料等污染物具有化学稳定性和生物顽固性,传统的物理化学处理方法往往成本高昂且效果不佳。通过生物催化技术,可以利用特定的微生物或酶系统,在相对温和的条件下实现这些污染物的有效降解。研究人员不断探索新型微生物菌株和酶活性,以期提高降解效率和适应性,使其能够在不同的环境条件下稳定工作。对于这些微生物和酶的研究不仅包括其基本生物学特性,还涉及它们在实际环境中的行为、相互作用以及如何在工程应用中实现规模化。

（二）能源转换

在能源转换的研究范围中,环境生物催化技术正逐步成为生物质能源生产的关键技术之一。通过对生物催化过程中的关键步骤进行优化,例如提高酶的催化效率、增强微生物代谢途径的产能或是通过代谢工程改造生物路径,可以极大提升生物质资源转化为生物燃料的效率。这些研究不仅对于能源的可持续生产具有重要意义,还对减少化石燃料依赖、降低温室气体排放量具有深远的影响。此外,生物质资源的利用还涉及对原料来源的可持续性分析,以及生物燃料生产过程中的生命周期评估,以确保整个过程的环境友好性和经济可行性。

（三）生物修复

生物修复作为环境生物催化技术的重要应用之一,在修复受污染土壤和水体方面展现出独特优势。通过选用特定的微生物或酶,可以针对性地降解或转化土壤和水体中的污染物。生物修复技术的优势在于其环境兼容性好,可在自然条件下进行,避免了传统修复技术可能带来的二次污染。然而,生物修复的效率和成功率受到多种因素的影响,如污染物的种类和浓度、微生物的生存环境和土壤的物理化学特性。因此,对于生物修复技术的研究不仅需要深入了解污染物与生物催化剂之间的相互作用,还需要探究如何优化修复过程中的环境条件,以提升修复效果和速度。

二、环境生物催化技术的工程学特征

环境生物催化技术的工程学特征体现了其在环境科学与工程领域的重要应用价值。

(一)高效性

高效性是环境生物催化技术的核心工程学特征之一。高效性涉及催化过程中反应速率的最大化以及反应时间的最短化,这对于处理大量污染物具有显著的经济和环境意义。例如,在工业废水处理过程中,生物催化剂能够快速降解有机污染物,缩短了处理时间,降低了能耗,同时提高了处理效率。此外,高效性还涉及催化剂的稳定性和再生能力,这些特性保证了生物催化剂在连续多次反应中能保持较高的活性,降低了环境生物催化技术的长期应用成本。

(二)选择性

选择性作为环境生物催化技术的另一个工程学特征,指的是催化剂对特定反应的高选择性,能够在复杂的环境样本中特异性地转化目标污染物,而不影响其他非目标组分。这种选择性不仅提高了污染物处理的针对性,还减少了副产品的生成量,从而降低了后续处理步骤的复杂性和成本。在实际应用中,通过基因工程手段改造的微生物或酶,能够针对性地降解特定的污染物,如重金属污染物或持久性有机污染物(POPs),这种选择性的增强使得环境生物催化技术在环境治理中展现出巨大的应用潜力。

(三)环境友好性

环境友好性也是环境生物催化技术的重要工程学特征。与传统的化学催化方法相比,生物催化过程通常在温和的条件下进行,如常温和常压,不需要使用有害的化学试剂,因此对环境的影响较小。生物催化剂通常可以自然降解,不会在环境中积累,从而减少了二次污染的风险。例如,在利用微生物催化剂处理污水时,处理过程不会产生有害的化学物质,反而可能产生可作为肥料使用的副产品,这种"绿色"处理方法有助于实现可持续的环境管理。

(四)可持续性和经济性

环境生物催化技术的工程学特征不仅体现在其高效性、选择性和环境友好性,还包括其可持续性和经济性。可持续性主要指催化过程中资源的循环利用和能源的节约,经济性则关注整个催化过程的成本效益比。例如,催化剂的可回收性和长期稳定性有利于减少对新催化剂的需求,降低材料成本。同时,由于生物催化通常在较低的能耗下进行,因此操作成本也相对较低。这些特征使得环境生物催化技术在环境科学与工程领域具有高度竞争力,有望在未来的环境管理实践中发挥更加重要的作用。

第四节 环境生物催化技术的发展趋势

一、瓶颈与挑战

环境生物催化技术作为一种高效的污染物处理方法,近年来在环境科学与工程领域得到广泛的应用。然而,尽管其具有显著的优势,如可操作性强、适应面广和环境友好等,在实际应用过程中仍面临诸多技术瓶颈与挑战。例如,生物催化剂的稳定性和活性在长期运行时或在复杂环境中往往难以保持,这限制了其在工业化大规模应用中的效率。此外,生物催化反应的速率通常较小,这可能导致处理时间较长,从而增加工艺的经济成本。针对这些问题,研究人员正在通过生物工程技术对催化剂进行改造,以提高其稳定性和催化效率。

生物催化剂的选择性是另一个重要问题。在复杂环境中,多种污染物共存,理想的生物催化剂应具有高选择性,能够针对特定污染物进行转化。然而,现有的生物催化剂往往缺乏足够的选择性,这可能导致副反应的发生,从而降低反应的整体效率和产品的纯度。为了解决这一问题,研究人员正致力于通过分子生物学和合成生物学方法设计和筛选出具有高度选择性的生物催化剂,以期在未来精准地处理特定的环境污染物。

环境因素对生物催化过程的影响也是一个不容忽视的挑战。pH值、温度、溶解氧和污染物浓度等环境因素均可能对生物催化剂的活性和稳定性产生重大影响。在自然环境和工业应用中,这些因素往往难以控制,从而影响生物催化过程的效率和可预测性。为了克服这些挑战,研究人员正在开发更加稳定的生物催化剂,并设计更加精确的控制系统来调节这些环境因素,以确保生物催化过程的稳定运行。

环境生物催化技术面临的挑战在于保持催化剂在实际应用中的稳定性和活性。为此,研究重点正逐渐转向催化剂在环境应用中的行为和特征。通过模拟真实环境条件,研究催化剂与环境介质(如土壤、水体和大气)的相互作用,可以揭示影响催化剂性能的关键因素。研究人员正致力于开发具有自我修复和适应能力的"智能"催化剂,这类催化剂能够在不利条件下自动调整其结构和功能,保持催化活性。此外,构建模块化和可重构的催化系统,能够根据污染物的类型和浓度快速调整催化策略,这将极大提升环境生物催化技术的灵活性和适应性。

环境生物催化技术在规模化应用中的经济性是实现其工业化的关键因素。目前,许多生物催化过程在小规模实验室环境中已显示出良好的效果,但在放大到工业规模时面临成本增加的问题。原材料成本、催化剂生产成本以及过程能耗等因素都可能导致环境生物催化技术的经济性降低。因此,研究人员正在寻求降低环境生物催化技术成本的方法,例如提高催化剂的再利用率、优化生物催化过程的设计和操作条件,以及开发新的、更经济的催化剂生产方法。

二、新催化剂的研发

在环境生物催化技术领域,新型生物催化剂的研发是推动该技术进步的核心动力。当前研究主要集中于提高催化剂的效率、稳定性和适应性,以应对复杂多变的环境条件。发展趋势显示,研究人员正致力于通过分子生物学和合成生物学手段,对微生物和酶进行基因改造,以获得更高的催化活性和特异性。此外,对催化剂进行表面改性和结构微调,以提高其在不同环境条件(如温度、pH 值)下的工作效率,也是研发的重点。生物催化剂的多样化和复合化成为实现高效催化的新方向,通过构建多酶体系或微生物共代谢网络,实现对多种污染物的同时降解,这种策略可显著提升催化剂的应用范围和处理效率。

随着纳米技术和材料科学的发展,生物催化剂的载体设计和催化环境的优化成为研发的新焦点。将催化剂固定化,不仅可以增强催化剂的稳定性和重复使用性能,还可以提高其对污染物的吸附能力和选择性。例如,利用磁性纳米颗粒可以实现催化剂的快速回收和分离,减少生产成本并降低二次污染的风险。此外,生物催化剂与光催化剂或电催化剂结合,形成复合催化系统,为复杂污染物的降解提供了新的策略。这种多功能一体化的催化体系,不仅能够提升催化效率,而且能够利用太阳能或电能作为能源,推动环境生物催化技术向绿色可持续的方向发展。

生物信息学和高通量筛选技术的发展为新型生物催化剂的研发提供了强有力的工具。通过对自然界中的微生物群落进行宏基因组学分析,研究人员能够发现并利用新的催化剂候选分子。高通量筛选技术使得从数以千计的候选分子中快速识别出具有优异催化性能的生物催化剂成为可能。此外,应用机器学习和人工智能技术,能够预测催化剂结构与性能之间的关系,指导催化剂设计的优化。这些计算方法不仅大幅降低研发成本,缩短研发周期,还能够预测催化剂在实际环境中的表现,为催化剂的实际应用提供坚实的理论基础。

三、集成与智能化

环境生物催化技术的集成与智能化代表了环境科学与信息技术的跨界融合,标志着环境治理进入一个全新的智能化时代。随着大数据、云计算以及人工智能等技术的迅猛发展,环境生物催化技术正逐渐由传统的实验室研究转向实际应用中的智能化操作。该转变不仅提高了环境治理的效率和精准度,也为研究人员提供了强大的数据支持,使得催化剂的设计、优化及反应过程的控制更加科学和高效。

智能化环境生物催化技术的发展,依托于先进的传感器技术和物联网,实现了对环境污染物的实时监测和数据采集。传感器的高灵敏度和高特异性使得在复杂环境中对污染物种类和浓度的快速检测成为可能。通过与云计算平台的联合,这些数据可以实时上传并进行集中处理,为生物催化过程提供动态调控的数据支持。此外,人工智能算法在数据分析和模式识别方面的应用,提高了对环境变化的预测准确性,为生物催化反应的优化和控制提供了新的解决方案。

在环境生物催化技术与人工智能的集成中,机器学习算法的应用尤为重要。机器学习不仅能够处理和分析大规模的环境数据,还能从中学习并预测催化剂的性能和催化反应的结果。通过训练模型,可以模拟复杂的环境生物催化过程,进而指导实验设计和工艺优化。此外,深度学习技术在图像识别和自然语言处理方面的突破,为识别环境污染物的分子结构和催化反应路径提供了可能,从而可在催化剂设计和反应机制解析方面发挥关键作用。

环境生物催化技术的智能化发展,还包括自动化和机器人技术的应用。自动化技术能够减少人为操作的不确定性,提高生物催化过程的重复性和可靠性。机器人技术则为采样、实验操作以及催化剂的生产和应用过程提供了高效率和高精度的解决方案。通过与智能化系统的集成,可以实现对整个生物催化过程的自动监控和管理,从而在维护环境质量和促进可持续发展方面发挥重要作用。

四、可持续发展

在环境科学与工程领域,环境生物催化技术被广泛认为是实现可持续发展目标的关键途径。环境生物催化技术作为一种高效、高选择性且环境友好的技术,已经在污染物降解、能源转换和生物修复等多个领域展现出巨大的潜力。然而,随着全球环境问题的加剧,新的挑战不断涌现,要求环境生物催化技术不断创新和发展以适应可持续发展的需要。未来的应用将更加注重资源的高效利用、生态平衡的维护和经济社会的协调发展。在此背景下,深入理解环境生物催化的原理和机制,优化催化剂的性能,以及开发新型催化剂和反应器,成为推动该技术未来发展的关键。

面对环境污染和资源枯竭的双重压力,环境生物催化技术必须在未来的发展中解决其自身的技术瓶颈,同时还要满足环境保护和资源节约的更高要求。因此,技术的研发不仅要注重催化效率的提高,还要关注催化剂的稳定性和可再生性。生物催化剂的来源广泛,包括微生物和酶,它们在催化反应中的应用必须考虑到长期运行的可靠性和经济性。此外,环境生物催化过程中产生的副产物处理和资源回收也应纳入考虑范围,以实现过程的零排放和循环利用。同时,对于环境生物催化技术的环境影响评价也需要更加全面和系统,以确保技术的应用不会对生态系统造成新的负担。

为实现环境生物催化技术的可持续发展,加强对生物催化过程的模拟和优化至关重要。通过建立准确的数学模型和仿真技术,可以深入理解催化过程的热力学和动力学特性,预测不同条件下的催化效果,从而为催化剂设计和反应条件的优化提供理论指导。此外,通过对催化剂进行改性,增加其对特定底物的选择性和反应速率,能够实现更高效的催化过程。在此基础上,开发智能化的生物反应器和控制系统,可以实时监控和调节反应条件,保证催化过程在最佳状态下进行,进一步提高反应效率和产品质量,降低生产成本。

展望未来,环境生物催化技术的发展将趋向于多学科交叉融合,与纳米技术、信息技术、人工智能等领域的结合,将为环境生物催化技术的革新和应用带来新机遇。例如,利用纳米材料提高催化剂的比表面积和活性,通过机器学习算法优化催化过程的参数设置,使用传感器和物联网技术实现对生物反应器的实时监测和控制。这些高新技术的应用不仅可以提升环境生物催化的效率和稳定性,还能够实现过程的智能化和自动化,为环境保护和资源循环利用提供更加强有力的技术支撑。

五、经济性与市场需求

在环境生物催化技术的发展中,政策导向和市场需求起着至关重要的作用。政策的制定可以为技术创新提供方向和动力,同时市场需求是推动技术商业化和实际应用的关键因素。环境问题日益严重,政府在制定相关政策时会考虑到环境生物催化技术在污染治理和资源回收方面的潜力,因而出台相关鼓励政策,如税收减免、资金补贴以及研发支持等,以促进该技术的研究与发展。这些政策不仅加强科研机构和企业在环境生物催化领域的研究力度,还吸引更多的投资进入这一领域。市场需求方面,随着人们环保意识的增强和环境法规的严格执行,对于环境友好型技术的需求日益增长,这为环境生物催化技术的发展提供了广阔的市场空间。企业为满足市场需求和法规要求,不断探索和采用新型环境生物催化技术,以提高其竞争力和市场份额。

政策导向对环境生物催化技术的研究方向和重点有着决定性影响。政府部门通过制定科研计划和优先资助的领域,能够有效指导科研资源的合理分配和技术研究的深入。例如,若政府将重金属污染治理作为优先研究方向之一,那么相关的环境生物催化技术会得到更多的关注和投入。此外,政策的制定还会影响技术的规模化应用和产业化进程。通过立法保障环境生物催化技术在实际工程中的应用,政府可以推动技术从实验室走向市场,促进环境治理技术的更新换代。市场需求则直接关联到技术的经济可行性和商业潜力。在市场驱动下,企业需要不断创新,开发出更高效、成本更低的环境生物催化技术以满足客户的需求。市场的变化能够快速反馈给技术提供者,促使他们对技术进行持续优化和改进。因此,政策和市场的双重驱动对于环境生物催化技术的发展起到关键作用。

在政策支持下,环境生物催化技术的研发和优化得到加速。政府资助的研究项目往往能够集中优秀的科研力量,从而推动关键技术的突破。这些研究不仅涵盖基础理论的探索,如催化机制的解析和动力学模型的构建,还包括实验方法的创新和新型催化剂的开发。在实际应用层面,政策的支持促进了先进生物催化技术在环境治理项目中的应用,这些项目往往能够达到预期的环保效果,为技术的进一步推广打下良好的基础。市场需求则驱动了环境生物催化技术的规模化生产和服务。随着市场对这项技术需求的增加,相关的产品和服务开始多样化,满足了不同领域和不同规模应用的需求。企业在追求经济效益的同时,也在不断提升技术的环境效益,实现了经济与环境的双重收益。

未来环境生物催化技术的发展将继续受到政策导向和市场需求的深刻影响。预计政府将继续强化对环保技术的支持,特别是在气候变化和可持续发展领域,环境生物催化技术因其高效和环保的特点,有望成为政策支持的重点。另一方面,市场对于清洁技术的需求将持续增长,这将激励企业加大研发投入,推动技术的创新和应用。同时,随着环境法规的日益严格和公众环保意识的增强,环境生物催化技术将面临更高的标准和更广泛的应用前景。面对这些挑战和机遇,技术的持续创新、产业的协同发展以及政策和市场的有效对接将是未来环境生物催化技术发展的关键。

第二章 环境生物催化剂的起源与催化特点

第一节 概 述

生物催化是指利用生物催化剂改变(通常是加速)化学反应速率。人类很早就开始对酶有所认识并加以应用,利用酶或微生物细胞进行生物催化已有几千年的历史记载,如古埃及与中国早已发明麦芽制曲酿酒工艺。

生物催化剂可以是微生物、动物、植物的全细胞,也可以是从细胞内提取出来的酶,可以以游离的形式使用,也可以采用固定化技术将其固定在多孔介质表面后再使用。生物催化剂的分类如图 2-1 所示。

图 2-1 生物催化剂的分类

尽管生物催化剂可以来源于动物和植物,但其占比仅分别为 8%、4%,而来源于微生物的酶催化剂占整个生物催化剂的 80% 以上。近年来,随着现代分子生物学技术的发展,尤其是重组 DNA 技术的应用,微生物作为生物催化剂的主要来源,体现出巨大的潜力与优势,如能在常温和温和条件下进行催化反应且反应速率大、催化作用专一、价格低廉等,但缺点是易受热、酸碱等某些化学物质及杂菌的破坏而失活,稳定性较低,对反应时的温度和 pH 值要求较高。将生物催化剂以固定化酶或固定化细胞的形成使用,可提高其催化稳定性。在环境生物催化技术领域应用的催化剂主要包括不同类别的微生物细胞和酶,它们在环境污染物的转化和降解中扮演着至关重要的角色。

第二节 酶催化剂的起源与催化特点

一、酶催化剂的起源及发展

自从地球有了生物,酶就存在了。毫不夸张地说,我们的生命时时刻刻都离不开酶,我们的生产和生活也与酶的应用息息相关。早在 4000 年前,我国劳动人民就开始利用大麦芽中的酶制造饴糖,利用发酵技术进行酿酒、制醋和酱。但那时人们并不是有意识地利用酶,而是一种只知其然不知其所以然的自然行为,人们在这种状态下使用了几千年的酶。酶的研究和利用历史如表 2-1 所示,大致经历了酶学知识来源于生产实践阶段、酶的系统研究阶段、20 世纪以来的迅速与深入研究阶段。

表 2-1 酶的研究和利用历史

研究时期	相关研究事件和进展
酶学知识来源于实践阶段	4000 多年前的夏禹时代,人们已经掌握了酿酒技术
	3000 多年前的周朝,人们会用麦曲做饴糖(麦曲中的淀粉酶水解淀粉产生麦芽糖)、用豆类制作食酱(霉菌蛋白酶水解黄豆中的蛋白质)等食品
	2500 多年前的春秋战国时期,人们懂得用麹(音"曲")来治疗消化不良等疾病;当时,漆已广为使用,所用的漆是漆树的树脂被漆酶作用的氧化产物
	1773 年,意大利科学家拉扎罗·斯帕兰扎尼(Lazzaro Spallanzani)设计了一个巧妙的实验:将肉块放在小巧的金属笼中,让鹰吞下去。过一段时间,他取出小笼,发现肉块不见了
酶的系统研究阶段(始于 19 世纪中叶对发酵本质的探讨)	1810 年,约瑟夫·路易·盖-吕萨克(Jaseph Louis Gay-Lussac)发现酵母能将糖转化为乙醇
	1833 年,法国的佩恩(Payen)和帕索兹(Persoz)将麦芽的水解物用乙醇沉淀,得到一种能将淀粉水解成糖的物质,并将其命名为 diastase,即现在所谓的淀粉酶
	1835 年,瑞典化学家贝采里乌斯(Berzelius)首次提出"催化"的概念。这一概念的提出对酶学的发展具有相当重要的意义,因为对酶的研究一开始就与其催化作用联系在一起
	1836 年,德国生理学家施旺(Schwann)从胃液中提取了消化蛋白质的物质,解开消化之谜。研究证实,人体胃液对肉的消化依赖于胃蛋白酶,并指出酶并非活细胞所独有
	1857 年,法国微生物学家路易斯·巴斯德(Louis Pasteur)在研究乙醇发酵时发现,把活酵母与糖放在一起,在合适的条件下会进行发酵产生乙醇
	1878 年,库尼(Kunne)首次将酵母中进行乙醇发酵的物质称为酶(enzyme),强调了其作为生物催化剂的本质。该术语的提出统一了此前学界对发酵活性物质的模糊描述,明确了酶是独立于活细胞的化学实体
	1894 年,德国化学家费歇尔(Fischer)提出酶与底物作用的"锁与钥匙"学说
	1894 年,日本的高峰让吉(Takamine Jokichi)首次利用米曲霉(*Aspergillus oryzae*)生产出高峰淀粉酶,用作消化剂,开创了有目的生产和应用酶的先例

续表

研究时期	相关研究事件和进展
20世纪以来的迅速与深入研究阶段	1897年,德国化学家爱德华·毕希纳(Eduard Buchner)进一步研究发现,如果将能够引起乙醇发酵的活酵母研磨碎并与糖混合,糖仍能发酵产生乙醇。这表明即使酵母细胞不存在了,细胞内的物质仍然能使糖发酵产生乙醇,使糖发酵的是酵母所含的各种酶,而不是酵母本身,直接验证了库尼的假设"酶可以在无细胞环境下催化反应",确立了酶作为独立功能分子的地位。为此,毕希纳获得1907年度诺贝尔化学奖
	1904年,英国生物化学家亚瑟·哈登(Arthur Harden)发现辅酶Ⅰ(NAD^+)。1920年,瑞典生物化学家汉斯·奥伊勒·凯尔平(Hans Euler-Chelpin)首次分离提纯了辅酶Ⅰ,证明它是由一个糖基、一个腺嘌呤和一个磷酸基组成的特殊内酯,并阐明了糖发酵的过程以及酶在其中的作用,特别是提出了辅酶的存在及其作用机制。两人因为在酶的组成结构研究及发酵机制研究中的成就而共享1929年度诺贝尔化学奖
	1913年,美国科学家米彻利斯(Michaelis)和加拿大生物化学家门顿(Menten)等提出酶动力学(enzymatic kinetics),根据中间产物学说推导出酶催化的基本方程——米氏方程(Michaelis-Menten equation)。乔治·爱德华·布里格斯(George Edward Briggs)和约翰·伯顿·桑德森·霍尔丹(John Burdon Sanderson Haldane)对米氏方程进行了进一步修正,提出了稳态学说(steady-state model),这一修正使得米氏方程更加符合实际的酶促反应动力学
	1920年,德国化学家威尔斯塔特(Willstätter)将过氧化物酶进行纯化
	1926年,美国生物化学家詹姆士·巴彻勒·萨姆纳(James Batcheller Sumner)率先从南美热带植物刀豆中提取并纯化得到能够分解尿素的脲酶结晶,纯化液的酶活性比原液高700倍。他通过化学实验证实脲酶是一种蛋白质,具有蛋白质的一切特性,成为第一个证明酶是蛋白质的人。3年后,美国化学家诺思罗普(J. H. Northrop)证实了萨姆纳的发现,并结晶出多种酶。后来,美国生物化学家斯坦利(W. M. Stanley)则利用他们的方法结晶出病毒。由于当时检测技术的限制,他们的结晶纯度无法得到确认,直到电泳和超离心技术被发明,他们的成果才得到认可。20年后,三人共享了1946年度诺贝尔化学奖
	20世纪30年代,科学家相继提取了多种酶的结晶,指出酶是一类具有生物催化作用的蛋白质。此后,酶的研究不断发展,逐渐成为一门独立的学科
	20世纪60年代,物理和化学不断发展,为酶学研究和应用提供了强有力的技术手段,酶学研究和应用真正进入快速发展时期。研究人员利用小分子化合物修饰酶分子的侧链基团,从而改变酶的性质
	20世纪70年代,修饰剂的选用和修饰方法有了新的发展。此外,抗体酶、人工酶、模拟酶等以及酶的应用技术研究均取得较大进展,使酶工程不断向广度和深度发展,展现出广阔的应用前景

续表

研究时期	相关研究事件和进展
20世纪以来的迅速与深入研究阶段	20世纪70年代初,日本的千佃一郎(Chitanda Ichiro)将固定化氨基酰化酶用于L-氨基酸的工业生产,开创了固定化酶应用的新时代。随着酶应用领域的不断扩大和生物技术的发展,酶的开发、研究、制备、加工及应用统称为酶工程。70年代末,分子生物学的发展,使得酶的产品设计成为可能
	1982年,美国科罗拉多大学教授托马斯·罗伯特·切赫(Thomas Robert Cech)及同事在四膜虫的rRNA前体的加工研究中首先发现了rRNA前体具有自我催化作用(即自我拼接功能)。为了将其与酶(enzyme)区分,Cech将这种具有催化活性的RNA酶命名为核酶(ribozyme)。1983年,奥尔特曼(S. Altman)发现核糖核酸酶P(RNase P)的RNA部分M1 RNA具有核糖核酸酶P的催化活性。由此引出"酶是具有生物催化性能的生物大分子(蛋白质或RNA)"的新概念。这一发现打破了酶是蛋白质的传统观念,开辟了酶研究的新领域,他因此获得1989年度诺贝尔化学奖
	20世纪80年代初,研究发现酶也能在有机溶剂中催化反应,改变了酶不能在有机溶剂中使用的传统认知,促使酶学、酶工程和酶应用进入一个全新的时代
	1986年,美国的舒尔茨(Schultz)和勒纳(Lerner)成功研制了抗体酶(abzyme)
	1995年,索斯塔克(J. W. Szostak)等报道了具有DNA连接酶活性的DNA片段,称为脱氧核糖核酸酶(deoxyribozyme)
	美国科学家博耶(Boyer)、英国科学家沃克(Walker)和丹麦科学家斯科(Skou)阐明了三磷酸腺苷合成酶对ATP的合成和分解机制,获得1997年度诺贝尔化学奖

目前已发现4000多种酶,数百种酶已得到结晶,且每年不断有新酶被发现。近年来,随着许多新型酶的发现、DNA重组技术的发展,单种酶的高效生产和定向或组合改造,以及稳定性和产率的提高,生物催化一个或全部步骤的合成路线得到极大的发展。生物催化剂的改造设计规则也更加精确和易于使用。

二、酶催化的特点

作为生物催化剂,酶具有两方面的特性。酶既有催化剂的共性,又有一般化学催化剂所没有的生物大分子特性。酶与一般化学催化剂一样,用量少,催化效率高,催化反应前后酶的质量或数量不会发生变化。因此,尽管细胞中的酶含量相对较低,却能在短时间内催化大量底物的转化。酶可以降低反应的活化能,但不改变反应过程中的自由能,从而加大反应速率,缩短反应到达平衡所需的时间,但不改变化学反应的平衡点与平衡常数。酶催化过程具有以下特点。

（一）催化效率高

催化效率高是酶催化的一个显著特点。酶促反应速率比非催化反应高 $10^8 \sim 10^{20}$ 倍，比一般化学催化剂催化效率高 $10^7 \sim 10^{13}$ 倍。酶促反应时可以使反应所需的活化能显著降低，因此催化效率高。例如，食物中的葡萄糖与氧反应生成二氧化碳和水，并释放能量，这是维持生物体体温和一切活动的能量来源。如果没有催化剂，在常温常压条件下需要几年或更长时间，而要加速反应，需要在 300 ℃ 以上的温度下燃烧和氧化，这在生物体内是不可能实现的。然而，在生物体内一系列酶的催化作用下，它可以在常温常压条件下瞬间完成。1 mol 过氧化氢酶在 1 s 内能够催化 10^5 mol 过氧化氢分解，而 Fe^{2+} 在相同的条件下，只能催化 10^{-5} mol 过氧化氢分解，过氧化氢酶的催化效率比 Fe^{2+} 高 10^{10} 倍。

（二）高度专一性

被酶催化的物质称为底物或基质。一种酶只能催化一种或一类底物（即催化一种或一类化学反应），生成一定的产物，这是酶催化作用的专一性或特异性。例如，淀粉酶只能催化淀粉水解为葡萄糖，蛋白酶只能催化蛋白质水解为多肽。糖苷键、酯键、肽键都能被催化水解，但水解这些化学键的酶是不同的，分别是糖苷酶、酯酶和肽酶。可见，它们分别在特定的酶作用下才能水解。

根据专一性程度不同，酶对底物的专一性可分为结构专一性与立体异构专一性。

1. 结构专一性

根据不同酶对不同结构底物专一性程度的不同，结构专一性又可分为绝对专一性和相对专一性。

绝对专一性的酶只作用于一种底物产生一定的反应，对其他底物不起作用。例如，脲酶只能催化尿素水解成 NH_3 与 CO_2，而不能催化甲基尿素水解。

$$NH_2-\overset{\overset{O}{\|}}{C}-CH_2 + H_2O \xrightarrow{\text{脲酶}} 2NH_3 + CO_2$$

相对专一性的酶对底物结构的要求并不十分严格，可作用于一类结构相近的化合物或作用于一种化学键。键专一性的酶只作用于一定的化学键，对键两侧的基团无要求，这类酶对底物的要求最低。例如，脂肪酶能催化含酯键的脂肪或酯类进行水解反应；磷酸酶可作用于一般的磷酸酯，甘油、一元醇或酚的磷酸酯键均可被其催化水解。基团专一性的酶不仅要求底物具有一定的化学键，还对键某一侧的基团有选择性，如磷酸单酯酶。

2. 立体异构专一性

当底物具有立体异构体时，酶只能作用于其中一种，这种酶对底物的立体构型的特异要求,称为立体异构专一性。酶的立体异构性是较为普遍的现象。旋光异构专一性,如 L-乳酸脱氢酶只能催化 L 型乳酸氧化,而不催化 D 型乳酸氧化。α-淀粉酶只能水解淀粉中的 α-1,4-糖苷键,而不能水解纤维素中的 β-1,4-糖苷键。几何异构专一性是指底物具有几何异构体时,酶只对其中一种起作用。例如,延胡索酸酶只能催化延胡索酸的反式双键(反丁烯二酸)生成苹果酸,而不能催化顺丁烯二酸反应。

$$L\text{-氨基酸} \xrightarrow[L\text{-氨基酸氧化酶}]{H_2O+O_2} \alpha\text{-酮酸} + NH_3 + H_2O_2$$

$$\underset{\text{延胡索酸}}{\text{HOOC—CH} \atop \text{HC—COOH}} \xrightleftharpoons{\text{延胡索酸酶}} \underset{\text{苹果酸}}{\text{CH}_2\text{COOH} \atop \text{HOCHCOOH}}$$

(三)反应条件温和

酶促反应一般在常温、常压和中性等较温和的条件下进行,而一般的催化剂需要在高温、高压、强酸或强碱等条件下才能够发挥催化作用。例如,植物中固氮酶催化的生物固氮通常在 27 ℃和中性条件下进行,而工业合成氨需要在 500 ℃、几百个标准大气压条件下才能完成。

(四)酶活性的不稳定性

酶促反应中起催化作用的酶是蛋白质,在高温、高压、强酸、强碱、重金属、紫外线、有机溶剂、剧烈振荡等条件下容易变性失活。由于酶对外界环境条件的变化较为敏感,因此在应用过程中需要严格控制反应条件。

(五)酶活性的可调控性

生物体内的化学反应多种多样,但协调有序。底物浓度、产物浓度和环境条件的变化都有可能影响酶的催化活性,从而调节生化反应,使其有序、协调地进行。某一生化反应的错乱与失衡必然造成生物体产生疾病甚至死亡。为适应环境的变化,维持正常的生命活动,生物在漫长的进化过程中形成一套自动调控酶活性的系统。调控方式包括酶浓度调节、酶原激活及激素控制、共价修饰调控、抑制剂和激活剂调控、反馈调控、变构调控,以及金属离子和其他小分子化合物调控等。这些调控保证了酶在生物体内的新陈代谢中发挥适当的催化作用,使生命活动中的各种化学反应有序、协调地进行。

三、影响酶催化的因素

酶促反应动力学主要研究酶促反应的过程与速率,以及影响酶催化的各种因素。酶促反应速率可能受酶浓度、底物浓度、温度、pH 值、激活剂及抑制剂等多种因素的影响。

(一) 酶浓度

当底物足够且底物浓度远远高于酶浓度时,酶促反应速率与酶分子浓度成正比。当底物分子浓度足够高时,酶分子越多,底物转化速率就越大。但事实上,随着酶浓度的进一步提高,酶浓度与反应速率的关系会偏离直线而趋于平缓,这有可能是由于高浓度底物夹带较多抑制剂或反应没有达到最佳条件。

(二) 底物浓度

在生化反应中,如果酶的浓度为定值,底物的起始浓度较低时,酶促反应速率随底物浓度的增加而增大,二者近乎成正比。随着底物浓度的不断增加,当所有的酶与底物结合后,即使再增加底物浓度,酶促反应速率增大的趋势逐渐缓和。当底物浓度很高且达到一定限度时,反应速率不再增大,达到极限最大值,称为最大反应速率。

在实际测定过程中,即使酶浓度足够高,酶促反应速率也不会随着底物浓度的增加而增大,甚至会受到抑制。实验表明,大多数酶都有这种饱和现象,只是饱和所需的底物浓度不同。造成这一现象的原因:底物浓度过高降低了水的有效浓度,降低了分子的扩散性,从而减小酶促反应速率;过多的底物聚集在酶分子上,生成无活性的中间产物,无法释放出酶分子,从而减小酶促反应速率。此外,过量的底物可能与激活剂结合,降低激活剂的有效浓度,也会减小酶促反应速率。

(三) 温度

酶促反应也是一种化学反应,因此在一定的温度范围内,反应速率随温度的升高而增大,但当温度升高到一定程度时,酶促反应速率不仅不再增大,反而随着温度的升高而减小。在一定条件下,酶促反应速率达到最大时的反应体系的温度称为酶的最适温度。在最适温度范围内,酶活性最高,酶促反应速率最大。一般来说,在适宜的温度范围内,温度每升高 10 ℃,酶促反应速率可相应增大 1~2 倍。不同生物体内酶的最适温度不同。例如,动物组织中的各种酶的最适温度为 37~40 ℃,微生物胞内各种酶的最适温度为 25~60 ℃。但也有一些耐高温酶,如黑曲糖化酶的最适温度为 62~64 ℃;一些芽孢杆菌酶的热稳定性较高,如巨大芽孢杆菌、短乳酸杆菌、产气杆菌等葡萄糖异构酶的最适温度为 80 ℃;枯草芽孢菌的液化性淀粉酶的最适温度为 85~94 ℃。

酶是蛋白质,过高或过低的温度都会降低酶的催化效率,减小酶促反应速率。酶在低温下活性降低,随着温度的升高活性逐渐恢复。当反应温度高于最适温度时,由于酶变性和失活,反应速率会减小。例如,最适温度在 60 ℃ 以下的酶,当温度达到 60~80 ℃ 时,大部分酶被破坏,发生不可逆变性;当温度达到 100 ℃ 时,酶的催化作用完全丧失。

（四）pH 值

每一种酶只能在一定的 pH 值范围内表现出它的活性。在某一 pH 值条件下，酶活性最高，称为酶促反应的最适 pH。溶液 pH 值高于或低于最适 pH 时，酶活性都会降低，远离最适 pH 时还会导致酶变性失活。pH 值对酶活性的影响主要有两个方面：① 改变底物分子与酶分子的解离状态，影响酶与底物的结合；② 过高或过低的 pH 值都会影响酶的稳定性，进而可能使酶遭到不可逆破坏。

（五）激活剂

使酶由无活性变为有活性或使酶活性增高的物质称为激活剂。激活剂种类很多，根据化学组成主要分为两类：① 无机离子激活剂，包括无机阳离子激活剂和无机阴离子激活剂。无机阳离子激活剂有 Na^+、K^+、Cu^{2+}、Ca^{2+}、Mn^{2+} 等。如 DNA 酶需要 Mg^{2+}，脱羧酶需要 Mg^{2+}、Mn^{2+}、Co^{2+} 等。无机阴离子激活剂有 Cl^-、Br^-、I^-、CN^-、NO_3^-、SO_4^{2-}、PO_4^{3-} 等。如唾液透析后，唾液淀粉酶的活性大大降低，加入少量 NaCl 后，酶活性又显著提高。② 有机物，如维生素 C、半胱氨酸、还原性谷胱甘肽等，在生物代谢活动中发挥重要作用。

（六）抑制剂

能使酶活性下降，但不引起酶蛋白变性的物质称为酶的抑制剂。抑制作用是由于某些物质以共价键与酶的活性中心上的某些基团结合，使酶失活或以非共价键与酶和（或）酶-底物复合物可逆性结合，使酶活性降低或丧失。酶的抑制剂有重金属离子（如 Ag^+、Hg^{2+} 等）、一氧化碳、硫化氢、氢氰酸、氟化物、碘乙酸、生物碱、染料、对氯汞苯甲酸、二异丙基氟磷酸、乙二胺四乙酸、表面活性剂等。强酸、强碱会使酶变性失活（又称酶的钝化），不属于抑制剂。

抑制剂可分为可逆抑制剂和不可逆抑制剂。不可逆抑制剂主要与酶共价结合，降低酶活性。这种结合力强，无法通过简单的透析和超滤等物理方法除去抑制剂而恢复酶活性。可逆抑制剂为非共价结合，结合力弱，既容易结合又容易解离，能很快达到平衡。

可逆抑制剂又可细分为三类：竞争性抑制剂、非竞争性抑制剂和反竞争性抑制剂。竞争性抑制剂具有与底物相似的结构，与底物竞争酶的活性部位，从而影响底物与酶的正常结合，酶促反应速率因此受到影响，但这种抑制作用可以通过增加底物浓度来减弱，当底物浓度足够高时，底物仍能与酶结合并进行反应，v_{max} 值不变，但 K_m 值增大；非竞争性抑制剂与酶活性中心外的基团相结合，不影响酶与底物的结合，底物也不影响酶与抑制剂的结合，底物与抑制剂之间不存在竞争，但底物-酶-抑制剂复合物不能进一步分解为产物，从而降低酶的活性，这种抑制称为非竞争性抑制，表现为 v_{max} 值降低，K_m 值不变；反竞争性抑制剂只与酶-底物复合物结合，形成的三元复合物不能分解为产物，导致中间产物量减少，这种抑制称为反竞争性抑制,表现为 v_{max} 值和 K_m 值都减小。在多底物的反应中,反竞争性抑制比较常见。

第三节 微生物催化剂的起源与催化特点

一、微生物催化剂的起源及发展

35亿至40亿年前,原始的生命形式开始出现。这些早期生命为了生存和繁衍,需要进行一系列的化学反应来获取能量和合成生物分子,微生物催化剂就在这个过程中逐渐产生了。在不同的生态环境中,微生物为了生存和竞争,发展出各种各样的代谢途径和相应的微生物催化剂。此外,微生物在与其他生物的相互作用中也会产生特殊的催化剂,比如一些微生物会产生抗生素等具有特殊生物活性的物质,这些物质的合成过程需要特定的酶作为催化剂。

从人类历史角度来看,虽然古代人类并不知道微生物催化剂的存在,但早已开始利用微生物的催化作用。古代人类在酿造、发酵食品等过程中,实际上是利用了酵母、霉菌等微生物催化相关的化学反应,只是当时人们没有认识到这是微生物催化剂的作用。17世纪,列文虎克发明显微镜,人类首次观察到微生物,这为认识微生物催化剂奠定了基础。19世纪,巴斯德通过实验证明发酵是由微生物引起的,揭示了发酵的本质,推动了对微生物催化作用的研究。1897年,毕希纳发现酵母细胞破碎后的提取液仍能使糖发酵产生乙醇,证明了酶的存在,人们开始认识到微生物催化是由微生物胞内的各种酶来实现的。20世纪以来,随着生物化学、分子生物学等学科的发展,通过诱变育种、基因工程等技术,人们能够改造微生物,使其产生更高效、更稳定的微生物催化剂。微生物催化剂在工业、农业、医药、环保等领域的应用越来越广泛。在工业上,用于生产乙醇、有机酸、氨基酸等;在环保领域,用于处理污水、降解污染物等;在医药领域,用于药物合成、疾病诊断等。

二、微生物催化的特点

微生物催化剂也称全细胞生物催化剂,能促进物质的转化。微生物细胞类似于反应工程中的反应器,原料中的反应物透过微生物活细胞的细胞壁和细胞膜进入生物体内,在微生物体内酶系的催化作用下,反应物被转化为产物并最终被释放出来。

与原始的、纯化或固定化的分离酶催化相比,全细胞催化具有许多独特优势(表2-2)。首先,就生物催化剂制备而言,全细胞催化更为便捷,特别是下游过程显著减少。对于依赖辅助因子的酶更有优势,这是因为原生代谢途径能够提供并再生内源辅助因子,有利于降低生产成本。细胞膜可以起到保护作用,抵御恶劣条件,提高酶的稳定性,从而可以在苛刻的反应条件或非常规(非水相)反应介质中进行生化催化。此外,使用非天然级联酶的重组细胞作为复杂反应的生物催化剂也很有吸引力。

表 2-2 全细胞催化与酶催化的特点

特点	酶 催 化	全细胞催化
优点	没有副反应; 渗透性较高; 耐高底物浓度	不需外加辅助因子; 有使用同一种生物催化剂实现级联反应的可能性; 不需纯化过程
缺点	需要外加辅助因子; 增加了纯化过程的时间和成本; 细胞环境外的稳定性较低	代谢途径引起副反应; 产品回收困难; 细胞膜渗透性低

全细胞生物催化也有一些缺点:一是催化剂的稳定性会受底物或产物抑制、高温、极端 pH 值或有机溶剂的负面影响。通过固定化可以改善这些状况,例如,固定在水凝胶中可以提高 pH 值和温度耐受性,并使催化剂易于回收。此外,固定化还能提高生物催化剂在非水性反应介质或对游离细胞有毒的条件下应用的稳定性。二是细胞代谢副产物可能抑制生物催化剂或使产品下游处理复杂化。细胞膜及其渗透性可能导致运输受限,降低酶的效率。最常见的解决办法是用特定的表面活性剂、溶剂或热休克改善细胞渗透性,或者通过膜脂肪酸修饰和膜转运蛋白的基因工程提高细胞的抗逆性和代谢能力,降低细胞应激反应,也可以将目的生物催化剂重新定位至细胞周质,增加底物对目的酶的可用性。

三、影响微生物催化的因素

影响微生物催化的因素可分为基质类因素和环境类因素两大类。

基质类因素包括碳源、氮源、磷源等营养物质及其比例,以及铁、锌、锰等微量元素。在实际应用中,需要提供合适的基质浓度和配比,以满足微生物生长繁殖的需要。

环境类因素包括温度、pH 值、氧气与氧化还原电位、有毒有害物质等。

(一)温度

温度是微生物的重要生存因子,温度变化会影响生物体内的许多生化反应,并引起其他环境因子的改变,从而影响微生物的催化代谢活动。温度对微生物催化的影响主要表现在以下几个方面:① 影响微生物胞内酶的活性。微生物体内进行的大多数生化反应都是由特定的酶催化的。每一种酶都有酶催化的最适温度,温度对酶催化的影响在本章第二节中已有详细阐述,温度的变化会影响酶促反应的速率,从而影响细胞物质的合成,进而影响微生物的生长和繁殖以及微生物的催化作用。② 影响细胞质膜的流动性。温度高时细胞质膜流动性好,有利于物质的运输;温度低时细胞质膜流动性差,不利于物质的运输。因此,温度变化影响微生物对营养物质的吸收及代谢产物的排出。③ 影响营养物质的溶解。营养物质需要溶于水才能被微生物细胞吸收,氧气等气态物质的溶解度随温度的上升而减小,非气态物质的溶解度随温度的上升而增大。因此,温度会间接影响营养物质的吸收和生物催化效率。

（二）pH 值

pH 值对微生物催化的影响主要有以下几个方面:① 过高或过低的 pH 值都会影响酶的活性与稳定性,降低微生物对高温的抵抗能力,甚至使酶受到不可逆的破坏;② 过高或过低的 pH 值会影响微生物对营养物质的吸收;③ pH 值还会影响营养物质的溶解度。

（三）氧气与氧化还原电位

氧气与氧化还原电位同微生物的关系十分密切,对微生物的生长代谢有着非常重要的影响。根据微生物对氧气的需求不同,微生物主要分为专性好氧微生物、微量好氧微生物、兼性厌氧微生物、耐氧厌氧微生物和专性厌氧微生物。对于不同类型的微生物,需要控制合适的氧气与氧化还原电位,以保证其正常生长代谢与生物催化过程。

（四）有毒有害物质

环境中有时存在对微生物具有抑菌和杀害作用的化学物质,即有毒有害物质,如酚类、苯类,也包括一些重金属离子,如铜、镉、铅等离子。有毒有害物质的毒害作用主要表现在细胞的正常结构遭到破坏以及菌体内的酶变质,并失去活性。在生物催化过程中,对这些有毒有害物质应严加控制,但不同物质允许的毒性浓度范围需要具体分析。

第四节　催化剂的性能评价指标

包括生物催化剂在内的任何催化剂,性能优劣的评价指标中最主要的是动力学指标,最实用的三大指标为由动力学方法测定的活性、选择性与稳定性。

一、活性

活性是一个用来衡量催化反应的速率的参数,具体的定义是单位时间内转化底物的物质的量(mol)。用来表征酶活性的参数有初始速率(initial rate)、比活(specific activity)、米氏常数(K_m)和最大反应速率(v_{max})等。

二、选择性

选择性是催化剂的重要特性之一,指的是在能够进行多个反应的体系中,同一种催化剂对不同反应的促进程度。选择性通常可用以下方式表示:① 当同一原料可通过多个不同反应生成不同产物时,用消耗的原料转化为特定产物的分数来表示,即用实际生成的特定产物物质的量(mol)除以消耗的原料理论上可生成的相同产物物质的量(mol)。如果反应物原料中含有一种以上的成分,则应指明对哪种原料组分的选择性。② 用目的反应速率与副反应速率之比表示。选择性本质上是反应系统中目的反应与副反应之间反应速率竞争的表现,与这些反应的特性、促成这些反应的活性中心的活性以及反应条件等有关。例如:加入某种有毒物质,毒化引起副反应的活性中心,可以提高选择性;降低反应温度可以提高低活化能反应的选择性;改变催化剂的孔结构,如使用细孔催化剂将增加孔隙内部的浓度梯度,有利于提高动力学级数较低的反应的选择性。生物催化剂往往比非生物催化剂具有更好的选择性,因此,更适合被开发利用。

三、稳定性

生物催化剂的稳定性主要是指热稳定性,当温度超出一定范围时,催化剂的活性会降低甚至丧失。生物催化剂的热稳定性与其在特定温度下的暴露时间有关。另外,工艺稳定性与操作稳定性也会影响生物催化剂的稳定性。生物催化反应的条件通常比较温和,工业中使用的酶催化剂通常需要进行改造、固定化或添加保护剂等。酶的活性极易受到温度、pH 值和有机溶剂的影响。酶的稳定性主要用来衡量酶承受外界极端条件的能力,可以分为动力学稳定性和热动力学稳定性。动力学稳定性与酶的活性有关,是指蛋白质在发生不可逆失活之前保持活性的时间。考察蛋白质动力学稳定性最常用的指标是半衰期($t_{1/2}$),即蛋白质在特定条件下失去一半活性所需的时间。其他的考察指标还包括失活速率常数(k)、最适反应温度(T_{opt}),以及 T_{50X},即蛋白质在 T 温度下保存 X 时间,其活性降低到 50%。热动力学稳定性关注于蛋白质构象的解折叠情况,考察热动力学稳定性的指标包括蛋白质解折叠的吉布斯自由能变(ΔG_u)、解折叠平衡常数(K_u)或熔点(T_m)。

第三章 环境生物催化剂的来源与筛选

与化学催化剂相比,生物催化剂对物质的催化转化更加绿色环保,反应产率更高,副产物更少,而且生物催化剂可降解。因此,生物催化剂在过去的几十年发展迅猛。

从某种意义上说,微生物是获取新酶以及新化合物的有效途径,它们容易保藏,生长快速,且经过改造后可以只产生目的产物。甚至有科学家认为,几乎自然界中的任何产物,都可以由微生物或者其酶催化生成。在生物技术发展的最初阶段,从微生物生活的自然环境中分离筛选微生物或者微生物酶,是发现新酶最有效且最成功的方法,这是因为微生物容易从土壤、水以及动植物体中分离获得。

近年来,随着生物技术产业的快速发展,对具有特殊催化性能的各种新酶的需求量急剧增加,传统的通过微生物筛选以获得目的生物催化剂的方法已难以满足工业发展的需求,需要发展更加快速高效的新型生物催化剂发掘技术。随着分子生物学和生物信息学的快速发展、基因工程技术的成熟,基因数据库中已公布的基因序列的数量剧增,使得通过基因数据库发掘新型生物催化剂成为可能,并逐步取代传统的环境筛选微生物的方法。

第一节 环境微生物催化剂的来源与多样性

来源于微生物的酶催化剂占整个生物催化剂的 80% 以上。通常所说的生物催化剂筛选,即是寻找含有所需酶活性的特种微生物菌株。

微生物极小、很轻,附着于尘土随风飞扬,漂洋过海,栖息在世界各处,分布极广。同一种微生物可分布于世界各地,在江、河、湖、海、土壤、空气、高山、温泉水、人和动物体表、酷热的沙漠、雪地、冰川、污水、淤泥、固体废弃物等处处都有。微生物是地球上分布最广、物种最丰富的生物种群。自然界中丰富多样的物质为微生物提供了丰富的食物。微生物的营养类型和代谢途径多种多样,可以充分利用各种自然资源。

环境的多样性(如极端温度、极端 pH 值和高盐度等)造就了种类庞多、数量庞大的微生物,包括细菌、真菌、病毒、单细胞藻类、原生动物以及微型后生动物等(表 3-1)。微生物在生物圈的物质循环中发挥着关键作用,在人类生活和社会发展中也有着不可替代的作用。微生物在过去、现在和将来都是人类所需生物活性物质和生物催化剂的主要来源。

表 3-1 已知酶的不同来源及其数量

生　　物	已知种类数(约)	估计总种类数	占比/(%)
病毒	5000	130000	4
细菌	4760	40000	12
古菌	500		0.1～1
真菌	69000	1500000	5
藻类	40000	60000	67
苔藓植物	17000	25000	68
裸子植物	750		
被子植物	250000	270000	93
原生动物	30800	100000	31

微生物作为酶源具有以下优势：

(1) 种类繁多，易于筛选。动植物体内存在的酶几乎都能从微生物中找到，并可根据应用特点和要求筛选出最佳的产酶菌株。

(2) 培养简便，繁殖快，发酵周期短。通过人为优化控制培养条件，可大幅度提高酶的产量。

(3) 微生物易变异，可通过各种遗传变异手段培育出更理想的新菌株。

第二节　酶和产酶微生物的筛选策略

生物催化剂来源广泛、种类繁多，为提高生物催化剂的筛选效率，常规生物催化剂筛选策略有以下几个方面：① 寻找合适的反应过程和酶种类以及用酶方法，使得目的反应非常明确；② 在合适的微生物中寻找具有合适活性的微生物或酶；③ 建立有效便捷的筛选方法，尽可能筛选大量微生物样本。

生物催化剂筛选首先要根据目的反应确定所需生物催化剂的类型，了解反应对生物催化剂的要求，如对温度、pH 值、盐浓度等的耐受性。其次，确定生物催化剂的筛选来源，一般是在土壤或水体中。例如，产淀粉酶的细菌一般可在面粉厂周围的土壤中进行筛选。纤维素酶可以从农田或森林中采集土壤样品或腐败枝叶进行筛选。脂肪酶的筛选可以从油脂厂附近的土壤中采集土样。产蛋白酶的细菌可以从蚕丝、豆饼等腐烂变质的土壤中分离。农药厂周围的土壤则是产有机磷酸酯水解酶的微生物潜在聚集地。油田、油气加工基地以及加油站附近的土壤或水体可以分离出石油烃降解微生物。极端微生物则可以考虑从火山口、盐碱地、深海、极地冰川或温泉附近等极端环境中进行筛选。

确定了反应类型与催化剂筛选来源之后,需要找到一种高效便捷的筛选方法,在最短的时间内从大量微生物群体中找到符合要求的目的生物催化剂。由于微生物在自然界分布极其广泛,无论是在空气、水、土壤等常规自然环境,还是高温、高压、高盐、强酸、强碱等极端环境中都存在各种各样的微生物,不同环境中生长的微生物具有与其生理特征和代谢类型相对应的酶系。要从丰富多彩的微生物世界中寻找理想的产酶微生物,需要一定的策略和方法。

产酶微生物的发掘通常包括分离和筛选两个过程。分离是通过一定的技术将目的微生物从其生长的各种环境中转移出来,筛选则是以性能为目标选择合适的菌株。为获得有意义的菌株,筛选时需考虑以下原则:① 扩大筛选范围,以选出最合适的菌株;② 能够通过发酵在较短的时间内高效生产目的酶;③ 微生物应尽可能利用廉价易得的原料生长和生产酶;④ 微生物菌体能从发酵培养基中分离或胞外分泌,以便从发酵液中分离;⑤ 微生物菌种应该是不产生有害物质的非致病性的安全微生物;⑥ 微生物不产生毒素或其他活性物质;⑦ 菌株应具有遗传稳定性,对细菌病毒不敏感。

第三节 酶和产酶微生物的筛选方法

生物催化剂包括酶和产酶微生物,其筛选途径主要有以下几种:
(1) 从商品酶库或已知菌种来源和菌种保藏中心筛选目的生物催化剂;
(2) 从土壤、水体、污染区等自然环境中发现和筛选产酶微生物;
(3) 从宏基因组文库筛选新的生物催化剂;
(4) 采用基因组文库挖掘的方法获得目的生物催化剂。

一、从商品酶库或菌种保藏中心筛选

商品酶库为筛选新酶提供了简单快捷的途径,目前较为常见的供应商有Novozymes、Sigma、Amano、ThermoGen等。从商品酶库筛选时,能够直接利用各种市售的酶作为酶源,有利于催化剂工程简单化。然而,对于大多数生物催化剂而言,这种途径所能提供的生物催化剂种类有限,成本较高,还可能涉及知识产权问题。

从国内外已知的菌种保藏机构(表3-2)获得已分离的标准株,可以作为发现和筛选所需生物催化剂的途径。许多从事酶技术研究的实验室都在收集和保藏微生物菌株,许多国家也建立了政府管理的国家菌种保藏中心。国内外主要的菌种保藏机构大多保藏有万株以上的各种微生物菌株,可根据其菌种目录购买所需菌种。直接购买菌种方便易行、成本较低,但需要进一步筛选。另外,还可以从一些公开的微生物数据库查询菌种和酶源信息。

表 3-2　部分菌种保藏机构及其简介

保藏机构名称	保藏菌种数量	网　址
中国普通微生物菌种保藏管理中心（China General Microbiological Culture Collection Center, CGMCC）	保存各类微生物资源 15500 种 115000 株以上	https://www.cgmcc.net/
中国典型培养物保藏中心（China Center for Type Culture Collection, CCTCC）	保藏各类培养物 40000 株以上	http://cctcc.whu.edu.cn/
中国工业微生物菌种保藏管理中心（China Center of Industrial Culture Collection, CICC）	保藏各类工业微生物菌种资源 13000 株以上	https://china-cicc.org/
中国农业微生物菌种保藏管理中心（Agricultural Culture Collection of China, ACCC）	库藏资源总量超过 17000 株，备份 38 万余份，分属于 497 属 1774 种	http://www.accc.org.cn
中国林业微生物菌种保藏管理中心（China Forestry Culture Collection Center, CFCC）	保藏有林业微生物菌株 18000 株以上	https://cfcc.caf.ac.cn/
国家兽医微生物菌（毒）种保藏中心（National Center for Veterinary Culture Collection, CVCC）	收集保藏的菌种达 230 余种（群）3000 余株	http://cvcc.ivdc.org..cn/
海洋微生物菌种保藏管理中心（Marine Culture Collection of China, MCCC）	库藏海洋微生物 32000 株，分属于 1380 属 5230 种	https://www.mccc.org.cn/
中国药学微生物菌种保藏管理中心（China Pharmaceutical Culture Collection, CPCC）	保藏各类药学微生物资源 62038 株，备份近 30 万份	https://www.cpcc.ac.cn/
美国典型培养物保藏中心（American Type Culture Collection, ATCC）	保藏微生物资源 60000 种以上，拥有超过 3400 种连续细胞系	http://www.atcc.org
美国农业研究服务菌种保藏中心（ARS Culture Collection, NRRL）	收藏了约 100000 株各类菌种	https://nrrl.ncaur.usda.gov/
德国微生物和细胞培养物保藏中心（DSMZ-German Collection of Microorganisms and Cell Cultures）	拥有超过 89000 种生物材料	https://www.dsmz.de/

续表

保藏机构名称	保藏菌种数量	网址
荷兰真菌生物研究所（Westerdijk Fungal Biodiversity Institute, WFBI）	保存了超过 100000 种微生物菌株	https://www.wi.knaw.nl/
英国国家酵母菌种收藏中心（National Collection of Yeast Cultures, NCYC）	总菌株数量超过 4400 种	https://www.ncyc.co.uk/
英国国家菌种保藏中心（UK National Culture Collection, UKNCC）	拥有超过 73000 种微生物菌株	http://www.ukncc.co.uk/
日本技术评价研究所生物资源中心（Biological Resource Center, NITE, NBRC）	菌种保藏量已超过 90000 株	https://www.nite.go.jp/en/nbrc/index.html
韩国典型菌种保藏中心（Korean Collection for Type Cultures, KCTC）	保藏超过 200000 种微生物资源	https://kctc.kribb.re.kr/
法国巴斯德研究所菌种保藏中心（Biological Resource Center of Institut Pasteur, CRBIP）	拥有超过 25000 株细菌，涵盖 5500 种不同的物种	https://catalogue-crbip.pasteur.fr/recherche_catalogue.xhtml
瑞典哥德堡大学培养物收藏中心（Culture Collection University of Gothenburg, CCUG）	保藏了超过 35000 种微生物资源	https://www.ccug.se/
比利时微生物菌种保藏中心（The Belgian Coordinated Collections of Microorganisms, BCCM）	保藏超过 290000 万株菌株	https://bccm.belspo.be/
国际微生物菌种联盟（World Federation for Culture Collections, WFCC）	保存了超过 390356 个微生物菌株的信息	https://wfcc.info/

二、自然环境中发现和筛选

大量微生物新菌株或新酶应当从适合生物转化条件的环境中筛选获取。从自然环境中发现和筛选产酶微生物，需要建立一套有效、便捷的筛选分析方法，其流程如图 3-1 所示。

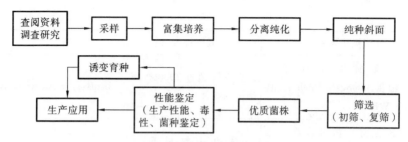

图 3-1　自然环境中筛选产酶微生物的流程

(一) 采样

根据目的反应确定需要的酶及产酶微生物,选择采样环境。土壤样品采集方法:清除表层土,取距地面 5～15 cm 处的土壤,装入预先灭菌的牛皮纸袋中,扎紧,并贴上标签,注明时间、地点、天气以及环境等信息。

(二) 富集培养

富集培养是根据微生物的生理特点,在目的微生物含量较低时,设计一种选择培养基,创造有利的生长条件,使目的微生物在最适的环境下快速生长繁殖,数量增加,使目标菌株由原来自然条件下的劣势微生物变成人工环境下的优势微生物。因此,需要根据微生物的特点在培养基中添加所需的特殊组分或抗菌物质,以满足其生长需求或抑制杂菌生成。

培养有两种方式:分批培养(摇瓶培养)和恒化培养(连续培养)。对于分批培养,转种的时间至关重要。恒化培养通过改变限制性底物的浓度来控制两类菌株的比生长速率,通过改变稀释速率进行连续富集培养,适合连续发酵生产。富集培养应从以下几个方面进行控制。

1. 控制培养基的营养组分

在培养基中加入一定量合适的底物作为唯一碳源或氮源,以筛选优势菌株。培养不同类型的微生物需要选择不同的培养基。例如,细菌培养采用牛肉膏蛋白胨培养基,放线菌培养采用高氏一号培养基,霉菌培养采用察氏培养基,酵母培养采用豆芽汁培养基。

2. 控制培养条件

需要控制的培养条件主要是营养条件和环境条件。营养条件包括碳源、氮源、常见的金属离子(如铁、钾、钠、钙、镁等离子)、微量元素(如钼、钴等)、生长因子等。环境条件包括溶解氧(通常是液体培养基需要考虑的因素)、水分、温度、光照(有些微生物实验需要控制光照)、环境 pH 值、盐度等。许多微生物初次分离培养需要一定浓度的二氧化碳。如果是厌氧生物,则应根据厌氧程度在专门的厌氧培养箱中培养。例如 pH 值的控制,细菌与放线菌需要控制 pH 值为 7.0～7.5,霉菌、酵母菌需要控制 pH 值为 4.5~6.0。筛选嗜热微生物时需要提供高温条件,筛选嗜盐微生物时一般控制氯化钠浓度为 15%~20%。

3. 抑制不需要的菌种

抑菌的目的是通过高温、高压条件或添加抗生素等抑制剂减小非目的微生物的数量。例如,可通过高温(80 ℃)处理筛选芽孢菌。为抑制细菌,可添加青霉素(革兰阳性菌,G^+)、链霉素(革兰阴性菌,G^-)、四环素、金霉素和孟加拉红等。为抑制放线菌,可添加青霉素、卡那霉素、安普霉素等。为抑制真菌,可使用纳他霉素、制霉菌素或两性霉素。

(三) 分离纯化

富集培养基获得具有生长优势的菌株,但仍有其他菌株存在,需要通过合适的方法进行分离和纯化,主要有稀释涂布法和划线分离法。

(四) 筛选

为提高筛选效率,通常将筛选工作分为初筛和复筛两步进行。初筛是指通过一次或多次筛选,从现有的大量菌落中剔除大部分无用的微生物,筛选出少量有用的微生物。其目的在于得到具有潜在应用价值的目的微生物。因此,初筛的菌株应尽可能多,筛选的菌株越多,筛选到所需菌株的可能性就越大。筛掉明确不符合要求的菌株,尽可能保留具有生产性状的菌株。初筛要求快速、敏捷、经济,工作以量为主。复筛是指通过实验验证初筛得到的较优菌株的有效性和传代稳定性,并从中获得一两个或几个最优的菌株。复筛要求精确,测得的数据要能够反映将来的生产水平。

复筛时通常需要对菌种进行培养与发酵,主要包括三个阶段,如图 3-2 所示。摇瓶阶段一般采用 250 mL 或 500 mL 锥形瓶在摇床上进行,其目的在于对培养基和培养条件进行筛选。玻璃自控罐(5~50 L)阶段是由摇瓶向工业规模发酵罐过渡的阶段,主要进行工艺参数、工艺条件的优选。最后是工业规模发酵罐阶段,积累发酵工艺规律和发酵参数,为工业规模化生产奠定基础。

摇瓶阶段　　　　玻璃自控罐阶段　　　　工业规模发酵罐阶段

图 3-2　新菌种复筛的三个阶段

（五）诱变育种

为获得工业上有用的特性，分离得到的微生物菌株需要进一步改良。菌种改良或诱变育种是借助物理或化学诱变剂诱发微生物基因突变，改变其遗传功能与结构，采用简便、快速、高效的筛选方法从众多的突变体中筛选出产量高、性状优良的突变株，用于科学实验或生产实践。诱变育种的一般流程如图 3-3 所示。

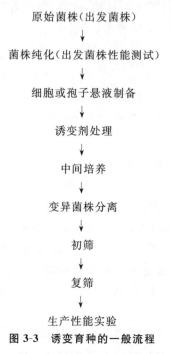

图 3-3　诱变育种的一般流程

诱变育种能够提高突变率，在较短的时间内获得更多优良变异类型，但该技术存在的问题是诱发突变的方向与性质难以控制，有益突变率仍然较低，突变体难以兼备多种理想性状。因此，提高突变率，快速鉴定和筛选突变体以及探索定向诱变的途径是当前研究的重要课题。

三、宏基因组文库中筛选

利用未开发的微生物群落鉴定和分离有效的酶是一种重要技术，该技术依赖于生物分离与体外培养。然而，大多数微生物存在于天然微生物群落环境中，与其他微生物相互依存，约 99% 的环境微生物无法通过实验室技术进行培养，这在很大程度上阻碍了生物催化剂的开发。宏基因组学挖掘新型生物催化剂绕过微生物的分离和培养，直接从环境样本中提取所有微生物的基因组 DNA，构建宏基因组文库，通过功能活性和序列分析筛选出具有潜在应用价值的新型生物催化剂。在构建宏基因组文库时，研究人员通常需要从特定的环境样本中提取微生物的基因组 DNA，然后利用不同的载体将这些 DNA 片段克隆到表达文库中。这些文库可以包含来自土壤、水、极端环境等各种环境中的微生物，从而为挖掘具有特定工业应用潜力的酶提供丰富的基因资源库。随着宏基因组学的发展以及测序成本的持续大幅下降，基于宏基因组学获取生物催化剂已成为最重要的方法。

（一）基于宏基因组学的生物催化剂挖掘流程

基于宏基因组学挖掘新型生物催化剂的基本流程如图 3-4 所示，主要包括以下过程。

（1）采集样品。微生物的生存环境与其表达的酶的耐受性及底物特异性是一致的，因此可以通过待筛选的生物催化剂的特性来寻找合适环境中的微生物群体进行采样。

（2）从特定环境中提取基因组 DNA。其方法可分为直接提取法和间接提取法。可根据取样微生物的特性及目的催化剂的特性，通过优化和筛选提取环境中的总 DNA。

（3）构建宏基因组文库。可将所提取的基因组 DNA 与合适的载体连接并转化到宿主菌中。

（4）筛选阳性克隆。根据目的基因的活性或其序列特征筛选宏基因组文库。

（5）亚克隆和表达目的基因。将筛选出的目的基因连接到合适的表达载体和宿主菌中进行表达。

（6）目的催化剂的生化特性鉴定。诱导目的基因表达，纯化目的蛋白并鉴定生化特性。

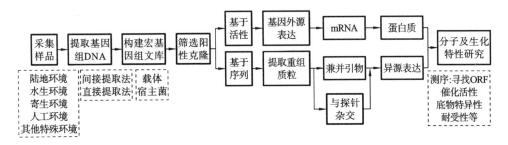

图 3-4 基于宏基因组学挖掘新型生物催化剂的基本流程

（二）基于宏基因组学的生物催化剂筛选方法

近年来，宏基因组学已被成功用于发现具有工业应用潜力的酶。基于宏基因组学的生物催化剂的筛选方法基本上可以分为两大类（图 3-5）：一类是基于宏基因组文库的筛选方法；另一类是基于序列的遗传法筛选方法。

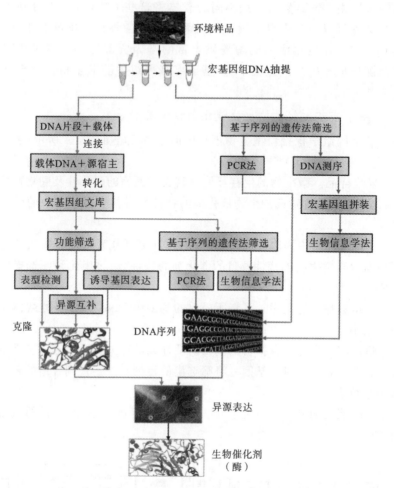

图 3-5　基于宏基因组学从环境 DNA 鉴定新型生物催化剂的具体方法
(改自彭司华,2019)

1. 基于宏基因组文库的筛选方法

宏基因组文库是从环境样本中提取微生物基因组 DNA,经部分消化纯化后,将这些 DNA 片段连接到载体上,然后转化到替代宿主细胞中,构建重组 DNA 文库。构建宏基因组文库常选用的载体有质粒、Cosmid、Fosmid、BAC、λ-phage 和各种穿梭载体等,最常用的宿主包括大肠杆菌(*Escherichia coli*)等。

基于宏基因组文库的筛选方法主要是通过活性检测手段从宏基因组文库中获得具有特殊活性的克隆或得到特定活性酶的克隆的方法,即功能筛选方法。基于活性的筛选是在不进行任何核苷酸、核糖核苷酸或蛋白质序列分析的情况下,直接筛选潜在功能的基因。因此,为了有效地从潜在基因(包含潜在功能基因片段的克隆或具有相应表型的菌株)中发现新型催化剂,需要建立合适的功能筛选方法。目前,主要有三种功能(活性)筛选方法,分别为图 3-5 中的表型检测、异源互补、诱导基因表达。功能筛选被认为是发现与已知序列缺乏同源性的新酶的最佳策略。其中基于表型检测的方法是最具前途的筛选方法。迄今为止,通过宏基因组学研究所发现的约 6100 种酶(含克隆、酶以及编码酶的 DNA 序列)中,约有 5800 种是通过功能筛选方法发现的。最近,通过宏基因组学发现的生物催化剂也占大多数。

基于活性的功能筛选方法已经建立并成功运用,但有些催化剂尚未找到合适的功能筛选方法。因此,利用相关底物去寻求理想型(底物特异性、酶稳定性等)催化剂的智能筛选方法,仍然是目前面临的巨大挑战。但这并不意味着通用底物在功能筛选中没有作用。因此,需全面重新审视和解释新型酶的特征,并选择合适的生化检测方法来验证阳性克隆。

2. 基于序列的遗传法筛选方法

基于序列的遗传法筛选是以序列相似性为基础,根据已知相关功能基因的保守序列设计 PCR 引物,利用 PCR 扩增筛选所需的目的克隆。这种方法又可细分成四种方法(图 3-5):基于宏基因组文库的 PCR 法、基于宏基因组文库的生物信息学法、直接 PCR 法、基于直接基因测序的生物信息学法。

基于序列的遗传法筛选方法不依赖于重组基因在异源宿主中的表达,但其后续的功能验证仍面临蛋白质表达的问题,这些限制在筛选阶段可以避免,并可减少因异源表达效率低下而导致的假阴性。近年来,利用这种方法已成功挖掘出许多新型催化剂。尽管如此,该方法也存在一定的局限性,尤其是新颖性不足的问题。例如,由于 PCR 引物是根据序列的保守性设计的,依赖于数据库中的已知序列,在序列上与具有实际用途的基因有较大差异。该方法仅限于分析同源酶,很难找到全新的同源基因,因此很难发现新类型酶。

基于宏基因组学筛选催化剂不同方法的比较如表 3-3 所示。

表 3-3 基于宏基因组学筛选催化剂不同方法的比较

序号	筛 选 方 法	主要特征与优缺点
1	表型选择	不依赖于已知序列的信息,因此可以筛选出具有优良特性的酶。此外,该方法还能快速鉴别具有开发潜力的克隆子和全长基因
2	异源互补	依赖于选择能在特定条件下生长的克隆,而这一条件在许多情况下难以满足
3	诱导基因表达	容易漏检,难以筛选出大片段插入文库,很多情况下该法只能得到目的基因的部分片段

续表

序号	筛选方法	主要特征与优缺点
4	基于宏基因组文库的 PCR 法	不需要进行基因表达,只需使用针对目的基因特异性保守区域的引物进行 PCR,可用于筛选宏基因组文库的克隆
5	基于宏基因组文库的生物信息学法	需要构建宏基因组文库。这种方法没有统一标准的操作流程,不同研究人员根据自己的具体情况使用不同的生物信息学方法来获得特定的生物催化剂
6	直接 PCR 法	不需要进行基因表达,它基于目的基因特异性保守区域的引物进行 PCR,直接从环境样本中提取 eDNA 用于鉴定所需要的酶,省去了构建基因组文库的步骤
7	基于直接基因测序的生物信息学法	成本较低,鉴定快,但需要对所鉴定的生物催化剂有一定的先验知识

(引自彭司华,2019)

(三)基于宏基因组学的生物催化剂挖掘面临的挑战

宏基因组可定义为"自然界中存在的所有微生物的基因组",指的是可以直接从自然环境中获得的基因序列。宏基因组学不依赖于生物培养,能有效获取有价值的基因资源,但仍有一定的局限性。首先,挖掘到的新基因需要在异源宿主细胞中表达,而不同菌属的菌株在转录、翻译等过程中(RNA 聚合酶对启动子的识别,对密码子、核糖体的识别等)存在偏爱性(又称偏好性),因此需要提高基因在异源宿主菌中表达目的酶的能力。其次,载体与宿主菌之间的不相容性也是一个问题,需要开发新的遗传工具来改进宏基因组文库的构建,使其适合在不同宿主中进行筛选。最后,需要不断改进筛选方法,以提高挖掘效率。宏基因组文库筛选为发现新型生物催化剂提供了一个强大的平台。以自然环境为资源,研究人员可以针对特定的应用需求,借助不同的筛选策略,从丰富的环境基因资源中挖掘出具有潜在价值的酶。随着技术的不断进步和方法的不断优化,宏基因组学在挖掘生物催化剂方面的应用前景将更加广阔。

四、数据库中筛选

数据库挖掘是基于基因组和酶结构信息发现新酶的另一种有前途的策略。随着下一代测序技术的快速发展,对微生物基因组或宏基因组测序更加经济和快速。此外,大量序列信息已存入公共数据库。例如,美国国家生物技术信息中心(National Center for Biotechnology Information,NCBI)网站(http://www.NCBI.nlm.nih.gov/)提供了 6000 多个基因组和 1.1 亿个蛋白质序列。目前,大多数酶的功能只能通过生物信息学进行预测,而生化特性则有助于发现新的生物催化剂。BRENDA(BRaunschweig ENzyme Database 的缩写,http://www.brenda-enzymes.org/)是蛋白质信息资源库(Protein Information Resource,PIR)的另一个可公开访问的数据库,包含超过 270 万条人工注释数据,涉及酶的分类、命名、功能、生化反应、动力学、特异性、结构、细胞定位、提取方法、文献、应用与改造及相关疾病等数据。这两个数据库具有明显的互补性,利用适当的生物信息学工具对这两个数据库进行系统的挖掘,可以分离出新酶,并为已知的酶分配新的同源物。此外,通过已鉴定酶的特性与结构,还可从数据库中更精确地发现新酶。RCSB 蛋白质数据库(http://www.rcsb.org/)中约有 10000 种蛋白质结构,并已开发出基于同源物的精确结构预测软件。

利用数据库挖掘的策略已经成功用于发现新酶。烯醇化酶超家族是目前特征最清楚的酶超家族之一,但通过基因组数据库挖掘,精确指定烯醇化酶同源物的功能仍然具有困难。研究人员开发了一种结构引导的方法来预测和验证烯醇酶(HpbD)的功能,并介绍了一种新的代谢途径。利用已鉴定的 HpbD 晶体结构,将包括整个 KEGG 代谢物和其他烯醇酶底物在内的 87000 多个配体对接到酶的活性部位,并将该酶初步定为氨基酸消旋酶或外聚酶,主要针对有 N-取代的底物。对同一基因组区域内其他酶的功能预测以及与一组预定义甜菜碱的对接研究,进一步弄清了酶的功能,并明确了它是一种反式羟脯氨酸甜菜碱(tHyp-B)消旋酶。在验证 HpnD 功能和预测外周酶功能的基础上,该研究还预测并通过实验验证了整个 tHyp-B 分解途径。DUF849 家族中有 900 个以上的成员共享一个功能未知的保守结构域。Kce 是该酶家族中唯一被表征的,它催化赖氨酸发酵途径中的一个反应,其晶体结构已鉴定,以便进一步理解其反应机制。研究发现,一些 DUF849 宿主生物不能发酵赖氨酸,这表明该酶家族的功能具有多样性。为了系统地研究它们的功能,Bastard 等从现有的基因组数据库中搜索了所有 DUF849 的同源物。基于 Kce 研究,他们定义了一个家族内保守的通用反应,即 β-酮酸与乙酰 CoA 缩合,生成 CoA 酯和乙酰乙酸。因此,这个未知的家族被命名为 β-酮酸裂解酶 BKACE。随后,他们利用代谢数据库和其他资源选出 17 种底物,对其中 163 种代表性酶进行了表达以及活性表征。通过高通量以及结构与模型分析这些酶的特征,最终将它们划分成七个亚单元。这些例子表明数据库挖掘策略在发现新酶以及同源物方面的有效性。

五、高通量筛选

(一)高通量筛选的发展

琼脂平板筛选和微孔板筛选等传统筛选方法是目前广泛应用的筛选方法(图 3-6)。基于透明圈、颜色圈的琼脂平板活性筛选,或基于营养缺陷型或抗性的琼脂平板生长选择,可作为简单易行的初步筛选方法,用于排除大量无活性和活性极低的突变体。琼脂平板筛选法操作简单,但并非所有的改造目标都能通过琼脂平板筛选法确定,且难以准确定量,此法主要用于突变库的初步筛选。基于荧光或光密度准确检测目的产物的微孔板(microtiter plate,MTP)筛选方法应运而生,该方法能够精确定量,准确评估突变体的性能,已广泛应用于酶工厂和细胞工厂的定向改造,但微孔板筛选法通量较低、操作耗时。

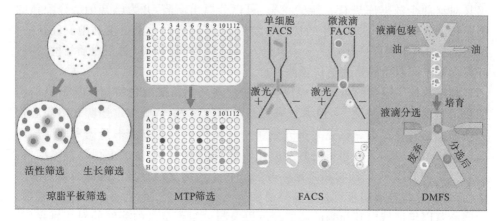

图 3-6　不同通量筛选方法的比较
(改自杨建花,2021)

自动化液体处理设备的应用提高了微孔板筛选的通量,但仍不能满足快速定向改造中筛选的需求。随着仪器设备的改进和生物技术的快速发展,高通量筛选(high-through screening,HTS)在 20 世纪 90 年代初应运而生。

高通量筛选是基于分子水平和细胞水平的实验方法,以微孔板为实验工具载体,利用自动化操作系统执行检测过程,利用灵敏快速的检测仪器采集实验结果数据,利用计算机分析处理实验数据,可同时检测数千万个样品,并以得到的相应数据库支持技术体系的运转,具有微量、快速、灵敏和准确等特点。由于高通量筛选处理大量样品的能力强,大量原本不确定的样品可以通过特定活性或特征的检测方法进行筛选,通过一次实验可以获得大量信息,并从中发现有价值的信息。随后,通量的增加进一步推动了检测微型化、自动化和机器人技术的发展,HTS 现已演变为超通量筛选(UHTS)。随着菌落拾取器、液体处理系统、流式细胞仪的荧光激活细胞分选(fluorescence-activated cell sorting,FACS)以及基于微流控芯片和分选设备的液滴微流控分选(droplet-based microfluidic sorting,DMFS)等技术与设备的发展,极大提高了筛选通量,可用于筛选大容量突变体文库,定向改造酶和细胞工厂(图 3-6)。

FACS 是一种荧光激活细胞分选技术,可对单细胞进行高效分选。FACS 可根据细胞大小或荧光对细胞进行分选,分选速度可达 10^7 克隆/h。此外,FACS 可以将筛选到的优势突变体直接分配到微孔板中进行回收与鉴定。要进行 FACS 筛选,首先必须建立酶活性表型与其编码基因的偶联,即将酶活性转化为可检测的荧光信号,并与酶所在的细胞建立物理联系,保持表型与基因型的一致性。根据荧光产物和酶及其编码基因偶联形式的不同,现有的 FACS 酶活性筛选体系可分为细胞膜表面展示、细胞内荧光产物的富集和荧光蛋白表达活性报告。当检测目标为胞外分泌酶或代谢产物时,可将细胞包埋在水/油/水双液滴或水凝胶中,以确保基因型和表型的关联。液滴包埋拓宽了 FACS 的应用范围。

DMFS 方法通过在微芯片上以高频率(10 kHz 以上)连续将单个细胞包埋在液滴中,实现基因型与表型的偶联,并通过检测液滴内的物质信号进行定量分析与分选,其筛选通量高达 10^5 克隆/h。油包水液滴提供纳升至皮升级的反应区室,使该筛选方法不仅适用于筛选细胞内酶或代谢产物,也适用于筛选胞外分泌酶或代谢产物。与常规的微升至毫升级的反应体系相比,试剂的需求量大大减少,在用到昂贵底物或试剂时具有明显优势。此外,单层液滴包埋后仍可进行分析试剂的注入、液滴融合和分裂等,大大提高了操作的灵活性。将油包水单液滴再进行水相包埋后形成的水/油/水双液滴也可通过 FACS 进行筛选,通量进一步提高到 10^7 克隆/h。此外,利用微流控芯片形成的水凝胶微滴也可以利用 FACS 进行筛选。水凝胶微滴更加稳定,可用于长时间的细胞培养。但双液滴和水凝胶在液滴形成后较难进行后续操作,如注入分析试剂、液滴融合、分裂等,不利于筛选过程的灵活操作。DMFS 结合了精密的液滴操作和快速分选系统,已成为细胞外酶定向改造和代谢物突变体库筛选的强大工具。自 2010 年 Agresti 等首次利用液滴微流控成功改造辣根过氧化物酶以来,DMFS 已广泛应用于其他酶和细胞工厂的定向改造中。利用 DMFS 高通量筛选胞外产物具有显著优势,但整个 DMFS 筛选过程复杂,技术性强,初学者难以操作,而且针对不同的目的产物或酶,DMFS 筛选体系参数差异较大,需要进一步优化系统。

(二)高通量筛选的特点

高通量筛选具有显著的优势,包括以下几个方面:

(1)高效自动化操作。先进的设备提高了 HTS 的自动化程度,避免了潜在的污染和人为错误。

(2)人力资源少。通过建立自动化操作系统以及使用微孔板和流式细胞仪的培养和分析模式,显著降低了人工成本。

(3)方法准确灵敏。新的分析方法通过检测与目的代谢物含量相关的变化,实现了快速、准确的筛选。

(4)样品体积小。可靠的定量只需要几微升(微板)甚至几纳升(液滴)的样品,大大降低了培养基和试剂的成本。

(三) 高通量筛选方法的信号检测策略

合适的信号检测策略是建立筛选方法的核心问题,目前突变体文库筛选主要基于荧光信号进行检测。近年来,光密度和拉曼光谱等开始应用于液滴微流控筛选系统。通过荧光检测目的产物,可以进行相对灵敏可靠的定量分析。荧光具有超灵敏度、高速响应能力和更先进的检测器,已成为超高通量筛选方法中最常用的检测信号。近年来开发的基于光密度、拉曼光谱和质谱的检测方法开始应用于超高通量筛选中,但这些技术仍不成熟,需要进一步开发,以提高其灵敏度、操作简便性和筛选通量。

(四) 高通量筛选应用案例

1. 基于报告基因光信号的高通量筛选案例

2019 年,Schmidl 等将 DNA 结合结构域模块化互换,实现了对细菌双组分系统的重构。在研究中,采用超快折叠绿色荧光蛋白(sfGFP)基因作为报告基因输出,检测双组分系统的信号输入。借助 DNA 结合结构域互换技术,在大肠杆菌中大规模筛选了希瓦菌(*Shewanella oneidensis*)MR-1 的双组分系统。根据 KEGG 与 BLAST 结果,选取了希瓦菌 MR-1 菌株的 OmpR-PhoB 家族的 7 个未知双组分系统,扩增其基因并在大肠杆菌中异源表达,同时将其应答调控蛋白的激酶受体(REC)结构域(N 端)与大肠杆菌的 PsdR 的 DNA 结合结构域(C 端)在第 137 氨基酸位点处融合。核糖体结合位点采用合成序列,预测强度约为 1000 单位。研究人员设计了希瓦菌的 117 种化学信号输入,包括电子受体、生理代谢物等,并进行了高通量筛选。大肠杆菌 TorS-TorR 菌株对于氧化三甲胺的响应则作为阳性对照。如果融合蛋白及重构的基因线路能够响应某化学信号,则将激活大肠杆菌中 sfGFP 的表达,从而输出荧光信号。

先将大肠杆菌培养过夜,将 15~50 μL 种子液加入 3 mL 含抗生素的 M9 培养基中,在 37 ℃、250 r/min 条件下培养 2 h。培养液用新鲜 M9 稀释至 OD_{600} = 10^{-4},取 200 μL 转入 96 孔微孔板的各个孔内,各孔内已添加 4 μL 50 mmol/L 待测化合物溶液。除半胱氨酸、硫酸铜、亚硒酸钠、硒酸钠、硫化钠(100 μmol/L)、高碘酸钠(25 μmol/L)、盐酸羟胺和亚砷酸钠(10 μmol/L),其他化合物的测试浓度均为 1 mmol/L。微孔板用铝箔纸封闭,置于 37 ℃、900 r/min 条件下培养 5 h。最后将微孔板置于冰上,用流式细胞仪读取荧光信号,记录化合物存在时与不存在时的 sfGFP 荧光倍数变化。以 sfGFP 表达量增强 1.5 倍以上为阈值筛选,初步筛选了 16 个目标(图 3-7)。经过复筛与其他实验验证,希瓦菌中的 SO_4387-SO_4388 被证明是一对新的酸性 pH 传感器元件,半最大响应值为 pH 6.22。这项依靠荧光蛋白报告基因进行的高通量筛选工作加速了双组分系统的基础研究,并促进了这一传感器元件大家族的广泛应用。

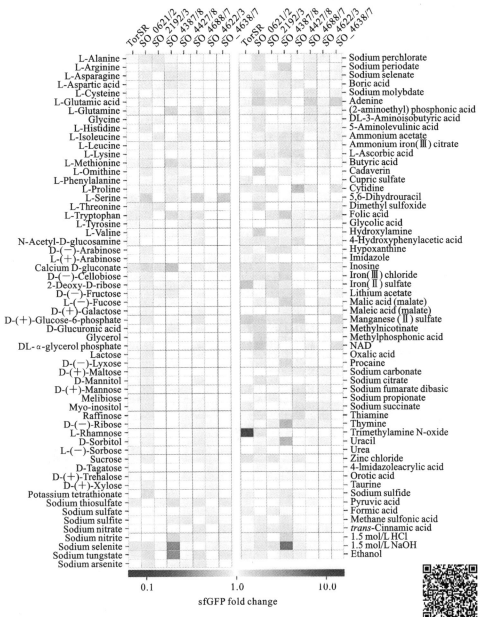

图 3-7　基于 sfGFP 表达量筛选的高通量筛选

（引自崔金明，2019）

扫码看彩图

2. 基于生长抑制的高通量筛选案例

Sikora 等以霍乱弧菌为模式生物，建立了一种从天然产物库中筛选新抗生素的方法。许多革兰阴性致病菌的存活率与毒力依赖于向细胞外分泌毒素、蛋白酶、脂肪酶、几丁质酶、神经氨酸酶等,且分泌过程依赖于高度保守的Ⅱ型分泌系统。因此,Ⅱ型分泌系统是理想的抗生素靶点。

该筛选既基于生长抑制,也基于对Ⅱ型分泌依赖型蛋白酶的活性检测。首先,准备海洋及陆地蓝细菌、陆地真菌、深海热泉生物等不同来源的天然产物,将其分离提取物组分分装入微孔板,然后以所需浓度添加到样品384孔板中。霍乱弧菌接种到LB琼脂平板上,取单菌落接种到LB培养基,在标准条件下培养16 h。然后在新鲜的LB培养基中将其稀释到$OD_{600}=4.5$,培养液再次稀释至$OD_{600}=0.05$,按20 μL分装于微孔板的各个孔中(图3-8)。将微孔板于37 ℃培养16 h,用酶标仪读取OD_{600},对比生长抑制情况。

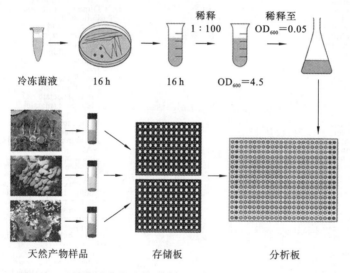

图3-8　以霍乱弧菌作为模式生物的高通量筛选实验准备流程
(改自崔金明,2019)

扫码看彩图

Boc-QAR-AMC(N-tert-butoxycarbonyl-Gln-Ala-Arg-7-amino-4-methylcoumarin)是一种可被外泌的VesB蛋白酶分解并发出荧光的底物,在测量OD_{600}比较生长抑制情况后,向各孔内加入10 μL 0.25 mmol/L Boc-QAR-AMC(溶于25 mmol/L Hepes,pH 7.5)以检测外泌蛋白酶活性。振荡30 s,等待10 min后以380 nm的激发波长测量450 nm的荧光值,从而反映VesB所依赖的Ⅱ型分泌系统是否受到天然产物抑制。以亮肽素(leupeptin)作为抑制Ⅱ型分泌系统的阳性对照。之后,通过LC-MS/MS进一步评估命中的活性天然产物组分中的活性成分,或确定已知的结构化合物。

3. 基于特定酶活性的高通量筛选案例

2016年,Kan等通过定向进化细胞色素c,使其在生理条件下成功催化了碳硅键的生成,催化效能比最好的化学催化剂高 15 倍。对来自不同物种的一系列血红素、细胞色素 c、P450 和肌球蛋白进行纯化初筛,发现海洋红嗜热盐菌(*Rhodothermus marinus*)的细胞色素 c 的对映体过量值达到 97%,转化数接近 40,因此选择其作为定向进化的起点。对"疑似"血红素结合活性位点附近的 M100、V75、M103 依次进行了 22 个密码子的饱和突变和高通量筛选。

在 96 孔微孔板中培养携带不同点突变的大肠杆菌文库并表达蛋白质,细胞经过离心后重悬于 M9-N 最简培养基(pH 7.4)中。该培养基被用作全细胞、细胞裂解液及纯化蛋白的缓冲液体系。细胞在 75 ℃下处理 10 min 裂解,然后在 4 ℃下以 4000g 离心 5 min 以除去细胞碎片。每 340 μL 细胞裂解液加入 10 mmol/L 二甲基苯基硅烷、10 mmol/L 2-重氮乙基丙酸酯作为反应物,10 mmol/L 连二亚硫酸钠作为还原剂,在室温、无氧条件下以 400 r/min 转速摇动 1.5 h。每孔加入 1 mL 环己烷终止反应,并加入 20 μL 20 mmol/L 甲基-2-苯甲酸酯作为内标并混匀。4000g 离心 5 min,将每孔中的有机相(约 400 μL)转移到 96 孔微孔板中,进行超临界流体色谱分析测定。

经过三轮定向进化和高通量筛选,最终获得携带三个点突变的 V75T/M100D/M103E 突变体,其对映体过量值达到 99%,且转化数大于 1500,转化频率达 46 次/min。对一系列含硅和重氮化合物测试表明,该突变体能够催化多种底物生成 20 种含硅产物。这些利用酶和地球富含的硅形成碳硅键的体外和体内实验表明,天然蛋白质库具有很强的进化性,只需要少量突变,现有蛋白质就能催化生物体内尚不存在的化学键,从而探索生物体尚未探索的化学空间。

4. 基于显微观察的高通量筛选案例

Han 等将 3983 个大肠杆菌的单基因敲除株分别喂养秀丽隐杆线虫,发现其中 29 个单基因敲除株能够延长宿主寿命,某些菌株还能保护宿主免受肿瘤生长或 β-淀粉体积聚。筛选方法如图 3-9 所示,单基因敲除的大肠杆菌文库分别用于喂养 12 孔微孔板中的线虫(线虫已同步化于 L1 幼虫期)。

线虫发育至 L4 繁殖期时,置于 25 ℃以利用线虫 sqt-3(e2117)^{ts}株的特性,令新生胚胎致死,仅观察母代线虫,从而避免繁重的线虫传代工作,且不影响正常产卵。第 13 天,通过显微镜观察测量线虫的存活率和运动能力。通过简单计算可知,一轮初筛需要约 40 块 96 孔微孔板和其中的大肠杆菌单基因敲除文库,约 320 块 12 孔微孔板用于线虫培养与观测,一轮实验流程约需 13 d。

经过多轮筛选及复筛验证,Han 等命中了 29 个单基因突变,所选取阈值为线虫寿命延长比例>10%,$P<0.001$。其中 21 个单基因突变株仅在成虫期饲喂仍能延长寿命,23 个突变株以大肠杆菌 MG1655 野生株为背景仍能延长宿主寿命。这些突变体分属于转录翻译、代谢、膜及转运、蛋白酶及伴侣等功能类别。研究发现,大肠杆菌过量产生特定代谢物(如荚膜异多糖酸)可显著延长线虫宿主的寿命,

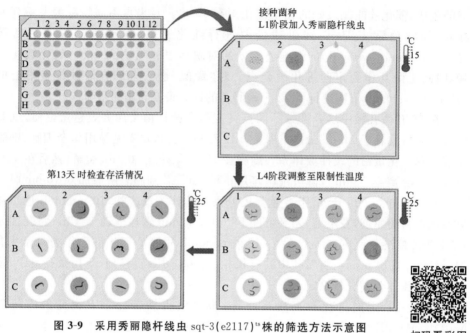

图 3-9　采用秀丽隐杆线虫 sqt-3(e2117)^{ts} 株的筛选方法示意图
(改自崔金明,2019)

(该株线虫生长繁殖正常,但胚胎在 25 ℃致死。不同颜色代表不同的大肠杆菌单基因敲除菌株)

进一步证实荚膜异多糖酸对线粒体的动态调节在多个物种中是高度保守的。巧妙设计的高通量筛选实验有助于取得这些重要成果。

高通量筛选和测量技术在生物催化剂筛选领域仍处于快速发展阶段。针对具体的研究方向,研究人员可以选取微孔板、微阵列、小磁珠、油包水乳状液滴、脂质体等形式,灵活建库。通过使用机器人、自动化液体处理设备、数据处理与控制软件、灵敏的检测方法,高通量筛选可帮助研究人员快速获取大量测量结果,从而快速识别最优的候选细胞,"命中"目的样品。

第四节　极端微生物与极端酶

一、极端微生物的分类及应用

自然界中存在一些普通生物无法生存的环境,如高温、低温、高酸、高碱、高盐、高压、高辐射、低营养及有毒有害物质等。然而,即便是在这些通常被视为生命禁区的极端环境中,仍有一些微生物顽强地生活着,我们将能在这种极端环境中生长的微生物称为极端微生物或嗜极微生物。已发现的极端微生物包括嗜热微生物、嗜冷微生物、嗜酸微生物、嗜碱微生物、嗜盐微生物和嗜压微生物等。

极端微生物代表着生命对环境的极限适应能力,是宝贵的生物资源,其生物遗传和功能多样性是人类最为丰富的宝藏。极端环境中的微生物为适应恶劣的生存条件,逐步形成特殊的生物结构、生理机能、遗传和种系进化(表 3-4)。极端微生物的适应机制和代谢产物不仅在基础理论研究中具有重要的意义,在实际应用中也有着巨大的潜力。极端微生物构成地球生命形式的独特风景线,其存在为更好地认知生命现象、发展生物技术和将极端环境中的微生物资源应用于生物技术产业提供了宝贵的知识来源。

表 3-4 极端条件下异养型微生物的代谢途径和关键酶活性

种类	最佳生长条件	代谢途径(中心代谢)	酶活性(肽、氨基酸)
嗜酸微生物	pH≤3	细菌:EMP、ED 和 PP 途径(根据生长环境使用不同的代谢途径);TCA 循环(部分细菌不完整)	大多数参与途径中氨基酸的合成基因已被鉴定
		古菌:EMP 途径(经过修饰并且只存在于部分古菌)和 ED 途径(主要)	表征了蛋白酶和肽酶以及蛋白质降解的完整途径
嗜碱微生物	pH≥9	细菌:EMP 途径(主要)、ED 和 PP 途径;TCA 循环(部分细菌不完整)	除丝氨酸降解途径外,发现氨基酸代谢的特征蛋白酶和基因
嗜热微生物	40~120 ℃	细菌:EMP 途径(主要)、ED(仅存在于部分细菌中)和 PP 途径(缺乏氧化部分);TCA 循环	表征了蛋白酶、肽酶,检测到氨基酸降解途径的典型酶类的基因
		古菌:EMP 途径(修饰,主要)、ED(只在部分古菌中存在)和 PP 途径;TCA 循环	表征了丝氨酸蛋白酶和吡咯烷酮羧肽酶,参与氨基酸分解代谢途径的基因已被鉴定
嗜冷微生物	最适生长温度≤15 ℃,最高生长温度<20 ℃	细菌:EMP 途径(主要)、ED 和 PP 途径;TCA 循环	表征了丝氨酸蛋白酶、肽酶和金属蛋白酶,参与氨基酸降解途径的基因已被鉴定
		古菌:EMP 途径(主要)、ED 和 PP 途径;TCA 循环(部分不完整)	表征了金属蛋白酶,参与 20 种氨基酸降解途径的基因已被鉴定
嗜盐微生物	$c(NaCl)>0.2$ mol/L	细菌:EMP 途径(糖酵解途径,部分利用)、ED(主要)和 PP 途径;TCA 循环	表征了蛋白酶,鉴定了编码转氨酶的基因,表征了丝氨酸肽酶,发现了参与氨基酸降解途径,包括间苯二甲酸途径的基因,但部分细菌不能合成 8 种以上氨基酸
		古菌:EMP 途径(修饰)、ED(修饰)和 PP 途径;TCA 循环	

续表

种类	最佳生长条件	代谢途径（中心代谢）	酶活性（肽、氨基酸）
嗜高渗微生物	高盐、高糖或其他高渗透压条件	真核生物：EMP 途径（主要）和 PP 途径；TCA 循环	表征了碱性蛋白酶
		细菌：EMP 途径、ED 途径（主要）、PP 途径（仅部分存在）；TCA 循环（部分不完整）	鉴定了参与包括氨基酸脱氢酶和氧化酶在内的氨基酸完全降解途径的基因
嗜旱微生物	$a_W<0.85$	EMP 途径（主要）、ED 和 PP 途径	
嗜压微生物	$p \geqslant 50$ MPa（专性嗜压微生物）	细菌：EMP 途径；TCA 循环（不完整）	在基因组中检测到多达 46 种蛋白酶和肽
耐辐射微生物	耐高辐射，耐辐射剂量 $\geqslant 1$ kGy	细菌：EMP 途径（不使用，但发现其中关键酶）、ED 和 PP 途径；TCA 循环	不能利用氨作为氮源，完全依赖外源氨基酸作为氮源，赖氨酸、丝氨酸和半胱氨酸的生物合成途径不完整，但能够在这三种氨基酸中生长，氨基酸降解途径完整
		古菌：EMP 途径（主要）和 PP 途径；TCA 循环	参与异亮氨酸、脯氨酸、精氨酸、亮氨酸、苯丙氨酸和缬氨酸生物合成途径的基因缺失
嗜金属微生物	耐高浓度重金属，耐受重金属浓度 >1 mmol/L	细菌：在低碳环境中发现，为自养型	

（引自庄滢潭，2022）

（一）嗜热微生物

嗜热微生物又称嗜热菌或高温菌，主要分布于温泉、堆肥、煤堆、储油库、工业高温排水区域、强烈太阳辐射的地面、地热区（陆地、地下和海洋热泉）以及陆地和海底火山口等高温环境。嗜热微生物能在 40～120 ℃ 的温度下生长。根据对高温环境的耐受程度，嗜热微生物分为耐热菌、兼性嗜热菌、专性嗜热菌、极端嗜热菌、超嗜热菌，如表 3-5 所示。

嗜热微生物分布于真核生物、细菌和古菌三个生命域，大多数属于细菌和古菌，目前已发现近 70 属 140 种嗜热微生物。据报道，嗜热细菌起源于中温环境，后移居至高温环境，而嗜热古菌则起源于高温环境。嗜热微生物主要分布于硫化杆菌属、铁质菌属、金属球菌属、硫化叶菌属、灼热球菌属等。例如，已发现的甲烷嗜

表 3-5 嗜热微生物的分类

类　　型	最高生长温度/℃	最适生长温度/℃	最低生长温度/℃
耐热菌	55	45～50	<30
兼性嗜热菌	65	50～65	<30
专性嗜热菌	70	65～70	42
极端嗜热菌	>70	>65	>40
超嗜热菌	122	80～110	≈55

热菌 Methanopyrus kandleri 116 可以在 122 ℃下生长。

嗜热微生物是极端微生物中应用最广泛的一类微生物，国外已开展了大量研究。在墨西哥油田岩心驱替实验中，利用嗜热微生物、发酵微生物和厌氧微生物对常规技术开采后的重油进行回收，效果明显，回收率达到 19.8%。利用地衣嗜热微生物 Circinaria gyrosa 模拟火星条件下极端微生物的生存能力，以评价地球外的可生存环境，其光合作用在 120 h 后无变化，证明该嗜热微生物具有很强的生存适应能力。此外，嗜热微生物中的嗜热酶更是被广泛开发利用。海藻糖是唯一对生物体具有神奇保护作用的糖类，海栖热袍菌的海藻糖合酶基因在大肠杆菌中的表达，使得高温酶解法制备海藻糖成为现实。葡萄糖醛酸酯酶是一种能降解植物细胞壁的新型酶，将 Sporotrichum thermophile 的葡萄糖醛酸酯酶基因克隆到 Pichia pastoris，表达后首次获得嗜热葡萄糖醛酸酯酶。

利用嗜热微生物的世代时间短、新陈代谢快、酶促反应温度高等特点，嗜热微生物已用于生产单细胞蛋白及各种热稳定酶。产甲烷的嗜热微生物生活在污泥、温泉和深海地热海水中。嗜热真菌通常生活在堆肥、干草堆和碎木屑等高温环境中，有助于一些有机物的降解。在发酵工业中，嗜热微生物可用于生产多种酶制剂，如蛋白酶、淀粉酶、脂肪酶、纤维素酶、菊糖酶等，这些微生物生产的酶热稳定性高，催化反应速率大，易于在室温下保存。近年来，嗜热微生物研究中最引人注目的成果之一是利用水生栖热菌的耐热 Taq DNA 聚合酶进行基因和基因工程的研究，并广泛应用于基因技术。嗜热微生物在降低能源消耗、减少细菌污染、缩短发酵周期等方面具有重要的作用。

（二）嗜冷微生物

嗜冷微生物是一类适应低温环境生活的极端微生物，其最高生长温度低于 20 ℃，最适生长温度通常为 15 ℃左右，最低生长温度为 0 ℃左右。嗜冷微生物分布于地球南北极地区、冰川、岩洞、终年积雪的高山、深海和冻土地区以及人工冷环境（冰箱、冷库）等。地球上近 75% 的生物圈属于低温环境。生命起源于温度很低的海洋,有人提出嗜冷微生物与生命起源相关。

根据嗜冷微生物对低温环境的耐受程度不同,可将其分为两大类:① 专性嗜冷微生物,严格依赖低温环境,其最适生长温度通常在 5～10 ℃,在 20 ℃以上的温度下无法生长甚至会死亡,它们在细胞结构、生理生化特性等方面都高度适应了低温环境;② 兼性嗜冷微生物,可以在较低温度下生长,但其最适生长温度高于 15 ℃,通常在 20～30 ℃。

嗜冷微生物主要分布于假单胞菌属、芽孢杆菌属、耶尔森菌属和李斯特菌属等。2002 年,美国首次完成了对一株北极耐冷菌的全基因测序工作。伯顿拟甲烷球菌是第一个被正式鉴定的嗜冷微生物。利用嗜冷产甲烷菌生产沼气对解决北方用户在低温条件下利用沼气越冬具有重要意义。嗜冷微生物产生的冷适应酶具有高度的立体特异性,能够消耗极少的热量使反应发生,从而降低成本,如 β-葡萄糖苷酶、果糖二磷酸醛缩酶、琼脂糖酶等。日本研究人员从寒冷土壤和水中分离出能产生冷适应酶的 *Pseudomonas* sp. PL-4,挪威 ASA 公司在北海附近建立了用于分离冷适应酶的研究基地。研究人员在天山一号冰川底部分离和筛选了产生高效冷适应酶的嗜冷细菌,从 125 株菌中筛选到 27 株能产生蛋白酶的耐低温菌株,其中 21 株为冷适应菌,6 株为专性嗜冷菌,大部分是革兰阴性菌,且 40.7% 为假单胞菌属(*Pseudomonas*)菌株,为嗜冷微生物种群的生物地理学研究提供了依据。

(三) 嗜盐微生物

在自然界中有许多含高浓度盐分的环境,如美国犹他大盐湖(盐度为 2.2%)、著名的死海(盐度为 2.5%)、里海(盐度为 1.7%)、海湾和沿海的礁石池塘、晒盐场、腌制品等。嗜盐微生物是指生存在盐浓度大于 0.2 mol/L 的环境中的极端微生物,分布于真核生物、细菌和古菌三个生命域,其中大部分为细菌和古菌。根据最适生长盐浓度,嗜盐微生物可被分为弱嗜盐微生物、中度嗜盐微生物、极端嗜盐微生物,其最适生长盐浓度分别为 0.2～0.5 mol/L、0.5～2.5 mol/L、2.5～5.2 mol/L。另外,能在高盐环境下生存,还可在正常条件下生存的微生物称为耐盐微生物。自 2018 年以来,全部记录在案的嗜盐物种及其基本信息都收集于 "HaloDom" 在线数据库中。迄今为止,数据库有 1000 种以上的嗜盐物种,古菌、细菌、真核生物的占比分别为 21.9%、50.2%、27.9%。嗜盐微生物主要包括盐芽孢杆菌属、盐杆菌属、嗜盐单胞菌属、嗜盐小盒菌属、嗜盐富饶菌属、嗜盐球菌属、嗜盐嗜碱杆菌属和嗜盐嗜碱球菌属等。嗜盐微生物能引起食物腐败和食物中毒,副溶血弧菌是一种分布极广的海洋细菌,也是引起食物中毒的主要细菌之一,可通过污染海鲜、腌制蔬菜和烧鹅致病。

嗜盐和耐盐微生物在生物技术领域具有重要应用价值,极端嗜盐杆菌 *Halobacterium* sp. NRC-1 在抗原和疫苗的生产中具有无毒、无脂多糖、低渗条件下易裂解等优势,可用于构建抗原生产和疫苗研发的创新平台,目前,*Halobacterium sp.* NRC-1 表达系统表达了抗原蛋白纳米颗粒(300 nm)。筛选嗜盐微生物对于提高酱腌菜的产品质量具有重要的价值。从锦州腌渍小黄瓜中筛选得到的嗜盐微生物,在含 7% NaCl 的 MRS 培养基中 32 ℃ 发酵培养 20 h 后,产酸能力提高了 16.78%,产酸率为 1.60%。嗜盐蛋白酶在酱油工业中发挥着举足轻重的作用。

此外,嗜盐微生物可用于生产胞外多糖、聚羟基丁酸(PHB)、食用蛋白、调味剂、保健食品强化剂、酶保护剂和计算机存储器等,还可用于处理海产品、酱制品及化工、制药、石油发酵等工业部门排放的高浓度无机盐废水,海水淡化、盐碱地改造利用以及能源开发等。嗜盐微生物产生的表面活性剂和胞外多糖可用于土壤和水体的生物修复。产生表面活性剂的嗜盐和耐盐微生物被认为是加速盐碱地碳氢化合物污染修复的关键因素。

(四) 嗜酸微生物

嗜酸微生物是一类适应并依赖低 pH 值环境生长的微生物,主要分布于天然和人工酸性环境中,如废煤堆及其排出水、金属硫矿山、酸性温泉、生物滤沥堆、酸性工业废水、酸性土壤等。许多微生物的代谢活动也会产生酸性环境。根据对酸性环境的耐受程度,嗜酸微生物分为嗜酸菌、耐酸菌和极端嗜酸菌(表 3-6)。嗜酸微生物包含古菌、真菌、真核生物三大生物域中的许多自养和异养生物,主要包括嗜酸硫杆菌属、钩端螺菌属、酸性杆菌属、嗜酸菌属、铁原体属、酸微菌属、硫化杆菌属和金属球菌属等。嗜酸氧化硫硫杆菌(*Acidithiobacillus thiooxidans*)是最早发现的嗜酸菌。研究表明,在某些酸性环境中,真核生物的多样性高于原核生物。

表 3-6 嗜酸微生物的分类

类 型	下限 pH	最适 pH	上限 pH
嗜酸菌	0	3.0~5.0	6.0
耐酸菌	0	4.0~6.0	7.0
极端嗜酸菌	0	1.0~2.5	3.0

在冶金方面,嗜酸微生物可用于溶解和回收贫矿和尾矿中的金属,即所谓的生物湿法冶金,一些嗜酸细菌被广泛用于黄铁矿、黄铜矿等的微生物冶金。在环境保护方面,嗜酸微生物可用于生物发电以及酸性矿井排水和重金属污染产生的酸性废水的生物修复。利用嗜酸微生物处理重金属,去除率可达到 80% 以上,处理成本也远低于传统方法。在能源应用方面,以嗜酸微生物为催化剂,可以构建微生物燃料电池。

(五) 嗜碱微生物

嗜碱微生物是一类能在强碱性环境(pH 8.0 以上)中生存的极端微生物,其最适 pH 通常为 9～10,所耐 pH 值可高达 10～12。其中能在高 pH 值下生长但最适 pH 不在此范围的微生物称为耐碱菌。嗜碱微生物起源于数十亿年前的深海碱性热液喷口,被认为是地球上最早的生命形式。根据其生存条件,嗜碱微生物分为嗜碱菌、耐碱菌、专性嗜碱菌和兼性嗜碱菌(表 3-7)。许多嗜碱微生物也同时耐高盐,可在高碱性(pH>9)和高盐度(高达 0.33 g/mL NaCl)的条件下生长,被称为嗜盐嗜碱菌。嗜碱微生物广泛分布于自然界的天然碳酸盐湖、碱湖、热泉、盐碱土,以及人工高碱环境,如造纸及食品加工等造成的碱性废水、废渣等。此外,从中性环境中也已分离出嗜碱微生物。目前,已分离到的嗜碱微生物主要分布于芽孢杆菌属、微球菌属、链霉菌属、假单胞菌属和无色杆菌属等。

表 3-7 嗜碱微生物的分类

类 型	下限 pH	最适 pH	上限 pH
嗜碱菌	8	9～10	
耐碱菌	8	7～9	9.5
专性嗜碱菌	8～9	10	
兼性嗜碱菌	8	≥10	

在发酵工业中,嗜碱微生物可用作多种酶的生产菌。例如,嗜碱芽孢杆菌(*Bacillus sphaericus*)生产的弹性蛋白酶适用于弹性蛋白,在高 pH 值条件下,蛋白质的裂解活性可大大提高。嗜碱菌生产的蛋白酶具有碱性条件下催化活性高、热稳定性高等优点,常被用作洗涤剂的添加剂。嗜碱芽孢杆菌生产的木聚糖酶可水解木聚糖产生木糖和低聚糖,因此可用于处理人造纤维废料。碱性 β-甘露聚糖酶降解甘露聚糖产生低聚糖,用作保健品的添加剂。已从嗜碱芽孢杆菌中分离出带有嗜碱基因的质粒,并用于基因工程。嗜碱菌在工业上被用于生产环糊精,利用嗜碱菌改良作物和盐碱土壤的研究也在探索中,还对嗜碱酶进行了研究。除嗜碱酶以外,嗜碱微生物还可产生多种生物活性物质,如甲酸、乙酸、琥珀酸和乳酸等有机酸,类胡萝卜素以及抗菌物质等,具有广泛的开发应用前景。

(六) 嗜压微生物

高压条件下才能良好生长和繁殖的微生物称为嗜压微生物,多为古菌,主要位于深海底部、地壳深处、深油井、地下矿井等环境中,能够耐受普通微生物所不能耐受的高压。嗜压微生物的生长压力范围因种类和特性而异,从 0.1 MPa 到 100 MPa 甚至更高。根据对压力的耐受程度,嗜压微生物可分为耐压微生物、专性嗜压微生物和极端嗜压微生物。耐压微生物在大气压条件下可以良好生长,能够承受一定压力,但在压力大于 0.1 MPa 的条件下生长缓慢。嗜压微生物与耐压微生物不同,它们必须生活在高静水压的条件下。在太平洋水深 4000 m 处发现了4属酵母菌,在6000 m的深海中发现了微球菌属(*Micrococcus*)、芽孢杆菌属(*Bacillus*)、弧菌属(*Vibrio*)和螺菌属(*Spirillum*)等细菌。

嗜压微生物主要用于高压反应器和耐压酶的研制,是嗜压酶的主要来源。耐高温和厌氧生长的嗜压菌有可能用于油井下产气增压和降低原油黏度,以提高采油率。在日本深海鱼类肠道中发现的嗜压古菌中,80%以上的菌株可以生产EPA和DHA,最高产量分别可达36%和24%。研究人员对这些细菌进行了基因重组,以高效生产DHA。

(七)耐辐射微生物

对辐射这种不良环境因素仅有抗性或是耐受性,而并非具有"嗜好",这一类微生物称为耐辐射微生物。辐射可能来自高原地区、臭氧稀薄地区的紫外线辐射,也有可能来自人类活动使用的放射性同位素。

不同于其他极端微生物,耐辐射微生物只是对高辐射环境更具耐受性,而不是对辐射有特别嗜好,辐射对于此类微生物并不是必要的生存因子,它们在没有辐射的环境中会生长得更好。一般来说,革兰阳性菌对辐射的耐受性更强,芽孢菌的耐辐射能力远高于无芽孢菌。1956年,美国俄勒冈首次从经大剂量辐射灭菌的肉罐头中分离出耐辐射奇异球菌。此后,又从经过辐射处理的食品、医疗器械和饲料等样品中分离出多种耐辐射细菌。现在核电蓬勃发展,核泄漏事故成为人类的灾难。然而,在切尔诺贝利核泄漏和福岛核泄漏之后,无数耐高辐射的微生物被选择存活下来,成为那片土地的新主人。

耐辐射微生物具有广泛的用途。在环境工程领域,可用于污染环境的生物修复和污染环境的监测;在医学领域,可用于抗氧化药物、疫苗、保健品的开发;在农业领域,可用于培育具有耐辐射特性的农作物。此外,耐辐射微生物还可用于防晒化妆品的开发、航空航天防辐射宇航服的设计、电化学制造业中表面金属和氧化物纳米阵列的制造等。耐辐射微生物的研究涉及许多领域,尽管大部分研究成果尚未转化为工业生物技术,但是应用前景广阔。

(八)嗜金属微生物

嗜金属微生物能够利用金属的化学反应来获得生命代谢所需要的能量,将有毒的金属氧化或还原成无毒或低毒的状态。嗜金属微生物对金属的腐蚀并非嗜金属微生物本身直接对金属或金属材料的直接作用,而是嗜金属微生物维持自身正常生命活动的结果。之前科研人员的研究方向主要集中在如何防止嗜金属微生物带来的后果,目前对嗜金属微生物的研究方向已趋于多元化,更多的学者发现了嗜金属微生物的益处。可以利用嗜金属微生物除去水中的重金属,如Cr^{6+}、Cr^{3+}、Zn^{2+}、Cu^{2+}、Ni^{2+}、Cd^{2+}等,甚至包括水中的非金属As^{3+}、As^{5+}。嗜金属微生物可用于冶金工业。科学家还发现,嗜金属微生物还可能参与黄金的形成。

二、极端酶的分类及应用

由于长期生活在极端环境条件下,极端微生物为适应极端环境,形成多种具有特殊功能的酶,即极端酶。极端酶能够在各种极端环境中发挥生物催化作用,是极端微生物在极端环境中生存与繁衍的基础。

极端酶根据其来源可分为在极端条件下生活的微生物(如古菌)中分离得到的酶、来源于常规环境中的微生物但也能在极端环境条件下发挥催化作用的酶,以及通过人工改良技术或借助人工合成技术制造出的具有新型催化活性的酶。

根据极端微生物所耐受的环境条件,极端酶可分为嗜热酶、嗜冷酶、嗜盐酶、嗜碱酶、嗜酸酶、嗜压酶、耐辐射酶、耐有机溶剂酶、耐重金属酶及抗代谢物酶等。

(一)嗜热酶

嗜热酶是指由嗜热微生物产生的可耐受 55～113 ℃ 高温的酶。例如,淀粉酶、蛋白酶、葡萄糖苷酶、木聚糖酶及 DNA 聚合酶等,在 75～100 ℃ 具有良好的热稳定性。根据耐热温度的不同,嗜热酶可分为中度嗜热酶(55～80 ℃)和超嗜热酶(80～120 ℃)。目前已发现可耐更高温度的酶,如来自超嗜热古菌 *T. litoralis* 的支链淀粉酶,在 118 ℃ 具有最高催化活性。

嗜热酶是迄今为止研究最多、种类最多、应用最广的一类极端酶。主要的嗜热酶有 DNA 聚合酶、α-淀粉酶、葡萄糖苷酶、蛋白酶、脂肪酶、木聚糖酶、纤维素酶等。嗜热酶作为生物催化剂具有很多优点:① 酶的热稳定性好,可在常温下分离提纯和包装运输,并能长时间保持活性,酶制剂的成本低;② 增大酶反应速率,缩短生产周期;③ 降低反应对冷却系统的要求,从而降低能耗,降低成本,减少冷却过程对环境造成的热污染;④ 在嗜热酶促反应的条件下(60 ℃以上),可减少杂菌污染,进而减少细菌代谢产物对产品的污染,提高产品纯度,简化提纯工艺;⑤ 高温下的生化过程可提高淀粉类、脂类、纤维素类和多环芳香类等难溶性物质的溶解度和利用率,降低有机物的黏度,有利于物质的扩散和混合。因此,嗜热酶在食品、化工、制药和环保等领域具有广阔的应用前景(表 3-8)。

表 3-8 某些有应用前景的超嗜热酶

酶	功　能	最适温度/℃
葡萄糖异构酶	葡萄糖→果糖,生产高果糖糖浆	95
木聚糖酶	木浆和纸生产中的水解木聚糖	105
α-淀粉酶	淀粉水解	85～90
纤维二糖水解酶	纤维素水解	105

续表

酶	功能	最适温度/℃
β-葡聚糖酶 A β-葡聚糖酶 B	纤维素水解	95
β-甘露聚糖酶	甘露聚糖水解	92
α-半乳糖苷酶	半乳甘露聚糖水解	100~105
β-葡萄糖苷酶	纤维二糖水解	105
β-木糖苷酶	木二糖水解	未定
β-半乳糖苷酶	乳糖水解	80
DNA 聚合酶	DNA 复制过程中的关键酶	90~98
DNA 连接酶	催化多核苷酸的连接	

（引自吴军林，2003）

从温泉中分离出的嗜热土芽孢杆菌 *Geobacillus* sp. ISO5 能产生高耐热 α-淀粉酶，在 140 ℃时具有最高酶活性，可应用于生物炼制工业。利用嗜热菌 *Geobacillus* sp. R7 产生的耐热纤维素酶处理生物质，水解产物经酿酒酵母 *Saccharomyces cerevisiae* ATCC 24860T 发酵后，每 1 g 葡萄糖可产生 0.45~0.50 g 乙醇，葡萄糖利用率为 99%。从产沼气反应器中分离出来的嗜热菌 *Herbinix hemicellulosilytica* 能产生六种嗜热木聚糖酶，可用于高温下纤维素和木制品的加工。利用经过预处理的木质纤维素生物质和嗜热菌的联合生物加工效果更好，成本更低。除生产热稳定酶外，嗜热微生物是耐热性胞外多糖的重要来源。嗜热微生物合成的耐热胞外多糖可以在较高温度下作为食品制剂和美容霜乳液制剂，在食品和化妆品工业具有潜在的应用前景，还可用作城市污水热处理中的絮凝剂。

（二）嗜冷酶

从嗜冷微生物中分离的嗜冷酶在低温(-2~20 ℃)条件下表现出较高的催化活性，通常在常温条件下失活。例如，日本海底沉积物的嗜冷菌所含的 β-淀粉酶在 45 ℃下处理 1 h 完全失活。从海洋嗜冷微生物中分离得到的蛋白酶在 40 ℃下的活性为 20 ℃下的 50%，还有些嗜冷酶在 25 ℃下也会失活。对嗜冷、嗜温和嗜热三种脂肪酶的氨基酸序列分析发现，只有嗜冷酶的一级结构发生了微妙的变化，这些变化足以改变其折叠状态，可以确保其在 0 ℃低温下的高催化活性。嗜冷酶具有在低温下保持高活性以及易失活的特性，在食品工业中具有巨大的应用潜力（表 3-9）。随着研究的深入，嗜冷酶的获取途径、活性改造和应用范围等方面会有更多突破。

表 3-9 一些已知的嗜冷酶种类及其特点

种类	特点
蛋白酶	嗜冷性蛋白酶在低温下具有较高的催化效率,它们在食品加工、生物洗涤剂制造和低温生物催化过程中有应用
脂酶	嗜冷脂酶在乳制品增香、生产类可可脂、提高鱼油中 n-3 系多聚不饱和脂肪酸含量等方面有应用
α-淀粉酶	作为第一个被成功结晶的嗜冷酶,其最适催化温度比中温 α-淀粉酶低 30 ℃,在 4 ℃和 25 ℃下的催化效率远高于嗜温酶
凝乳酶	在乳酪制造业中,使用嗜冷的凝乳酶可以防止剩余的蛋白质水解,有助于奶酪的制作
过氧化氢酶	在牛奶冷藏过程中,用于分解过剩的过氧化氢进行杀菌
β-半乳糖苷酶	用于降低牛奶中乳糖含量,减小细菌污染风险,同时缩短水解时间
木聚糖酶	在糕点烘烤过程中,有助于提高生面团和面包心的质量及香味和湿度的保留水平
果胶酶	在果汁提取过程中降低饮料黏度,使产品更加澄清,也可用于葡萄酒、啤酒、白酒等酿造
几丁质酶	能够分解几丁质(一种存在于昆虫和真菌细胞壁中的物质)
柠檬酸合成酶	参与柠檬酸的生物合成过程
丙酮酸脱羧酶	在低温下具有活性,但在稍高温度下很快失活,表现出高热敏感性
苹果酸脱氢酶	在低温下保持活性,是嗜冷酶的一种
枯草杆菌蛋白酶	一种特定的嗜冷酶,具有在低温下催化反应的特性
丙糖磷酸盐异构酶	参与磷酸盐代谢途径的酶
弹性蛋白酶	一种在低温下具有活性的酶,可能在食品加工中有应用

(引自刘欣,2017;王继莲,2014)

(三)嗜盐酶

嗜盐酶是由嗜盐微生物产生的酶,可在高浓度盐(12%～30% NaCl)条件下表现出高催化活性和高稳定性。如 DNA 酶、脂解酶(脂肪酶和酯酶)、蛋白酶、淀粉酶和明胶酶等水解酶不仅在高浓度盐条件下稳定,而且通常还可耐高温和有机溶剂。据报道,来源于 *Haloarcula* sp. 菌株(嗜盐古菌)的 α-淀粉酶在 4.3 mol/L NaCl,50 ℃条件下具有最佳活性,并且在氯仿、苯和甲苯等有机溶剂的存在下具有良好的稳定性。来自耐盐芽孢杆菌菌株 US193 的耐盐碱性蛋白酶在中性到碱性的 pH 值范围(pH 7~12)内、40~80 ℃和 2 mol/L NaCl 的条件下表现出高稳定性,并在甲醇、乙醇、异丙醇、丁醇、乙腈和二甲基亚砜等有机溶剂中具有高稳定性。

因此,嗜盐微生物、耐盐微生物及相关酶为食品工业与生物合成带来了巨大的发展机遇,是生物燃料生产和其他工业过程的最佳选择之一。从中国运城盐湖发现的耐盐菌菌株 *Haloarcula* sp. LLSG7 具有高纤维素分解活性和稳定性,其酶解产物作为生物乙醇发酵底物时,酿酒酵母可产生 10.7 g/L 乙醇,显著高于其他纤维素酶。嗜盐蛋白酶是由嗜盐微生物产生的蛋白酶,其催化活性通常需要 NaCl 存在,而耐盐蛋白酶不一定来源于嗜盐微生物,对 NaCl 无依赖。嗜盐蛋白酶及耐盐蛋白酶可用于食品工业,如鱼和肉类产品的盐发酵过程以及酱油的生产。

氨基酸序列的比对分析表明,嗜盐蛋白酶比普通的同工酶含有更多的酸性氨基酸,多余的酸性氨基酸残基在蛋白质表面与溶液中的阳离子形成离子对,对整个蛋白质形成负电屏蔽,促进蛋白质在高盐环境中的稳定。X 射线晶体和同源模拟分析所揭示的三维结构表明,这些酶表面带负电荷的氨基酸可与大量水合离子结合形成水合层,从而降低其表面的疏水性,减少在高盐浓度下的聚合倾向,进而避免在高盐条件下形成沉淀。

(四)嗜碱酶

嗜碱酶是指由嗜碱微生物产生的能够在 pH>9 条件下表现高催化活性的酶,大多是胞外酶。极端嗜碱微生物菌体内部接近中性,但其胞外酶必须在极高的 pH 值环境中才能保持稳定性和活性。研究表明,嗜碱酶在碱性环境中的稳定性是由于酶分子含酸性氨基酸少,而碱性氨基酸(如精氨酸和赖氨酸等碱性氨基酸)的占比较高,在较高 pH 值条件下酶本身仍带静电荷,因而具有稳定性。很多嗜碱酶对热的稳定性较高。例如,嗜碱菌 A4-10 产生的碱性纤维素酶可用于纤维素的降解,最适反应温度为 55 ℃,最适 pH 为 9.0。从碱性嗜盐菌 *Halobacterium* sp. 分离得到的淀粉酶在最适 pH 9.0、最适温度 65 ℃的条件下,以 NaCl 为活性因子,可将淀粉水解成麦芽糖、麦芽三糖、麦芽四糖和麦芽五糖。从深海中分离的嗜碱菌产生的碱性蛋白酶的最适 pH 为 10,最适温度为 70 ℃。

嗜碱酶具有耐碱和耐热特性,广泛应用于洗涤剂、造纸、纺织和食品等行业。在纺织工业中,碱性活性果胶酶已成功用于亚麻、苎麻、黄麻和大麻纤维的脱胶工艺。传统的脱胶工艺使用高浓度的氢氧化钠,且需要煮沸、洗涤和中和步骤,不仅成本高、耗时长,还会导致污染。碱性活性果胶酶的使用可降低脱胶过程中氢氧化钠浓度,缩短浸泡时间,降低蒸煮温度。在脱胶过程中添加稀释的碱,以有效去除纤维中的木质素成分,最大限度地减小漂白化学品的消耗量,减少纤维素降解污染物,因此脱胶过程中使用的酶应具有高 pH 值稳定性,通常从嗜碱微生物中获取。纸张回收加工过程中的一个关键步骤是彻底去除黏性污染物。利用碱性活性酯酶和脂肪酶可以有效去除黏性污染物，提高纸浆质量，显著提高经济和环境效益。在药学方面，具有纤溶活性的碱性活性蛋白酶在治疗血栓形成和癌症方面具有潜力。具有弹性溶解特性的碱性活性丝氨酸蛋白酶已用于制备治疗烧伤、脓肿、痈肿等伤口的药剂。

（五）嗜酸酶

嗜酸酶是指由嗜酸微生物产生的能够在 pH<4 的条件下表现高催化活性的酶。嗜酸酶大多是极端嗜酸微生物分泌的胞外酶，存在于壁膜间隙中，其活性均在酸性范围内，如从嗜酸硫杆菌中分离纯化的硫代硫酸盐脱氢酶最适 pH 为 3.0。与中性酶相比，嗜酸酶在酸性环境的稳定性归因于酶分子所含的酸性氨基酸的比率高，尤其在酶分子表面。另一个原因是酶分子中相对低的电荷密度，如酸热脂环酸芽孢杆菌（Alicyclobacillus acidocaldarius）的 α-淀粉酶（最适 pH 为 3.0）与中性同源酶相比，电荷密度只有 3.5%。

嗜酸微生物是工业用酸稳定性酶的重要来源。在淀粉工业中，由于传统淀粉工业所用 α-淀粉酶最适酶活性条件为 95 ℃、pH 6.8，不适宜在天然淀粉 pH 值条件（pH 3.2~4.5）下进行工业生产，在生产过程中需要多次调整淀粉浆 pH 值并补充 Ca^{2+}，既消耗时间，又提高了生产成本。从嗜酸微生物中提取满足特殊工业应用需求的极端酶可有效解决这一问题。如来源于酸热脂环酸芽孢杆菌（Alicyclobacillus acidocaldarius）和酸居芽孢杆菌（Bacillus acidicola）的酸稳定 α-淀粉酶以及来源于嗜酸热原体（Thermoplasma acidophilum）等嗜热嗜酸古菌的葡萄糖淀粉酶在淀粉工业中应用广泛。

与淀粉工业不同，烘焙工业中使用的麦芽糖淀粉酶还需具有中等强度热稳定性，以确保在烘焙结束后失活，阻止反应持续进行，避免产品变质。来自酸居芽孢杆菌的酸稳定 α-淀粉酶最适 pH 为 4.5，具有中等强度热稳定性，因此可应用于烘焙工业。此外，耐酸木聚糖酶可分解面粉中的半纤维素，调整水分，使面团更加柔软，也被广泛应用于烘焙工业。如嗜酸真菌臭曲霉（Aspergillus foetidus）中的酸稳定木聚糖酶（最适 pH 为 5.3）可用作全麦面包的改进剂。在动物饲料生产工业中，嗜酸微生物产生的耐酸酶可用作动物饲料添加剂，促进胃消化功能，提高饲料的可消化性。草酸青霉 Penicillium oxalicum GZ-2 产生的耐酸木聚糖酶可用于动物饲料、食品工业和生物燃料。在制浆造纸工业中，利用耐酸木聚糖酶在低 pH 值生产条件下漂白纸浆比一般工艺更有利。嗜酸微生物中有一类嗜酸嗜热菌，能产生嗜酸嗜热酶，可用于原煤脱硫、含硫废气处理、土壤改良以及低品位矿微生物冶金、贵重金属回收等。

（六）嗜压酶

嗜压酶是指由嗜压微生物产生的能够在高压（40~104 MPa）条件下表现出高

催化活性的酶。深海中的嗜压微生物是嗜压酶的主要来源。研究表明,静压力可以提高嗜压酶的活性和稳定性,尤其对热稳定性有明显的促进作用。此外,在高温高压下,底物溶解度增加,溶剂黏度降低,从而增大物质的传质和反应速率。高压作用下嗜压酶往往有良好的立体特异性,在化学工业上具有潜在的应用价值。但是当压力超过一定范围时,酶的弱键被破坏,酶因构象解体而失活。极端嗜压酶必须折叠其蛋白质分子,以尽量减小压力的影响。

(七) 耐辐射酶

耐辐射酶是由耐辐射微生物产生的能够在高剂量电离辐射条件下表现出高催化活性的酶。目前已经发现的耐辐射酶有过氧化氢酶、超氧化物歧化酶和硫氧化蛋白还原酶等,它们都具有降解有毒化合物的能力。耐辐射微生物对电离辐射、活性氧和许多化学诱变剂具有极强的抗性,这是因为它们含有超常的DNA修复系统和特殊的耐辐射酶。

(八) 耐有机溶剂酶

耐有机溶剂酶是指由耐有机溶剂微生物产生的并表现高催化活性的酶。迄今为止,已发现10多种耐有机溶剂酶,它们可催化硝基转移、硝化、硫代硝基转移、酚类的选择性氧化、醇类的氧化等反应。酶在有机溶剂中的作用受到载体性质、底物及产物极性的影响。如果将酶从水溶液中沉积到惰性载体上,再在有机溶剂中使用,通常可以获得最佳活性。

耐有机溶剂微生物和酶可用于非水介质中的化学反应,处理含有机溶剂的工业废水,降解石化废水中的油,去除多种有毒化合物以及将胆固醇转化为类固醇激素。

(九) 耐重金属酶

耐重金属酶是由耐重金属微生物产生的能在重金属离子存在下表现出高催化活性的酶。在自然条件下或人工诱导下,耐重金属微生物的重金属抗性基因可激活和编码金属硫蛋白、操纵子、金属运输酶和透性酶等。耐重金属微生物的耐受性可用于开发生物吸附剂,以处理工业废水。如 *Rhizopus arrhizus* 菌体可去除高达 180 mg/g 的铜,*Aphanothece halophytica* 能吸附 133 mg/g 的锌。水相中的重金属离子吸附在微生物表面,转运至细胞内,耐重金属酶利用其进行生物合成。

三、极端酶的筛选与生产

(一) 极端酶的筛选

极端微生物是天然极端酶的主要来源,具有适应生存环境的基因、蛋白质与酶类。因此,极端微生物可用于筛选所需的极端酶。从所要筛选的目的极端酶通常分布的极端环境中采集样品,利用选择性培养基进行富集培养,分离出能够生产目的极端酶的极端微生物。然后通过特定的选择性标记筛选出极端酶。例如,通过测定酶在不同温度、pH 值或盐浓度下的活性来筛选耐高温或耐高盐的酶。通过这种方法已分离得到很多极端酶。

人们对环境的了解还很有限,90%以上的极端微生物尚不能通过"纯培养"的方法进行培养和分离,这限制了极端酶的开发。因此,必须绕开"纯培养"技术,采用新技术来筛选极端微生物与极端酶。这些新技术包括:① 定向进化:通过随机突变和筛选,获得性能更好的酶突变体。这种方法适用于已经获得的极端酶,通过基因工程技术进行突变,再通过高通量筛选技术筛选优良突变体酶。② 高通量筛选技术:利用自动化设备和生物信息学工具对大量样品中的极端酶进行快速筛选。这种方法可以大大提高筛选效率和准确性。③ 质粒营救法:为了简化极端酶的定向进化筛选,建立了一种快速质粒营救法,可直接从加热处理过的平板上回收携带突变基因的质粒,用于进一步的随机突变。④ 结构生物信息学:通过比较嗜冷酶和嗜温酶的结构,揭示其冷适应性的结构基础。例如,通过嗜冷酶的三维结构,分析其活性位点的柔性和疏水性的变化,这些特性有助于酶在低温下保持活性。

(二) 极端酶的生产

要实现极端酶的工业化应用,从极端环境中筛选出极端酶产生菌后,需要进行大规模的细胞培养、酶的大量合成以及分泌条件的优化。然而,极端酶产生菌一般需要高温、极端 pH 值、高盐、厌氧环境等极端条件,普通的工业发酵设备难以满足生产要求。各种超高温生物反应器和高静压生物反应器应运而生。尽管如此,要满足极端酶产生菌的生长及发酵条件,对设备和环境的要求也比较苛刻,设备腐蚀和破坏率大大增加,生产成本较高。为了解决这一难题,科学家将极端酶的基因克隆到常温微生物(如大肠杆菌)中进行表达,进而可以采用普通的设备生产极端酶,这是目前普遍采用的生产方案。

在大肠杆菌中表达那不勒斯热袍菌(*Thermotoga neapolitana* 5068)的木糖异构酶,表达产物和原始蛋白质的组装略有不同,但不影响酶的稳定性和催化特性。大肠杆菌中表达硫黄矿硫化叶菌(*Sulfolobus solfataricus*)的极端嗜热醛缩酶,表达产物在酶动力学上和原始酶一致。将死海盐盒菌(*Haloarcula marismortui*)的苹果酸脱氢酶基因在大肠杆菌中异源表达时,产生可溶的无活性产物。在盐酸胍或脲等变性剂存在的情况下,表达产物经过解折叠或增溶,再通过复性,一般可以得到和天然酶类似的结构。

嗜冷微生物中低温活性酶的编码基因也已成功表达,在 0~2 ℃范围内产 α-淀粉酶的河豚毒素交替单胞菌(*Alteromonas haloplanktis*)的酶基因已经在大肠杆菌中表达,大肠杆菌必须在低于室温(最适生长温度为 18 ℃)的条件下培养,酶才能正确折叠,避免酶的不可逆变性。低温蛋白酶和低温脂肪酶表达时也出现过类似情况。对于极端嗜碱酶和嗜酸酶的表达,文献报道较少。嗜冷微生物的碱性低温蛋白酶的基因在大肠杆菌中表达时,表达产物的最适 pH 为 9.0。嗜碱纤维素酶 103 的基因被克隆到芽孢杆菌中获得成功表达,产物很好地保持了原有的稳定性,已应用于洗涤剂等工业生产。

四、极端微生物与极端酶在环境保护中的应用

极端微生物具有普通微生物无法比拟的抗逆能力,其生产的酶在极端环境下仍能保持活性,在极端环境下污染物的生物治理中发挥着重要作用。目前,我国工业生产排放的一些废弃物会处于高温、强酸、强碱等极端环境条件下。受极端环境条件的影响,常规的生物技术处理效果差、效率低,而极端微生物则可以弥补这一缺陷,通过深入研究极端微生物的生化特性和应用技术,可以更好地应用于环境保护,实现生态可持续发展。

(一)嗜热微生物在环境保护中的应用

1. 高温废水处理

传统的废水处理多在常温或中温条件下进行,而许多工业废水,如屠宰废水、食品废水、造纸废水、石化废水等,其排放时水温高达 70 ℃,高温处理可直接将其净化,省去了冷却环节和费用。从动力学角度讲,提高温度有利于增大反应速率,加快废水处理的速度,缩短水力停留时间,减少动力消耗。

嗜热微生物处理高温废水是一项前景广阔的废水处理技术。随着社会工业的发展,高温废水的排放量日益增大,许多学者研究了嗜热微生物处理高温废水。利用嗜热微生物及其酶处理平均温度为 60 ℃ 的焦化厂排放废水,废水中的酚、氰化物和 COD 物质的去除率较高,并且减少了冷却所需的基建和运行费用。利用筛选得到的嗜热微生物降解含酚废水的研究表明,高温(50~55 ℃)条件下,COD 物质去除率由 68% 提高到 85%,出水含酚合格率由 88% 提高到 100%。利用嗜热微生物,采用接触氧化工艺处理油田高温(50~60 ℃)外排水,取得良好的处理效果。利用连续进水式生物反应器和经高温驯化的活性污泥来处理纸浆废水,在中温(35 ℃)和高温(41~50 ℃)条件下,活性污泥系统均能稳定运行。

2. 造纸工业清洁生产

造纸工业中的化学漂白过程会产生大量有毒、致癌的含氯废水,对环境造成严重污染。生物漂白技术是造纸行业实现清洁生产的发展方向。利用极端微生物中嗜碱微生物产生的耐热木聚糖酶代替漂白所用的氯及其化合物,可以避免污染,同时减少纸浆成分的损失。在高温条件下,木聚糖酶可以打开细胞壁,促进漂白阶段木质素的去除。目前市场上销售的木聚糖酶在 70 ℃ 以上会迅速变性。

用这些酶处理纸浆时,必须先冷却纸浆并进行处理,然后加热进行下一个工艺步骤,不仅浪费时间和能源,而且非常烦琐。因此,利用耐热木聚糖酶进行漂白极具优势,并已成为关注和开发的目标。

迄今为止,仅发现少数超嗜热极端微生物能分泌具有高热稳定性(80～105℃)的木聚糖酶,目前已克隆并测序了几个编码木聚糖酶的基因。研究表明,这种酶比造纸业目前使用得最好的木聚糖酶更具有应用价值。因此,嗜热微生物产生的耐热木聚糖酶用于造纸工业的漂白过程,可实现清洁生产,从源头上减少污染,对环境保护具有重要意义。

3. 利用纤维素生产清洁能源

乙醇是一种清洁能源,利用嗜热微生物进行高温乙醇发酵可以实现同步发酵和蒸馏,以解决发酵周期长等问题。工业生产过程中产生的有机废水、废物和农业废弃物既是巨大的环境污染源,也是重要的可再生能源。据统计,我国农作物秸秆年产量为6.04亿吨,利用秸秆纤维生产乙醇具有重要意义。农作物秸秆中的纤维素难以降解,在利用纤维素生产乙醇的研究中,传统的中温微生物在底物范围、酶活性及热稳定性等方面存在不足之处,难以满足工业需求。嗜热微生物及其耐热酶能够降解纤维素和半纤维素并生产乙醇,不仅热稳定性好,而且底物范围广,在生物质能源领域有重要的研究价值和应用潜力。研究表明,热纤梭菌和褐色高温单孢菌能将纤维素降解为乙醇,海栖热袍菌和嗜热真菌能降解半纤维素产生乙醇,嗜热厌氧乙醇杆菌和嗜热栖热菌能降解木糖产生乙醇。此外,通过合理组合微生物菌群,特别是嗜碱和嗜热微生物或甲烷菌,有望直接利用秸秆发酵生产乙醇或甲烷,实现环境治理和可再生能源的有机结合。

(二) 嗜冷微生物在环境保护中的应用

嗜冷微生物在环境保护中的应用主要体现在低温环境下对污染物的降解和转化。对于受污染的寒冷地带的河流、湖泊及土壤,可利用嗜冷微生物及其嗜冷酶对污染物进行降解和转化。利用嗜冷微生物对寒冷地域环境废弃物的处理和应用正受到越来越多的重视,通过嗜冷微生物的原位降解,可以实现对受污染的寒冷水体和土壤的修复。

在加拿大被石油污染的土壤中发现了大量的嗜冷烃降解菌,这对寒冷地区石油污染的生物修复具有重要的意义。地下水中分离到耐冷高效氯酚降解菌,将其用于好氧流化床净化地下水中的氯酚污染,结果表明:在5～7℃条件下,氯酚负荷为740 mg/(L·d)时,去除率达到99.9%。此外,研究发现,嗜冷微生物不但可实现大规模的牲畜粪便厌氧低温分解,还可用于低温条件下鱼类加工厂中大量油渣以及寒冷地区污染物的生物分解。

(三) 嗜酸微生物在环境保护中的应用

目前,煤炭是我国的主要能源之一,但大多数煤炭的无机或有机硫含量较高

(0.25%～7.0%)。煤炭燃烧产生的二氧化硫直接进入大气,促进酸雨的形成,因此煤炭的直接使用会造成严重的环境污染。

在生物脱硫净煤处理的方法中,微生物脱硫可以同时脱除煤中的有机硫和无机硫,因而具有较高的经济价值和社会效益,对环境保护也有重要意义。微生物脱硫中发挥作用的微生物主要是极端嗜酸硫杆菌。例如,嗜酸氧化亚铁硫杆菌(*Acidithiobacillus ferrooxidans*)已被广泛用于煤炭脱硫。以 QXS 菌株为实验对象,考察了处理时间、初始 pH 值、煤样粒度、煤浆质量分数等因素对煤炭脱硫效率的影响,处理 10 d 后,总硫脱除率达到 65%,最适 pH 为 2.0 左右,随着煤样粒度和煤浆质量分数的增加,脱硫的效果均呈下降趋势。此外,嗜酸硫杆菌还可以用来处理含硫废气和土壤。

(四) 嗜碱微生物在环境保护中的应用

嗜碱微生物胞外酶最明显的特点是大多为嗜碱酶,现已经分离出多种嗜碱酶,包括碱性纤维素酶、碱性果胶酶、碱性蛋白酶、淀粉降解酶、木聚糖酶、脂肪酶和甲壳酶等。嗜碱酶具有在高 pH 值条件下稳定的特点,因此可应用于许多涉及碱性环境的工业生产中。例如,洗涤、印染、造纸等许多工业生产过程排放大量碱性废水,造成严重环境污染,利用嗜碱微生物及其嗜碱酶催化降解碱性废水中的污染物(有机多聚物),可以简化工艺,降低成本。某焦化废水处理厂的含酚、氰焦化废水,pH 值为 10 左右,未经酸中和,直接加入嗜碱蛋白酶进行好氧生物处理,酚与氰的去除率分别达到 99.9%、99.4%。

嗜碱微生物具有降解天然多聚物的能力,可用于处理碱性工业污水,将碱性纸浆废液转化为单细胞蛋白。在植物纤维加工中,利用嗜碱菌或其碱性胞外酶降解天然多聚物,代替碱降解工艺,可以从源头上减少污染。如利用嗜碱芽孢杆菌产生的木聚糖酶可水解木聚糖产生寡聚糖和木糖,用来处理人造纤维废料,可大大降低污染。在造纸工艺和麻纺工业中,用嗜碱菌产生的胞外酶代替传统的工艺,可以提高产品质量,减少污染物排放量。

(五) 嗜盐微生物在环境保护中的应用

嗜盐微生物能够在高盐环境中栖息和繁殖,因此,可用于受污染高盐环境的生物修复。根据现有报道,嗜盐微生物在降解石油烃、芳香烃衍生物和有机磷等污染物方面均有应用。

例如,从石油盐矿中分离得到的一株被归类为盐杆菌属(*Halobacterium*)的极端嗜盐古菌,在 30% NaCl 条件下,仍然能够降解 $C_{10} \sim C_{30}$ 的直链烷烃。Plotikova 等分离得到 15 株中度耐盐微生物,主要归属于红球菌属(*Rhodococcus*)、节杆菌属(*Arthrobacter*)、芽孢杆菌属(*Bacillus*)和假单胞菌属(*Pseudomonas*)。在 5.8% NaCl 条件下,这些菌株都能够以萘为唯一碳源和能源进行生长。将驯化的嗜盐菌接种于生物反应器中,在盐浓度高达 15% 的条件下,酚以 0.1~0.13 g/L 的速率流入和 0.1 mg/L 的速率流出时,去除率达到 99%。对活性污泥法处理含盐废水的研究表明,高盐环境下生物活性和有机物去除率均有所提高,在 NaCl 质量浓度为 0 g/L、10 g/L、30 g/L 时,总有机碳去除率分别为 96.3%、98.9%、99.2%,氧呼吸速率分别为 1275 mg/(L·d)、1987 mg/(L·d)、2000 mg/(L·d),嗜盐菌的生长得到促进,嗜盐酶活性高。因此,利用嗜盐菌去除高盐度工业废水中的有机物具有良好的应用前景。

此外,嗜盐微生物还可用于制备环境友好型生物材料。以石油为原料制造的塑料在自然环境条件下不易被生物降解,燃烧时会产生大量的有害气体,造成日益严重的白色污染,人们一直致力于可生物降解塑料的研究和开发。以微生物发酵法产生的 PHA(聚 β-羟基烷酸)为原料制造的新型塑料,可被多种微生物降解,开发应用前景十分广阔。其中,极端嗜盐菌产生的 PHA 中的 PHV(聚 β-羟基戊酸)含量比普通细菌高,可解决目前以 PHB(聚 β-羟基丁酸)制备的塑料韧性不足的问题。此外,嗜卤菌具有在低盐条件下细胞自溶的特性,大大简化了后处理生产工艺,降低成本,为因价格问题而受限的 PHB 大规模生产提供了新的出路。因此,极端嗜盐菌产生的 PHA 将成为一种重要的环境友好型生物材料,对于减少白色污染和环境保护有重要意义。

(六) 耐有机溶剂微生物在环境保护中的应用

耐有机溶剂的微生物及其极端酶可用于降解石油等环境污染物。例如,脱硫弧菌等微生物可降解 2,4,6-三硝基甲苯(TNT)。从假单胞菌分离出的水解酶可降解有机磷酸盐(杀虫剂)。耐有机溶剂菌株恶臭假单胞菌 GM73 菌株可用于修复被有机溶剂污染的环境。

化工行业在生产树脂等过程中常用浓度为 50% 和 100% 的有机溶剂进行清洗,以致排出的废料液和装置冲洗水中含有大量有机溶剂。将驯化得到的耐有机溶剂菌用于含异丙醇废水的处理,COD 物质去除率可达 84%~85%。耐有机溶剂微生物及其酶不仅能降解芳香烃,处理海面油污和石化废水,去除有毒化合物,还可用于被有机溶剂污染的水体和土壤的生物修复。例如,从悉尼一处污染源分离得到的 *Rhodococcus* sp. 33 菌株可以耐受和降解高浓度(200 mg/L)的苯。该菌株还能在 NaCl 浓度为 6%、温度为 0~37 ℃ 的条件下生长,有望用于处理海面石油污染。

(七) 耐重金属微生物在环境保护中的应用

耐重金属微生物及其产生的酶可用于处理含铜、镍的电镀废水。研究表明,每克(干重) *Rhizopus arrhizus* 菌丝体去除铜的量高达 180 mg,真菌表面的连接酶可将水中的重金属离子吸附在微生物表面,在能进出细胞膜传输营养物的酶的作用下,重金属离子被带入细胞内,胞内耐重金属酶利用其进行生物合成。

耐重金属微生物在重金属污染的土壤修复方面具有独特的作用,其作用原理主要有:微生物吸附积累重金属;微生物降低土壤中重金属的毒性;微生物改变根际微环境,提高植物吸收、挥发或固定重金属的效率。例如,放线菌、蓝细菌、硫酸还原菌及某些藻类能产生胞外聚合物,与重金属离子形成配合物;有些微生物分解有机物产生的 HPO_4^{2-} 与 Cd^{2+} 形成 $CdHPO_4$ 沉淀;有些微生物能把剧毒的甲基汞转化为毒性较低、易挥发的单质 Hg。

五、极端微生物学的研究意义与发展趋势

(一)极端微生物的研究意义

极端微生物是先锋生物,其生存环境对普通生物而言是难以耐受的。从含酸矿液到盐碱地,从高辐射和低气压的大气平流层到高放射和高气压的地下岩层,从高海拔和高纬度地区的冰川冻土到接近沸点的温泉和海底火山口,在这些"生命禁区"无处不活跃着极端微生物。极端环境中的微生物为了生存,逐渐形成独特的形态结构、生理代谢机能和基因组,是一大类超越人们想象力的丰富的生物资源,是生物遗传和功能多样性最为丰富的宝藏,是为人类提供丰富的微生物资源和特定遗传资源的宝贵战略资源。

极端微生物是生命的奇迹,蕴含生命进化历程的丰富信息,代表生命适应环境的极限能力,为地球的生物圈确定了环境的极限,也提供了探索生命极限的线索。研究极端微生物的基本生物学特性及其适应机制,对于揭示生物起源的奥秘和进化规律,阐明生物多样性的形成机制和动力,认识生命与环境的相互作用,尤其是与地球化学变化之间的关系,具有重要的意义。极端微生物地球化学研究将加速我们对生物圈和地圈长期协同演化的了解,不仅有助于揭示生命科学中最大的奥秘,如生命的起源、生命的极限、生命的本质乃至其他生命形式,还有助于认识生命与环境之间的相互作用规律,为揭示古气候变化及地球的化学演化提供重大线索。

与此同时,极端微生物特殊的多样化适应机制与代谢产物使得一些新的生物技术手段成为可能,在食品、医药、环保、能源、基因研究、特殊酶制剂生产等重要科研领域与工业生产领域发挥着重要作用,极大地推动生物技术的发展和极端微生物资源在生物技术产业中的应用。例如,生物大分子的热稳定结构为工业用酶的结构改造和耐热生物材料的生产提供了思路。嗜盐古菌细胞表面蛋白质的氨基酸组成和糖基化水平为人工设计适应极端条件的人工膜结构提供了很好的借鉴。嗜酸微生物与嗜碱微生物有助于强酸、强碱条件下的废水处理。此外,采用基因工程技术对极端微生物性状和功能进行改良,可以让其更好地为人类服务。

（二）极端微生物学的发展趋势

对极端微生物的研究虽然起步较晚，但是发展迅速。21世纪以来，极端微生物学领域的研究已发现许多诱人的微生物，其中大部分为原核生物。然而，尽管已经发表了数千篇极端微生物研究论文，但有关极端微生物的许多基本问题仍然没有答案。极端微生物能在极端条件下生存，但还不知道生命生存的准确极限是多少，尤其是温度和压力。在多种极端环境因子复合存在时，多重极端微生物对不同环境理化因子的耐受极限又有何不同，对此尚不清楚，对人类星球上新生物世界的探索仍将继续。

不同类型的极端环境孕育的极端微生物，有着不同的代谢途径和代谢酶，代表着新的进化类型。揭示其细胞和分子适应机制仍是极端微生物学的主题之一，这些研究可能开辟新的应用领域。对生命生存极限的不断突破可能推动地球以及其他星球上生命起源的新理论的诞生。对极热、强辐射和有毒物质强耐受性的极端微生物的研究也是天体生物学研究的热门领域。

目前，极端微生物已成为国际研究的热门领域，日本、美国、欧洲和我国相继启动了极端微生物的研究计划，主要研究工作包括新物种的发现、新产物的研究与生产、酶分子结构及其对极端理化因子的耐受机制、重要特异性功能基因的克隆与表达、适应机制的分子基础及遗传原理、基因组与蛋白质组分析等。尤其是极端微生物产生的极端酶在极端条件下具有高活性和高稳定性，是现代酶学研究的焦点。极端酶的研究将会成为酶学研究和微生物资源开发利用的重要方向。

未来，极端微生物学的主要研究方向仍然会集中在以下几个方面：

(1) 生命耐受极限环境物理化学因子的探究；

(2) 极端微生物新物种的分离培养与鉴定；

(3) 极端酶结构与功能及其基因的克隆和表达研究；

(4) 极端微生物适应极端环境的遗传和分子机制；

(5) 极端微生物基因组和蛋白质组分析及特异基因资源的挖掘；

(6) 极端微生物新产物的研究、生产与应用。

我国各地都有温泉分布，部分地区还有酸性热泉，西北地区还有大型盐湖，东部和南部有辽阔的海洋，极端微生物资源非常丰富，有待人们去开发和利用。

第四章　环境生物催化剂的固定化

酶在微生物的所有生化反应中都发挥着积极而重要的催化作用。将酶从细胞内提取出来,在体外也能发挥催化作用。然而在工业生产中,由于实际环境因素的影响,酶在应用过程中出现不足之处:离开细胞及其特定环境,酶的稳定性差,很难在工业生产中重复使用。因此,固定化酶的研究迅速成为一项重要的生物工程技术。

固定化酶具有诸多优点,目前已被广泛应用于食品、纺织、医药、能源、水处理等领域。在吸附、包埋、结合、交联等传统酶固定化技术的基础上,近年来随着材料科学的发展和工程技术的交叉融合,出现了一系列新的酶固定化载体和技术,促进了环境生物催化剂的固定化技术的发展与应用。

第一节　固定化生物催化剂概述

一、固定化技术的发展背景

1916 年,Nelson 和 Griffin 首次发现蔗糖酶吸附在骨炭微粒上仍保持与游离酶同样的催化活性,由此拉开了酶固定化研究的序幕。随后,人们为了更有效利用酶,积极开展了各种固定化技术的研究。20 世纪 60 年代,酶的固定化技术迅速发展起来。1956 年,Mita 通过离子键结合法将过氧化氢酶固定在 DEAE-纤维素上。1958 年,Grubhofer 和 Schleith 通过重氮化共价结合法将多种酶固定在聚氨基苯乙烯树脂上。1963 年,Bernfeld 和 Wan 利用聚丙烯酰胺包埋法固定了多种酶。1964 年,Quiocho 和 Richards 利用戊二醛交联法固定了羧酸肽酶。1969 年,日本的千烟一郎等将固定化酰化氨基水解酶用于 DL-氨基酸的光学分离,生产 L-氨基酸,成功实现了固定化酶的工业化应用。

酶的固定化主要是将酶与水不溶性载体结合起来,成为不溶于水的酶衍生物,最初被称为水不溶酶(water-insoluble enzyme)和固相酶(solid-phase enzyme)。1971 年召开的第一届国际酶工程会议上,建议采用统一的英文名称"immobilized enzyme"。用于固定化的酶最初都是经过提取和纯化的,随着理论与技术的发展,将可溶状态的酶固定在有限的空间内使其不能自由移动,来实现酶的固定。20 世纪 70 年代,作为发酵源的微生物菌体本身的固定化,即固定化微生物,也引起了人们的极大关注。

我国对生物催化剂的固定化研究始于20世纪70年代初。1973年,中国科学院微生物研究所固定化酶研究小组成功将黑曲霉葡萄糖淀粉酶吸附到弱阴离子交换剂(DEAE-Sephadex A50)上。随后,应用β-硫酸酯乙砜基苯胺(SESA)与甘蔗渣纤维素进行醚化反应得到对氨基苯磺酰乙基纤维素(ABSE-纤维素),通过载体苯氨基重氮化偶联葡萄糖淀粉酶。70年代后期,许多研究机构开展了固定化酶与固定化细胞的研究与应用。1978年,第一次全国酶工程会议后,固定化生物催化剂的研究与应用在全国迅速开展起来。固定化生物催化剂由单一固定化酶和固定化微生物细胞发展到固定化动植物细胞、固定化细胞器、固定化原生质体,以及酶与微生物、厌氧微生物与好氧微生物的联合固定化等。

固定化生物催化剂的应用已涉及食品工业、医学分析、化学合成工业、环境污染净化、能源开发等领域,并取得许多重要成果,充分发挥了固定化酶和固定化细胞在改革工艺和降低成本方面的巨大优势。从目前的发展状况来看,尽管酶的种类繁多,但固定化酶的种类依然相对有限,采用固定化酶技术进行大规模生产的企业屈指可数,真正应用于工业的酶也仅限于葡萄糖氧化酶、青霉素酰化酶等十几种酶。因此,仍需大力研究开发,使更多的固定化酶和固定化细胞能够适用于工业规模化生产。

二、固定化生物催化剂的优势

固定化技术是将酶或细胞通过物理或化学方法限制或定位在某一特定空间或某一不溶性载体上,进而限制游离酶或细胞流动,但仍保持其特有的催化活性,并可回收再利用的生物技术。固定化生物催化剂的成功开发为生物催化剂的实际应用开辟了一条新途径。酶或细胞通过物理或化学的方法固定后,催化性能明显改善,使用效率提高,更加经济合理,具有节约资源和能源、防止或减少污染的生态和环境效应,符合可持续发展的战略要求。

与游离生物催化剂相比,固定化催化剂具有许多优点:

(1)固定化后,生物催化剂不会在连续反应中流失,而且可通过简单方法回收和再使用;

(2)固定化生物催化剂一般对高温、强酸(碱)或有机溶剂等的稳定性提高,对抑制剂的敏感性下降;

(3)固定化生物催化剂体系工艺简单,适用于连续和自动化催化反应,催化过程易于控制;

(4)固定化生物催化剂易于与产物分离,可改善后处理过程,提高利用效率,降低生产成本。

游离酶与固定化酶的比较如表4-1所示。

表 4-1 游离酶与固定化酶的比较

项 目	游 离 酶	固 定 化 酶
成本	高	较低
性能	不稳定	高稳定性
活性	低	高
对反应条件的耐受性	低耐受	高耐受
从产物或基质中分离	复杂	相对容易
回收和再利用	不可行	可多次利用

固定化生物催化剂在化学、生物科学及生物工程、医学及生命科学等领域的研究中异常活跃,得到迅速发展和广泛应用。尤其是固定化细胞技术,与固定化酶相比,不需要将酶从细胞中提取出来,省去了复杂的提取与纯化过程,且胞内酶处于细胞天然环境中,更加稳定。对于多酶催化体系和需要辅酶催化的反应固定化细胞具有明显的优势,降低了加工成本,拓宽了固定化生物催化剂的应用领域。

三、生物催化剂固定化的基本原则

不论固定化生物催化剂如何制得,也不论其特性如何,任何一种固定化生物催化剂都必须具备两大基本性能:催化性能与非催化性能。催化性能主要用于在特定的时间和空间内催化底物的转化,主要涉及相关的催化特性,包括活性、专一性、稳定性、pH 值与温度适应性;非生物催化性能有利于催化剂从应用环境体系中分离、固定化催化剂的重复使用以及反应过程的调控等,主要涉及非催化部分的物理与化学特性,如载体的形状、厚度以及长度。高效固定化生物催化剂所具有的催化性能与非催化性能等的选择原则如表 4-2 所示。

表 4-2 高效固定化生物催化剂的选择原则

项 目	基 本 要 求	优 点
催化性能	高催化活性	高产率,高时空产量
	高选择性	副反应少,下游工艺及产品分离容易,污染少
	底物广谱性	适应底物结构多样性
	在有机溶剂中稳定	利用有机溶剂改变反应的平衡常数
	热稳定性	提高温度,缩短反应时间
	操作稳定性	节约成本
	构象稳定性	调节酶特性

续表

项　目	基本要求	优　点
非催化性能	合适的颗粒大小及形状	分离方便,反应易控制
	合适的机械特性	反应器设计灵活
	水重吸收量低	易除去水
	有机溶剂中稳定性好	不必改变孔径,扩散限制少
固定化酶	可循环使用	催化剂成本降低
	适用范围广	适应过程的多样性
	可重复生产	保证产品质量
	设计快速便捷	对反应过程开发了解快
生态与经济性	体积小	固体废弃物处理成本低
	易处理	易生物降解,环境污染少
	合理设计	避免烦琐的筛选
	使用安全	满足安全规定
知识产权	创新性	保护知识产权
	有吸引力	可批准工业化
	富有竞争力	牢固的市场地位

(引自曹林秋,2008)

实际应用中,为了减少副反应,获得对底物结构的高适应性、高生产效率、高时空产量以及催化剂高持久性,催化过程的设计必须满足所需的酶活性、选择性、底物专一性、生产效率和时空产量等。另一方面,固定化酶的非催化性能,尤其是其几何特性的选择,在很大程度上取决于反应器结构设计(如序批式、搅拌釜、柱状流及活塞流)、反应介质类型(水相、有机溶剂或双水相系统)、反应体系(浆状、液-液、液-固或固-固)以及反应条件(pH 值、温度和压力)等。设计非催化功能旨在实现以下目标:反应器设计上具有灵活性;容易从反应混合物中分离固定化酶;适用于不同的反应介质和反应体系;易于工艺开发与下游处理,尤其是过程控制。对固定化酶的催化性能和非催化性能的要求决定了固定化酶最终应用的范围。反过来,酶的各种应用特点也决定了这两个基本要素的设计和选择。总之,固定化酶的催化性能和非催化性能是不可分割的整体,是固定化酶应用的基础。

因此,固定化酶研究的主要任务是选择适当的固定化方法,包括载体、固定化条件和酶的种类,以便设计出既能满足特定应用的催化需求(如生产效率、时空产量、稳定性和选择性),又能满足非催化需求(如分离、调节控制和下游工艺)的生物催化剂。同时满足催化性能和非催化性能要求的固定化酶称为高效固定化酶。可针对某一特定过程,基于上述原则设计开发专门的固定化酶。

第二节 生物催化剂固定化载体材料

一、载体材料的分类

载体材料不仅是生物催化剂的重要组成部分,也是影响其催化性能的重要因素之一。载体材料的选择是制备固定化生物催化剂的关键,通常要考虑载体表面基团、结构、机械强度和成本等因素。合适的载体材料可以提高生物催化剂的催化能力,并具有稳定性高、比表面积大等优点。载体材料可分为传统载体材料和新型载体材料。

(一)传统载体材料

传统载体材料主要分为无机材料、高分子材料和复合材料。

1. 无机材料

常见的固定化天然无机载体材料主要有砂粒、沸石、蛭石、膨润土与硅藻土、高岭土等,合成加工的无机载体材料主要有活性炭、多孔陶瓷、硅胶、氧化铝、分子筛、生物质炭等。无机载体材料具有机械强度高,化学稳定性、热稳定性和生物稳定性良好,材料来源广泛、成本低,传质性能好,环境友好、对细胞和酶无害等特点,因此被广泛应用。

2. 高分子材料

有机高分子材料又分为天然高分子材料和合成高分子材料。天然高分子材料有海藻酸钠、琼脂、明胶、卡拉胶、壳聚糖、纤维素和淀粉等,这些材料无毒、易成型、传质性能好,但机械强度低,易被微生物降解、寿命短;合成高分子材料有聚乙烯亚胺、聚乙烯醇、聚氨酯、大孔树脂等,这些材料机械强度大,但不易成型、传质性能差。

3. 复合材料

高分子载体和无机载体各有优缺点。为了获得更好的固定化载体,满足工业生产的需要,通过物理或化学的方法将二者在宏观或微观上结合,有利于性能优势互补,复合载体具备高分子材料良好的生物相容性和无机材料较高的稳定性、机械强度等优点。例如,以海藻酸钠/SiO_2复合水凝胶为固体纤维素酶的载体,载体对纤维素酶包埋效果良好,包埋率超过86%。固定化酶的pH值和温度稳定性优于游离酶,重复使用效果好,具有良好的生物相容性和优越的机械性能,可以作为固定酶或其他大分子的载体。

针对传统载体存在的一些问题，研究人员开始采取一些措施对载体进行化学修饰改造，以弥补其在酶固定化中的不足之处，在酶的定向固定化和共价固定化方面应用较多。改性的方法多种多样，可根据不同的目的采用不同的改性手段，从而使载体材料具有更强的针对性和更好的性能。琼脂糖是应用较早的一种天然载体材料，改性时首先使用辛基谷氨酸对琼脂糖珠进行修饰改造，然后进行酶固定。固定化脂肪酶不仅能提高酶的活性，还能利用离子交换树脂进行洗脱，从而实现高效回收，大大降低了成本。

（二）新型载体材料

新型载体材料包括碳纳米材料（如氧化石墨烯）、金属纳米材料、磁性纳米材料、新型高分子材料、杂合复合材料、介孔材料与大孔材料，以及生物缓释材料等（表4-3）。它们具有比表面积大、酶的负载量高、可以在纳米尺度上控制尺寸、导电性和磁性好等优点。纳米材料载体和金属有机骨架材料载体的开发和研究是近年来的热点。

纳米材料载体是具有纳米级粒径的各种无机及有机材料载体的统称，主要是无机材料，尤其是碳基材料，其粒径较小，一般小于100 nm，因此比表面积大，表面结合力强，容易与酶形成稳定的结构。

表 4-3 代表性新型酶固定化载体材料

材料名称	固定化酶
生物素-链霉亲和素	原核表达酶等
介孔氧化硅	碳酸酐酶、淀粉酶、丙氨酸消旋酶、纤维素酶等
纳米颗粒	溶菌酶、α-胰凝乳蛋白酶等
聚合物包衣纳米颗粒	胰凝乳蛋白酶、脂肪酶、氯过氧化物酶
碳纳米管	α-半乳糖苷酶等
石墨烯纳米片	β-半乳糖苷酶、柚皮苷酶等
纳米纤维	辣根过氧化物酶、过氧化氢酶等
磁性纳米颗粒	内酰胺酶、脂肪酶、葡萄糖氧化酶、碳酸酐酶等
单壁碳纳米管	枯草杆菌蛋白酶、辣根过氧化物酶、蛋白酶 K 等
多壁碳纳米管	脂肪酶、水解酶、漆酶及多种氧化还原酶等
金属有机骨架	乙酰胆碱酯酶、葡萄糖苷酶、漆酶、脂肪酶等
还原氧化石墨烯	辣根过氧化物酶等
聚醚砜膜	内酯酶等
聚乙烯醇纳米纤维	脂肪酶、磷酸三酯酶等

续表

材 料 名 称	固 定 化 酶
聚己内酯纳米纤维	过氧化氢酶等
聚苯胺-聚丙烯腈复合材料	葡萄糖氧化酶
壳聚糖-藻酸盐复合微珠	淀粉葡萄糖苷酶
氧化石墨烯-Fe_3O_4复合材料	葡萄糖淀粉（糖化）酶
聚丙烯腈多壁碳纳米管	过氧化氢酶
$CaCO_3$-金纳米微粒	辣根过氧化物酶
壳聚糖纳米胶囊	脂肪酶、漆酶等
聚苯乙烯纳米微粒	漆酶、水解酶等

（引自刘茹，2021）

1. 碳纳米材料

碳纳米材料（CNTs）具有良好的导电性、稳定性以及生物相容性，一直是研究热点。与传统载体材料相比，CNTs 具有更大的比表面积、更强的吸附能力以及更优越的酶负载能力。生物催化剂可通过吸附、共价连接以及包埋等方式固定在 CNTs 上。根据管壁层数，CNTs 可分为单壁碳纳米管（SWCNTs）和多壁碳纳米管（MWCNTs）。其中，SWCNTs 缺陷少，均匀度较高，而 MWCNTs 具有更多的表面基团，表面化学活性较高，应用最为广泛。1991 年，日本科学家首次制备出 MWCNTs，随着合成及修饰技术的发展，其应用越来越广泛，已用于漆酶、水解酶、脂肪酶及多种氧化还原酶的固定化研究。以功能化碳纳米管/聚醚砜膜为载体固定漆酶，降解 4-甲氧基苯酚时表现出优异的生物催化性能。以 MWCNTs 为填充材料合成了聚偏氟乙烯/MWCNTs 纳米复合材料，用共价法固定酶，表现出显著的活性，与游离酶相比，固定化酶的操作稳定性和热稳定性均有所提高。

氧化石墨烯（GO）由石墨烯氧化得到，因其具有优异的吸附性能、巨大的比表面积和众多的表面羟基而成为固定化酶的有效候选材料。与石墨烯相比，GO 生产成本低，可大规模生产且易于加工。与其他载体材料相比，GO 表面含有丰富的含氧基团，化学稳定性更强，并为 GO 与其他材料（如聚合物或其他无机材料等）复合提供了表面活性位点和较大的比表面积。研究人员将漆酶固定在 GO 纳米片分离膜上，结果表明，GO-聚醚砜膜固定化漆酶在温度和 pH 值上表现出长期的稳定性，生物膜催化的纯水通量也有所增加。此外，表面丰富的官能团使其易于修饰，是一种性能优异、可改良的新型碳纳米材料。作为一种性能优异的新型碳纳米材料，GO 在固定生物催化剂方面潜力巨大，但也存在一定的局限性，如易团聚、电化学活性弱、加工困难等，这些限制了其应用。

2. 金属纳米材料

作为纳米材料研究的一个重要分支,金属纳米材料因其稳定的物理和化学性质在众多研究领域都表现出优异的性能,受到研究人员的广泛关注。金属有机骨架化合物(MOFs)又称多孔配位聚合物,是一类具有周期性孔隙结构的杂合结晶,可由有机配体和金属离子在溶液中自发组装成具有不同孔径和构型的三维骨架,也可根据游离酶的特性有目的地设计。该技术最早出现在20世纪90年代中期,通过技术改进,合成的MOFs的孔隙率和稳定性都有了很大提高。利用MOFs对酶固定化有两种方法:原位合成法和后合成法。原位合成法是在MOFs合成过程中将酶加入MOFs合成体系中,然后经过离心、洗涤和干燥得到酶-MOFs复合物,使酶随着MOFs的生长被包裹在MOFs内部。后合成法是在完成MOFs合成后加入游离酶,通过表面吸附、共价结合或扩散等方式将游离酶固定在MOFs上,从而得到酶-MOFs复合物。对于一些性能较好、合成条件优越的MOFs,在合成过程中还应考虑合成条件对酶活性的影响,如温度、压力、溶液pH值、有机试剂等。MOFs的优点是可选择范围广,合成条件可超出拟固定酶的变性范围,采用后合成法进行酶固定化得到迅速发展。

3. 磁性纳米材料

磁性纳米颗粒(MNPs)是一类新型固定化材料,利用磁场和磁力变化来控制粒子的运动轨迹,不仅有利于游离酶与载体的结合和分离,还有利于固定化酶的分离与回收,降低劳动力成本,适合连续生产。MNPs具有磁性强、毒性低、生物相容性好、易于分离等优点,并且尺寸小、比表面积大,因此,对生物催化剂的负载量较高,可以与底物充分接触,催化效果良好。

酶固定化中最常用的磁性载体材料是磁性高分子微球,它将磁性颗粒与带有各种活性基团(如羟基(—OH)、羧基(—COOH)、醛基(—CHO)和巯基(—SH)等)的有机聚合物结合在一起以固定酶。将辣根过氧化物酶(HRP)固定在聚乙二醇化的磁性复合微球上,负载量高达139.82 mg/g。固定化HRP的稳定性和重复使用性大大提高,10 min内苯酚的降解率高达94.4%,优于游离酶对苯酚的降解效果。

MNPs在空气或酸性环境中存在氧化或溶解等缺陷,这限制了其应用。为此,需对其进行改性。例如,研究人员通过共沉淀法合成乙二胺四乙酸(EDTA)功能化的MNPs,以Cu^{2+}为桥基,通过螯合作用将漆酶固定在经EDTA功能化的MNPs表面。Ahmad等通过在功能性聚氨酯泡沫塑料表面涂覆氧化铁纳米粒子制备了多孔立方载体,并吸附异养菌、厌氧氨氧化菌和氨氧化菌,该载体可以为异养菌吸附和选择性处理芳香族化合物提供良好的外层屏障,为内层的厌氧氨氧化菌提供有利的环境,为内层的厌氧氨氧化菌和中间层的氨氧化菌提供一个互惠的环境。形成的固定化菌群用于去除焦化废水中的高浓度喹啉、COD物质和含氮化合物，NH_4^+-N、NO_2^--N、TN 的去除率分别达到 98%、99%、97%，同时，COD 物质及喹啉的去除率分别达到 98% 与 100%。

4. 介孔材料与大孔材料

介孔材料是一类孔径在 2~50 nm 的多孔材料。其中，介孔 SiO_2 因其孔径均匀、比表面积大等特点成为固定生物催化剂的理想载体，但不利于回收。磁性介孔 SiO_2 可以在磁场作用下快速分离，实现固定化生物催化剂的循环利用。目前，已报道的磁性介孔 SiO_2 有磁性介孔 SiO_2 球、磁性介孔 SiO_2/Fe_3O_4 空心微球、具有虫孔骨架结构的新型大孔磁性介孔 SiO_2 纳米颗粒等。研究表明，将生物催化剂固定在磁性介孔 SiO_2 材料上，可显著提高固定生物催化剂的稳定性和重复使用性，并且在多次磁分离操作后仍能保持高活性。

大孔材料是一类孔径大于 50 nm 的材料，具有优异的生物质承载能力，是一种很有前景的固定化载体材料。研究人员采用高内相比乳液模板法制备了一种基于硅树脂的聚苯乙烯-硅树脂(PS-MTQ)大孔聚合物载体，当硅树脂质量分数为 30% 时，制备的大孔聚合物疏水性能好，具有合适且孔径多样的孔道，刚性强，具有良好的抗压和传质性能，是一种优良的微生物载体。将负载硫酸盐还原菌的 PS-MTQ(30%)应用于初始硫酸盐浓度为 1000 mg/L 的废水处理，生物膜脱硫性能优于悬浮体系，处理 12 d 后硫酸盐去除率达到 80% 左右。

由于介孔材料与大孔材料具有不同的孔径与特性，因此在生物催化剂固定化设计和应用中，需要根据具体的需求选择合适的孔结构和材料。

5. 生物缓释材料

生物缓释材料作为载体主要用于固定化微生物细胞。缓释载体可通过缓慢释放营养、生长因子等物质来促进微生物的生长和代谢，增强微生物的自我繁殖能力及活性。缓释载体还能缓慢释放微生物，有利于延长微生物的水力停留时间，减少微生物的流失量，提高单位体积内微生物的含量。采用细菌纤维素将粉红菌 FP-3 和异养硝化好氧反硝化假单胞菌 AD05 进行固定化并用于高氨氮模拟废水处理。结果表明，细菌纤维素对微生物的负载能力和结合力强，固定后的菌株活性较高，具有良好的菌株缓释能力。AD05 固定化菌剂对高氨氮模拟废水中 COD 物质、NH_4^+-N 的去除率分别达到 81%、86%。以聚乙烯醇为骨架材料，淀粉为碳源，将聚乙烯醇与糊化淀粉在水溶液体系中混合，制备了淀粉-聚乙烯醇碳源缓释载体材料，并将该载体材料与活性污泥混合，用于二级出水中的三级反硝化。该缓释载体材料中的有机碳源只能通过微生物的水解才能释放，使得碳源能够根据进水硝酸盐的变化而自动释放，从而避免了有机物残留，并保持了相对稳定的碳氮比，而不需复杂的控制系统。当淀粉含量为 70%、温度为 30 ℃时，氮去除率高达 94.6%。

二、载体材料的选择

载体保证了酶的结构不受恶劣环境条件的影响,有助于保持酶的催化活性。优良的载体材料应具有以下特性:

(1) 载体材料不应对酶的结构产生负面影响,不改变酶的活性,不干扰酶和底物之间的相互作用;

(2) 载体材料应能够结合足够多的生物分子;

(3) 载体材料表面应具有化学活性基团,酶与载体材料的功能基团之间应具有较高的亲和力,载体材料基团可直接或经过较为温和的化学活化后与生物分子偶联;

(4) 载体材料的作用只是固定生物分子,对生物大分子应是惰性的;

(5) 载体材料应具有良好的生物相容性、适中的粒度及孔径结构;

(6) 载体材料应寿命长、廉价易得。

实际上,很少有载体材料能满足上述所有条件。一般是根据酶和生物催化过程以及固定化方法去选择较为合适的载体材料。例如:吸附法固定生物催化剂时大多使用无机载体材料;用包埋法固定时通常使用天然高分子载体材料,如海藻酸钠、壳聚糖等;用共价结合法固定时可以用高分子载体材料或无机载体材料,根据所固定生物催化剂表面上的官能团(又称功能团)和材料表面的反应基团之间能否形成共价键来选择;用交联法固定时所采用的载体不溶于水。总的来说,应选择成本低、稳定性和亲和力高、可用性强的载体材料。

第三节　生物催化剂的固定化方法

生物催化剂的固定化包括酶固定化和微生物细胞固定化,二者方法类似。本节以酶固定化为例,介绍生物催化剂的固定化技术。早期的酶固定化方法可分为两类:物理方法和化学方法。物理方法主要包括吸附法和包埋法,化学方法主要包括共价结合法和交联法,如图 4-1 所示。

一、吸附法

吸附法是最早开发的生物催化剂固定化方法之一。吸附法是利用各种吸附载体材料通过分子间作用力(如范德华(又译范德瓦耳斯)力、离子键、氢键、静电作用、亲(疏)水性等)将酶分子固定在载体表面的一种固定化方法。吸附法固定化酶很大程度上取决于载体与酶之间的特异性结合配基的存在。因此,为了使固定化酶发挥最大的催化性能,在选择载体时应该着重考虑其理化性质,如比表面积、颗粒大小、表面官能团等。常用的无机吸附材料有硅胶、氧化铝、硅藻土、多孔

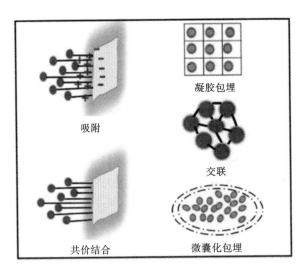

图 4-1 固定化方法示意图
（改自 Yaashikaa,2022）

玻璃等,天然的有机材料主要包括海藻酸盐、甲壳素、壳聚糖、淀粉、纤维素,合成的有机材料有聚氨酯和大孔树脂等。

吸附法制备固定化酶相对简单,不需要化学修饰,不使用有毒试剂,性质相对温和,能在很大程度上保持酶的活性。但是,由于酶与吸附载体之间的吸附作用较弱,固定化酶的稳定性较低,会造成酶从载体上解吸附,固定化效率较低。因此,吸附法通常作为一种基础方法与其他方法联用,从而衍生出特异性更强的酶固定化策略。根据酶和吸附载体之间结合力的不同,吸附法又分为物理吸附法和离子吸附法。

物理吸附法是将酶与活泼吸附载体材料接触,通过分子间作用力使酶吸附在载体材料上的固定化方法。用这种方法固定酶时常用的固定化载体有高岭石、金属有机骨架(MOF)材料、分子筛、多孔玻璃等有机或无机多孔材料。例如,研究人员通过物理吸附将漆酶固定在介孔拉瓦希尔骨架系列材料(MIL)-53(Al)骨架上,固定化漆酶具有较高的活性回收率和稳定性,尽管漆酶活性略有下降,但固定化漆酶对三氯生去除率很高,这表明介孔 MIL-53(Al)上的吸附和漆酶的催化降解之间存在完美的协同作用。通过物理吸附将漆酶固定在高岭石上,在最佳固定化条件下,固定化漆酶负载效率为 88.22%,负载量为 12.25 mg/g,最高活性为 839.01 U/g。除上述载体外,碳纳米材料因其比表面积大也成为物理吸附法中常用的载体。

离子吸附法是利用酶与含有离子交换基团的不溶性载体之间的静电作用力进行固定化的方法,常用载体有阴离子交换剂和阳离子交换剂。研究人员利用

$Fe_3O_4@C-Cu^{2+}$[①]纳米粒子吸附和固定漆酶,发现固定化漆酶具有较高的负载能力、活性以及稳定性。采用离子吸附法将漆酶可逆地固定在金属离子螯合磁性微球上,与游离漆酶相比,固定化漆酶的热稳定性和操作稳定性均显著提高。

二、包埋法

包埋法是指借助化学或物理的方法(如交联、凝胶化)将酶包埋在某种载体中的一种固定化方法。根据不同载体,包埋法可分为凝胶包埋法和微囊化包埋法。

凝胶包埋法是指将酶包裹在凝胶形成的网格中,该方法操作简单,反应条件温和,机械稳定性高。但在固定化过程中存在酶泄漏和孔隙扩散阻力大等缺陷。包埋法常用的载体材料有藻酸盐、琼脂糖凝胶、聚丙烯酰胺等,其中藻酸盐因其优良的凝胶特性成为常用的载体材料之一。例如,研究人员将漆酶包埋在海藻酸钙珠粒上,用于不同染料的脱色,结果发现固定化漆酶在经过连续几批脱色后,对纺织染料的脱色效果依然显著。

微囊化包埋法是通过物理或化学方法将酶包裹在膜装置(如中空纤维或微胶囊)中的一种固定化方法,可以同时固定多种酶。该方法操作简单,可以最好地维持酶的自身结构和长期稳定性,是一种经济、有效的方法。采用乳液静电纺丝法制备了多壁碳纳米管(MWCNTs)改性的静电纺丝纤维膜固定化漆酶(MWCNTs-LCEFMs),并将漆酶和 MWCNTs 包裹到纤维中。研究发现,MWCNTs-LCEFMs 的活性回收率为 85.3%,比表面积和拉伸强度增大了 2~3 倍,对环境因素的耐受力也有所提高。微囊化包埋法具有操作简单等优点,但也存在酶浓度较低、负载量较低、孔径受限制等缺点。

包埋法制取的载体不受形状限制,可以制成颗粒状、膜状、圆盘状和纤维状等。此外,包埋法将酶包埋于载体网格中,其操作稳定性要明显高于吸附法制取的固定化酶。然而,这种固定化方式会限制生物酶在生化反应中的扩散,大大降低酶的表观活性。为克服这些缺点,研究人员在包埋法的基础上提出了许多改进的固定化技术,如共价包埋、双包埋、后装载包埋、交联-包埋等。

三、共价结合法

共价结合法是指酶蛋白分子的活性官能团(如侧链氨基酸:赖氨酸、半胱氨酸或天冬氨酸)与载体表面活性基团之间发生化学反应,共价结合的一种固定化方法。氨基、羧基或巯基等官能团有利于共价键的形成。因此,采用共价结合法制备生物酶时,往往需要对载体进行改性,使其表面附着羟基、氨基、羧基、醛基等官能团。例如,利用共价键将漆酶固定在改性聚酰亚胺气凝胶上,固定化漆酶的稳

---

① 注:在化学和材料科学中,符号"@"通常表示某种物质被包裹或嵌入在另一种物质中。

定性显著提高,在重复使用测试中,固定化漆酶在 7 次循环后仍保持 22% 的初始活性。通过共价键将漆酶固定在改性氧化石墨烯(GO)磁性纳米粒子上,与游离漆酶相比,固定化漆酶的酸碱稳定性和热稳定性都有所提高。

这些酶表面的活性氨基酸残基与载体表面的活性官能团之间的化学反应使得酶与载体结合较吸附法更加牢固,不存在酶泄漏和解吸附,易于从反应体系中回收,且重复利用率较高。但共价结合法制备过程较为复杂,反应条件较为剧烈,导致酶蛋白高级结构发生不可控的变化,酶活性降低。

四、交联法

早在 20 世纪 70 年代,酶的交联就已经为人所知。交联法指通过多官能团试剂与酶分子发生化学反应形成共价键,形成疏水性三维共价网架结构,然后从亲水性溶液中析出,实现酶的固定化。常用的交联试剂有戊二醛、己二胺、顺丁烯二酸酐、甲苯二异氰酸酯、双偶氮联苯等,其中最常用的是戊二醛。以有机肥为载体,戊二醛为交联剂对漆酶进行固定化,并用于土壤修复。研究发现,固定化漆酶的热稳定性和酸碱稳定性均高于游离漆酶。交联法的突出特点是漆酶和载体结合紧密,但由于交联反应的无序性,酶的活性中心可能发生交联,使酶活性降低甚至失活,大大降低了固定化酶的酶活性回收率。此外,交联法制备麻烦,交联形成的固定化酶交联体机械性能较差,因此交联法很少被单独应用于酶的固定化,通常与其他固定化方法结合使用,以强化或提高原有固定化策略的效果。

不同固定化方法的比较如表 4-4 所示。

表 4-4 不同固定化方法的比较

项 目	吸 附	共 价	包 埋	交 联
适应性	有	无	有	无
制备难度	易	难	中	中
结合力	弱	强	中	强
酶活性	高	低	中	低
成本	低	高	低	高
稳定性	低	高	高	高
底物专一性	不变	变	不变	变
再生性	能	不能	不能	不能
应用	数值	官能化的 PMMA 微球	硅树脂包埋	戊二醛交联

五、固定化技术的发展

合适的固定化载体可以有效提高酶的固定化率和催化效率,因而许多新型固定化技术的研究都是围绕载体材料来展开。21世纪以来,材料科学的发展为酶固定化的工业应用提供了前所未有的发展空间,石墨烯等碳基材料、磁性材料、膜材料、金属配合物骨架材料以及高分子材料等相继问世,传统材料经过改性后制成的新型复合载体也层出不穷。这些载体材料一般具有优异的理化特性,如多孔性、疏水性或亲水性、比表面积大、表面活性高等。

为最大限度地发挥载体材料的功效,研究人员还开发了许多新型固定化技术,如微波辐射辅助固定化、膜固定化、毛细管柱固定化、酶定向固定化、单酶纳米颗粒、基于3D打印技术的酶固定化等技术。这些新型载体和固定化技术的出现,为酶及细胞固定化提供了前所未有的技术手段,为生物催化剂的工业化应用创造了巨大的机遇。

最佳的固定化方法因酶而异,因载体而异,并取决于具体应用的特性。因此,固定化酶技术未来发展的重点是具有预定化学特性和物理特性的载体,尤其是合适的几何特性和化学活性基团,使得载体能在温和条件下直接结合生物酶,并用于不同构型的生物酶反应器。

第四节 影响固定化生物催化剂活性的因素

固定化生物催化剂的性能会受到各种参数的影响,如pH值、温度、固定化方法、支撑材料、催化剂的数量等。pH值和温度起着主要作用,这些参数的改变可能影响生物催化剂的整体活性,包括催化剂失活或从固定化载体材料中释放。因此,根据所使用的生物催化剂的类型,在反应过程中必须保持最适pH和最适温度。不同的固定化方法各有其优势和劣势。如果选择的固定化技术不当,可能出现断裂、催化剂与底物脱钩、酶活性回收率低或产品产量低等问题。载体材料是另一个对固定化生物催化剂的活性有较大影响的因素。这些材料必须无毒、易于获得,并且与生物催化剂有好的兼容性。载体材料的特性和结构也会对固定化生物催化剂产生影响。此外,固定在载体材料上的催化剂量对固定化催化剂的性能有直接影响,过多的催化剂会限制其伸展,导致失活。因此,在固定化操作中必须注意生物催化剂的用量。

第五章　环境生物催化剂的改造

酶作为一种优秀的生物催化剂,具有无可比拟的优势,如高效性、底物专一性、反应条件温和、绿色环保等。因此,酶催化剂在越来越多的领域发挥重要作用,应用前景良好。然而,天然酶仍然存在活性低、催化底物的范围较窄、稳定性低等问题。例如酶对外界环境如温度、pH 值等很敏感,而实际反应条件和生物体的生理环境差异较大,导致酶在实际应用中容易失活,不够稳定,这大大限制了其工业化应用。另一方面,有些酶蛋白表达量低,这也在一定程度上制约其大规模应用。目前,研究人员大多借助酶工程的手段来改善酶的性质,如提高酶的稳定性、催化效率以及扩大底物范围,提高表达量等。

第一节　酶改造方法

酶改造通常从核酸和蛋白质两个层面来实现,核酸层面主要包括利用分子生物学技术改变生物体内编码酶的核酸信息,从而改善酶的性质,如酶的定向进化、理性与半理性设计等;而蛋白质层面主要是在生物体外利用化学试剂或物理方法修饰酶分子,即化学修饰与物理修饰。

一、酶核酸改造

核酸层面的改造主要是利用分子生物学、生物信息学、结构生物学和计算生物学等手段,对酶进行合理的设计与改造,使其具有预期优良性质,以达到更好、更广泛利用的目的。随着对酶的了解不断加深,核酸层面的酶改造技术在近些年也经历了快速的发展。根据技术原理的不同,酶核酸改造技术可以分为以定向进化为主的传统酶改造技术、以序列与结构信息为基础的理性及半理性改造技术和新酶设计技术。同时,随着人工智能技术的发展,机器学习指导的酶改造设计也崭露头角。

(一)定向进化

2018 年,诺贝尔化学奖授予弗朗西斯·阿诺德(Frances H. Arnold)、乔治·史密斯(George P. Smith)和格雷格·温特(Gregory P. Winter),以表彰三人在定向进化研究领域的开创性贡献。酶的定向进化技术是在实验室模拟自然进化过程中基因突变与自然选择的过程,通过向基因中引入突变,构建包含大量突变体的突变文库,通过特定的方法对突变体进行筛选,经过多轮迭代,最终得到符合预期(如酶活性提高、底物特异性改进、酶热稳定性提高等)的蛋白质。定向进化属于非理性设计,不需要事先了解酶的结构、催化机制、活性位点等因素。定向进化主要包括两部分工作:一是突变体库的构建,突变体库的质量直接关系到实验结果;二是定向筛选,即从构建好的突变体库中筛选具有优良性质的酶。为了保证突变体库中包含足够量的突变体分子,库容量一般比较大,所以在进行定向进化研究时,必须设计合适的筛选策略,以尽量减小工作量,加快筛选速度。相比于自然进化,定向进化技术可以在短时间内对酶进行多轮突变与筛选,快速搜索序列突变空间,且不受限于蛋白质结构或机制是否明确,是对蛋白质进行改造的有效且高效的手段。

定向进化技术需要在每轮迭代中向基因引入突变,引入突变的方法按照原理可以分为随机突变、定点突变、DNA重组等多种类型(图5-1)。

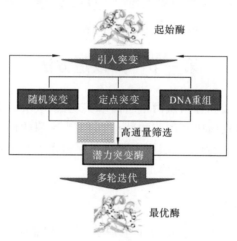

图 5-1 酶的定向进化流程
(改自王千,2021)

碱基正确的配对是基因准确复制和转录的前提,而碱基错配是基因在体内或体外复制时的低概率事件,这时腺嘌呤(A)与鸟嘌呤(C)配对,胸腺嘧啶(T)与胞嘧啶(G)配对,是自然界中基因变异的主要来源之一。受此启发,1989年,Leung首次提出通过易错PCR对基因进行随机突变的观点。1992年,Cadwell和Joyce在前人研究的基础上进一步完善,建立了相对成熟的易错PCR体系,并沿用至今。1993年,Arnold团队通过易错PCR向酶中引入突变,并进行多轮迭代筛选,最终得到能在极端环境下高效发挥作用的酶突变体,此工作被视为蛋白质定向进化技术的开端。

定点突变利用了PCR过程中引物会一直保留在扩增的基因上这一特点,在设计引物时覆盖要突变的序列区域,只要在合成引物时对目的位点进行碱基替换修改,突变就会引入扩增的基因片段之中。NNK 是一种设计引物时的简便策略,N 代表任意 4 种碱基之一,K 表示 G 或 T,这样的设计以 32(即 $4\times4\times2$)种组合覆盖 20 种氨基酸,同时还避免了终止密码子的出现,是构建突变文库最常用的策略。利用易错 PCR 与多点饱和突变组合的方法对葡萄糖氧化酶进行定向进化,使酶对氧气的依赖度降低约 97%,酶活性提高 5.7 倍。

自然选择对基因突变的筛选和有性繁殖是生物进化的主要动力,真核生物在有性繁殖的过程中存在的同源重组现象更是其基因多样性的基石。在体外基因扩增过程中同样存在 DNA 重组现象,20 世纪 90 年代,Marton 与 Stemmer 等提出并证明在 PCR 过程中存在 DNA 重组现象,并以此提出 DNA 重组技术。首先将一组同源序列酶解为小片段,在经历变性退火后,含有同源序列的来自不同基因的片段间发生配对,之后不添加引物进行延伸,使同源序列间发生重组。利用 DNA 重组对 β-内酰胺酶进行了体外分子进化,经过 3 轮定向进化后,获得一个对头孢霉素抗性提高 16000 倍的突变体。

在实际应用中,以上策略通常被组合使用,以提高突变体库的多样性。如易错 PCR 与 DNA 重组相结合构建突变体库,筛选到 β-琼脂糖酶突变体,其 T_m 值提高 4.6 倍,在 40 ℃时的半数失活时间为 350 min,比野生型提高 18.4 倍。

(二)理性与半理性设计

尽管定向进化广泛应用于酶改造并取得很大的成功,但是这种方法的缺陷也比较明显,对于指定蛋白质,其单点饱和突变空间为 $20N$(N 为蛋白质序列长度),多点组合突变的突变空间更是高达 $(20^N)^X$(X 表示突变位点的数量),定向进化所使用的突变库仅占所有可能序列的一小部分。使用更大的库和更多的筛选诚然可以解决该问题,但随之而来的高几个数量级的工作量将是一个巨大的难题。与定向进化相比,酶的理性及半理性改造方法将序列、结构、功能等信息作为先验知识,大大缩小了要考虑的氨基酸范围,降低了实验工作量,增加了有益突变的概率,并且可以在突变过程中了解突变背后酶活性改善的机制(图 5-2)。

酶改造区域的选择是酶改造设计过程中首先要面临的一步。正确选择改造位点可以极大提高酶改造的效率。根据与底物的距离,活性位点周围的氨基酸被分为不同的层次:距离底物最近或与底物存在相互作用的氨基酸划分为第一层,与第一层相邻或存在相互作用的氨基酸划分为第二层,以此类推。其中,相邻的定义是原子间距离不大于 0.41 nm(C—C)、0.33 nm(O—O)、0.34 nm(N—N、N—O)、0.38 nm(C—N)和 0.37 nm(C—O)。对于改善酶的对映选择性、立体选择性,活性中心氨基酸(第一、二层)的突变往往能发挥出令人意想不到的效果。而对于改变酶的活性及稳定性,距离活性中心稍远些的位点的效果可能比活性中心的效果更好(0.7~1.0 nm,第三、四层)。在对 γ-葎草烯合成酶的研究中,对活性中心 19 个氨基酸进行饱和突变和片段重组,由于选择了底物活性中心的位点,

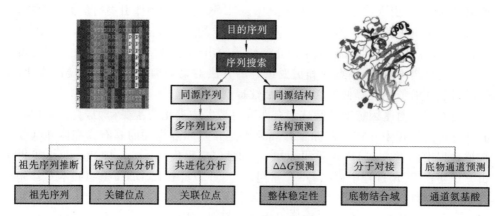

图 5-2 酶的理性与半理性设计
(改自王千,2021)
$\Delta\Delta G$—折叠自由能变化

研究人员只用了不到 2500 个突变体就完成了对酶活性的提升,证明了正确选择改造位点的重要性。

第三代测序技术的普及使蛋白质序列数据得到进一步丰富,依靠进化信息指导目的酶的改造是当前比较成熟的一种策略。基于多序列比对、系统发育分析定位和识别蛋白质序列中的功能区域,探索蛋白质氨基酸的保守性和祖先进化关系是序列进化信息应用的主要方面。蛋白质的共进化是指在自然进化的过程中,一些位点的变异会引起与其相关联的位点的变化,这一概念在 1971 年由 Fitch 等提出。在一项对异戊烯基磷酸激酶的改造中,利用蛋白质序列的共进化信息,设计出 9 个位点并对其进行突变筛选,最终将酶的活性提高了 8 倍。祖先序列重建是一种常用于序列进化分析的方法,该方法认为当前序列是由远古的共同祖先进化而来,并且在进化过程中保留了一些祖先的特性和痕迹,因此可以使用现存序列信息(DNA、氨基酸序列)推断当前蛋白质的祖先序列。多个研究团队以祖先序列重建作为辅助手段,分别在酶结构稳定性、活性与底物特异性等方面实现了优化提升。

蛋白质结晶数据的逐步积累与蛋白质建模技术的发展,为结构信息指导的酶改造策略奠定了基础。当前比较常用的半理性策略包括基于同源结构元件交叉原理的 SCOPE(structure-based combinatorial protein engineering)策略、基于酶结构-功能关系对酶活性中心进行饱和突变的 CASTing(combinatorial active site saturation test)策略、基于硫代核苷酸的 DNA 片段重组方法(PTRec,phosphorothioate-based DNA recombination)和基于 Rosetta 及 Fold X 自由能计算结果预测潜在稳定性突变点的 FRESCO 策略(framework for rapid enzyme stabilization by computational libraries)等。在对黑曲霉环氧化酶的改造中，Reetz 等使用 CASTing 方法对活性中心位点进行饱和突变，实现了酶对多种底物水解活性不同程度的提升。此外，越来越多将结构信息和序列信息结合起来运用于半理性设计的方法被开发出来，如 3DM 和 HotSpot Wizard。3DM 首先对目的蛋白质序列进行以结构为基础的多序列比对，然后根据从 PDB、GenBank、PubMed 和 Swiss-Prot 数据库中收集的结构-功能关系对影响酶活性的关键位点进行推测，再通过多点饱和突变对关键位点进行验证。HotSpot Wizard 则整合了众多数据库与进化和结构计算工具，推测出对酶活性、稳定性、底物特异性等具有影响的潜在位点。例如，在对细菌Ⅰ型硝基还原酶 NfsB 进行活性改造的研究中，6 个潜在活性提高位点中的组合突变 N71S/F124W 使产物 7-氨基苯并二氮杂草的产量在有氧环境下提高了 11 倍，在无氧环境下提高了 6 倍。

酶的理性改造设计是建立在对酶结构与功能的关系及催化机制具有一定了解的基础上，对特定的位点进行突变，从而改变或优化酶分子的性质。近年来，伴随着分子动力学模拟与结构生物学的发展以及对蛋白质折叠机制的研究，理性设计得到更广泛的应用。以分子动力学模拟为研究手段，科研人员解析了嗜盐脱卤酶的解折叠机制，模拟过程表明酶 cap 结构域的 helix-loop-helix 区域具有很高的柔性，根据模拟结果在 16 位和 201 位氨基酸之间引入一个二硫键使 loop 区域的刚性增加，并最终使酶的 T_m 值由 47.5 ℃ 增加至 52.5 ℃。Kazlauskas 实验室通过构建活性中心周围氨基酸与中间产物过氧基团之间的氢键稳定过渡态，使荧光假单胞菌酯酶突变体对其过氧化物底物的水解活性提高了 28 倍。同时，把非天然氨基酸(UAAs)并入氨基酸突变库以对酶进行理性改造的方法也被开发出来，弥补了天然氨基酸侧链功能基团种类较少和氨基酸生化性质单一的缺点，极大地拓展了当前的酶改造设计方法。在对酯水解和转酰基反应酶的研究中，通过引入多种疏水性更强的氟化 UAAs，脂肪酶的稳定性大大增强，使得其在工业上的应用价值有了显著提升。在对 P450 酶的抗氧化研究中，将蛋白质的甲硫氨酸(Met)替换为惰性正亮氨酸，极大地增强了 P450 酶的抗氧化能力，并显著提高了催化活性。此外，UAAs 引入也对酶新功能的设计有很大帮助。例如，将 P450 酶 HEM 链接的半胱氨酸突变为其他 UAAs，可以使 P450 酶获得对多种底物的催化能力。

（三）新酶设计

新酶设计，顾名思义，指的是设计出自然界尚未发现的可以催化特定化学反应的酶。在计算机运算能力不断提高的背景下，酶的从头设计已经成为新酶设计的一个重要方向（图 5-3）。根据计算过程中使用策略的不同，酶设计可以分为基于能量函数的新酶设计和基于深度学习的新酶设计。基于能量函数的新酶设计策略主要包括中国科学技术大学刘海燕课题组开发的 ABACUS 及 SCUBA 方法和华盛顿大学 David Baker 课题组开发的 Rosetta 方法。ABACUS 和 SCUBA 分别基于主链氨基酸和侧链氨基酸采样的统计能量函数,并结合范德华能量项,适用于主链蛋白质序列设计和侧链氨基酸构象采样及设计。ABACUS 将指定蛋白质结构作为框架输入,使用由已知蛋白质结构训练的统计能量函数对蛋白质结构进行计算取样,最终得到最优的氨基酸残基组合。这种基于统计能量的蛋白质设计方法已经在多种酶的设计和改造中得到应用。Rosetta 方法作为一种经典的基于能量函数的复合采样方法,在蛋白质同源建模、分子对接、抗体设计和新酶设计等方面有广泛的应用。使用 Rosetta 设计新酶,需要根据目的反应的机制,针对过渡态构象和活性中心的几何形状用量子力学原理进行建模,以此为参考在蛋白质数据库中搜索可以与过渡态模型紧密结合的蛋白质骨架并优化,根据过渡态自由能及骨架与过渡态位置取向对优化后的结果进行排序,通过实验鉴定功能后再结合定向进化等方法进一步提高。近年来,新酶设计在新型跨膜纳米孔蛋白、模拟结合因子、多肽诊疗因子、非天然 β-折叠片等的设计中体现出巨大优势,使特定蛋白质结构及催化性能的设计成为可能。

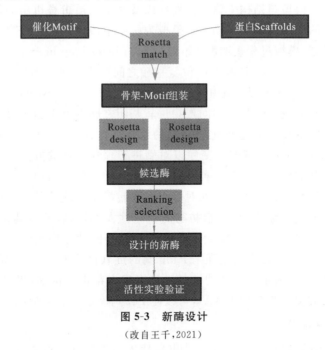

图 5-3　新酶设计

(改自王千,2021)

随着人工智能的发展,使用机器学习(machine learning,ML)生成具有特定功能的全新蛋白质序列成为新酶设计另一个具有挑战性的领域。通过对大量蛋白质序列的学习,使用神经网络或其他学习模型归纳其中的序列-结构-功能特征,是一种典型的深度学习过程。作为序列-结构学习最成功的例子,Alphafold2 和 RoseTTAFold 采用深度学习与结构优化相结合的方法,在 CASP14 大赛中,将蛋白质结构预测的精度提升到近乎晶体结构的水平,为设计特定蛋白质结构的序列提供了可能。通过类似的思路,研究人员成功地设计出具有多种催化性能的新酶。UniRep 模型是目前应用较为广泛的序列设计和生成模型之一,该模型通过对 UniRef50 中 2400 多万条序列的学习,获得序列-功能特征,在序列-功能预测和序列设计上具有很高的应用价值。ProteinGAN 是一种基于自注意力生成性对抗网络建立的学习模型,该模型直接从复杂的多维氨基酸序列空间中学习蛋白质序列的进化关系,并创建具有天然物理性质的高度多样的新序列。在对苹果酸脱氢酶进行序列设计时,设计成功率为 24%,证实了 ProteinGAN 作为全新序列设计工具的潜力。

(四)机器学习指导的酶改造设计

传统的酶改造技术具有突变采样空间巨大、实验成本昂贵以及依赖高通量技术等缺点,这在很大程度上限制了酶改造设计的进程。随着新一代测序技术、高通量筛选方法、蛋白质改造数据库和人工智能的发展,以统计数据为驱动进行酶改造设计正成为解决这些挑战的一个有效方案。机器学习辅助酶改造的方法(图 5-4)已经被提出,并在酶活性改造、立体选择性改造以及热稳定性改造上取得一些可观的成就。这种对现有酶改造数据加以学习,并辅之以实验验证和数学模型验证的方法,极大提高了酶改造的效率。

图 5-4 机器学习引导的生物催化酶的定向进化与性能改造
(改自 Markus,2023)

作为一种以数据为驱动力的研究方法,机器学习对特定性质的实验数据有着较高的要求,针对特定的蛋白质性质(对特定底物的活性、选择性及稳定性),输入有效的数据集,通过对数据集的学习和预测来指导酶改造和设计。高通量筛选作为一种可以产生大量实验数据的方法,可以与数学建模和数理统计相结合来分析蛋白质序列与功能之间的联系,指导酶学性质的改造。例如,Fox 等通过高通量筛选及测序获得全饱和突变对应酶性质变化的数据库,然后使用 ProSAR 方法构建了突变-活性关系的数学模型,依据此模型最终通过多点组合突变使卤代醇脱卤酶的活性提高约 4000 倍。但是这种线性模型应用到酶改造多点组合突变时,有可能出现较强的弱(或无)上位显性(weak/no epistasis),即多个有效单点突变的组合可能使酶的活性降低,甚至丧失。当面对这种传统静态函数不能描述的复杂情况时,就需要机器学习来寻找并训练一种函数进行解释。

相对于传统定向进化的单一途径酶活性提升模型,机器学习可以结合现有序列-功能数据,在不丢失中性及微阳性数据的情况下,"智能"、全面地计算全局活性优化路径,提出最优的序列活性景观模型,指导酶的进一步活性改造。机器学习包括有监督的学习和无监督的学习。当应用于酶的定向进化时,机器学习被认为是一种有监督的学习,即为算法提供一组给定标签的数据(活性与稳定性等),通过学习产生一个能预测非标签数据的函数。有监督的学习应用于酶改造策略研究已经有比较成熟的案例。无监督的学习是指在整个机器学习过程中都是机器自动学习序列数据内部的特征,自动生成计算模型。前文提到的 UniRep 和 ProteinGAN 就是典型的无监督学习模型,以这两个模型为基础,可以预测或生成具有特定功能特征的新序列,同时在高活性新突变体产生上也展示出潜在的应用价值。此外,依据进化背景信息的深度学习框架 ECNet 和基于自然语言处理模型的 MTLSTM 均在蛋白质序列-功能关系的构建和预测上具有成功的案例,为机器学习指导高活性新酶的设计提供了借鉴。除了有监督学习和无监督学习,还有半监督学习。相对于有监督的学习,半监督的学习先使用大部分数据进行无监督的学习,不设立任何已有特征,让机器自动学习序列内部的各项性质,生成一个学习模型后,再使用少部分序列-功能数据进行有监督的学习,对前期生成的学习模型进行有偏爱性的调节。

（五）截断表达

研究表明,酶蛋白编码基因的某些区域并非酶活性所必需,因此随机或特定的截断基因的改造方法也经常被用来提高酶表达量或改善酶的特性。截断位点可以是单点或多点。截断表达可以通过截断特定位点直接获得截断酶,也可以通过随机截断构建截断文库,然后对文库进行筛选,以获得具有优良性状的酶。例如,将 *Bacillus subtilis* 来源的木聚糖酶基因 C 端截去,结果表达的截短酶在 65 ℃下的半数失活时间提高了 3 倍,在 80 ℃保温 10 min,酶活性保留率为 60%,而野生型只剩 12%。将 *Thermoanaerobacter ethanolicus* 来源的淀粉普鲁兰酶 C 端截短 100 个氨基酸残基，截短表达的蛋白 TetA puR855 保留了全部的酶活性，并且热稳定性大大提高。将来源于 *Leuconostoc mesenteroides* NRRL B-1355 的交替蔗糖酶的 C 端 APY 重复序列截除，表达的截断酶 ASR C-APY-del 保留全酶的全部活性，可溶性表达量提高 3 倍，并且 ASR C-APY-del 抗蛋白酶降解的能力大大增强。将 Fibrobacter succinogenes 来源的 1,3-1,4-β-D-葡聚糖酶基因 C 端截断约 10 kDa，截短酶的 K_{cat} 值提高了 3~4 倍，比活达到 10800 U/mg，90 ℃保温 10 min 仍保留 80% 的活性，而全酶只剩 30% 的活性。

截短表达虽然有很多成功的应用先例，但并不是对所有的酶都适用，而且截去的部分不能包含酶活性必需的氨基酸残基，否则酶活性会降低甚至完全丧失。如通过对 *Nostoc ellipsosporum* NE1 来源的藻青素合成酶的截短表达发现，将 C 端截去 45 个氨基酸残基后仍然保留全酶的活性，但是再向上游截去一个氨基酸残基 Glu865，发现酶活性全部丧失，证明 Glu865 在是酶发挥作用的一个关键氨基酸残基，所以截断表达还可以应用于对特定氨基酸残基功能的研究。

（六）融合表达

构建两种甚至多种酶的融合基因，进行融合表达，使其具有多种酶活性，已经成为提高酶催化效率的重要手段。通过分析不同来源酶蛋白的结构确定其催化域和结合域，选择具有高比活功能部分和结构稳定部分的基因片段进行融合，可以构建新的基因工程酶，使其兼具多种催化活性和高稳定性。多糖水解过程经常需要多种水解酶参与，目前已经通过多种连接方法构建了很多融合酶。将木聚糖酶与葡聚糖酶融合表达，使葡聚糖酶活性提高了 14~18 倍。褐色高温单孢菌（*Thermomonospora fusca*）的耐热木聚糖酶（TfxA）的 N 端氨基酸序列替换黑曲霉（*Aspergillus niger*）的木聚糖酶（AnxA）的 N 端相应位置的氨基酸序列，构建杂交融合酶 ATx，比活达到 633 U/mg，分别比两个亲本高 5.4 倍和 3.6 倍，热稳定性和酸碱稳定性也都大大提高。

随着融合表达的深入研究，发现融合表达时所选择的融合方式对表达效果有很大影响。例如，构建纤维素酶-β-葡萄糖苷酶（cellulase-β-glucosidase）融合基因，当 β-葡萄糖苷酶基因融合在纤维素酶基因下游时，表达后融合蛋白兼具两种酶的活性，但当 β-葡萄糖苷酶基因融合在纤维素酶基因上游时，就检测不到酶活性。通过不同的连接结构构建了 8 种 β-glucanase-xylanase 融合蛋白，都显示两种酶活性，其中以 $(GGGGS)_2$ 连接的融合蛋白葡聚糖酶活性提高了 3.2 倍，木聚糖酶活性提高了 0.5 倍，以 $(EAAAK)_3$ 为连接肽的融合蛋白葡聚糖酶活性和木聚糖酶活性分别提高了 1.6 倍和 0.3 倍，而其他连接结构的效果则不明显，甚至是负结果。可见，选择的融合方式和连接结构对于融合蛋白的活性有很大影响。研究人员开发了 LINKER 来在线设计融合基因之间的连接序列，以便于进行连接结构的选择。

二、酶蛋白改造

(一) 糖基化修饰

糖基化是蛋白质翻译后的一种重要的加工过程,可改变蛋白质的整体构象,影响其结构和功能。研究表明糖基化对酶的活性、底物特异性以及热稳定性都有很大影响。如弹性蛋白酶的 N-糖基化可以大幅度地提高其热稳定性,其在 70 ℃ 的半衰期提高了 40%,当去糖基化后,其表达量最多减少了 63.7%。糖基化修饰对酶的表达以及酶活性也有显著影响,在 *Pichia pastoris* 中重组表达的转化酵素共有四个位点发生了糖基化修饰,不同程度去糖基化,均会导致表达量、活性以及热稳定性的下降。另外,糖基化对蛋白质构象也有很大的影响。研究表明,糖基化可以降低蛋白质在伸展状态的稳定性,从而提高折叠后蛋白质的热力学稳定性,并且糖基化的位点比糖基的大小更重要。对于重组的 β-葡萄糖醛酸苷酶,用酶解法完全水解掉糖基后,其热稳定性降低了 15%～45%,另外,去糖基化会促进热变性过程中蛋白质的聚集,增加蛋白质的柔性,从而导致其不可逆变性。上述研究均表明,糖基化可以作为一种工具来调节酶的活性,但是目前糖基化对酶分子改性的效率较低,如何通过理性设计在酶分子适当的区域人为引入糖基化,从而提高其在酶分子改造中的效率,将成为研究的热点。

(二) 化学修饰

1. 化学修饰方法

化学修饰是一种体外修饰的方法,通过在酶分子表面或者内部引入更多的活性基团,利用基团之间的化学反应,引入新的结构单元,使得酶分子的功能基团或者结构发生变化,进而改变酶的活性和底物特异性。目前的化学修饰研究基本上是针对酶侧链的修饰,主要包括酶分子表面的非选择性修饰和分子内部特异位点的选择性修饰。

1) 对酶分子表面进行非选择性修饰

利用大分子或小分子修饰剂对酶分子表面进行共价修饰从而改变酶的功能和活性,以获得具有临床和工业应用价值的酶蛋白,是目前应用最广泛的酶化学修饰技术。

(1) 小分子修饰:酶表面的烃基、酚羟基和巯基等官能团,可与氨基葡萄糖、乙酸酐等小分子化合物发生烷基化、酰化和醚化等反应,从而达到改善酶的分散性、提高酶活性、使酶产生新的理化性能和新功能等目的。用癸酰氯对碱性蛋白酶 Proleather 进行修饰,使其在氯仿中的溶解度高达 44 mg/mL,修饰酶在不同有机溶剂中活性提高了 4～22 倍。用邻苯二甲酸酐对辣根过氧化物酶的蛋白链进行修饰,使其催化活性提高了。

(2) 大分子修饰:大分子化合物通常用来对酶蛋白进行表面修饰,从而降低酶的免疫原性并提高酶的热稳定性。聚乙二醇(polyethylene glycol,PEG)被广泛用于蛋白质化学修饰,以降低被修饰蛋白质的抗原性。目前用于酶表面修饰的 PEG 为单甲氧基聚乙二醇(mPEG),分子量一般在 500~20000。在降低修饰酶抗原性方面,大分子 mPEG 的修饰剂优于小分子 mPEG,分子量越大,效果越好;在保持酶活性方面,小分子活化 mPEG 优于大分子。多糖由于具有无毒、溶于水和生物相容性等优点,较多地用于酶的化学共价修饰而提高酶的稳定性和降低免疫原性。用右旋糖酐修饰的纤溶酶原激活剂尽管在体内的活性降低了 36%,但其半衰期提高了 52%,活化右旋糖酐修饰的弹性蛋白酶在常温下其活性可保持 18 个月不变。用低分子量右旋糖酐对酵母蔗糖酶进行修饰,修饰后酶活性提高了 56.7%,在 pH 值为 3.5 时的稳定性提高;壳聚糖和果胶修饰的蔗糖酶的酶活性提高了,且在 65 ℃的半衰期延长 500 多倍。此外,蔗糖酯、槐糖酯等糖酯类化合物也是有效的酶修饰剂。

2) 对酶分子的特异位点进行选择性修饰

在已知酶的结构与功能的基础上,有目地改变酶的某一活性基团或氨基酸残基,使酶产生新的性状,改造酶的底物特异性、催化特性以及热稳定性,通常通过基因重组和定点突变进行。通过定点突变使酪氨酸转氨酶的底物特异性发生变化,对 Asp 的亲和性比 Phe 高了 9 倍。然而,应用基因重组和定点突变技术的修饰由于只能用天然氨基酸进行取代,且研究时间较长,成本较高。将定点突变和化学修饰进行结合,可以得到一种全新的化学修饰突变酶。用这种技术得到的化学修饰突变枯草杆菌蛋白酶,其催化性质、底物特异性和热稳定性都较天然酶有明显的提高。

2. 影响化学修饰的因素

修饰反应过程中,修饰剂的分子量、pH 值、反应温度、反应时间、修饰剂与酶的用量之比及有无底物保护等因素都会影响修饰程度和修饰酶的性质。

1) 修饰剂的分子量对修饰效果的影响

用 T70 和 T40 右旋糖酐修饰 L-天冬酰胺酶,其抗原性和酶活性的降低均与修饰剂的分子量有关,虽然 T70 修饰酶的修饰程度小于 T40 修饰酶,但抗原性降低程度是前者大于后者。使用不同分子量的 N,O-羟甲基壳聚糖对天冬酰胺酶进行修饰,发现分子量对修饰效果有较大影响,分子量为 200000 时,在有效地降低免疫原性的同时能保持较高的酶活性。其原因可能是,修饰剂修饰了与抗原决定簇相关的氨基,破坏了抗原决定簇,从而使抗原性降低;大分子修饰剂的空间屏蔽作用,使某些大分子物质(如蛋白水解酶、抗体分子、体内免疫活性细胞)不易与酶分子相互作用,因而使修饰酶具有抗蛋白酶水解、半衰期长、抗原抗体反应性及免疫原性降低等优点。当修饰剂的分子量太大时,其空间屏蔽作用妨碍底物进入酶的活性中心，从而影响底物和酶的结合，表现为酶活性的下降。

2) pH 值对修饰效果的影响

一般来说，提高 pH 值会增大反应速率，降低 pH 值会减小反应速率。pH 值会改变肽链的二级结构，通过改变侧链基团的电荷引起酶分子构象的变化。由于 pH 值决定了酶蛋白分子中反应基团的解离状态，因此控制反应的 pH 值，也就控制了各官能团的解离程度，有利于改造的特异性。

3) 反应温度对修饰效果的影响

反应温度影响修饰反应速率，温度越高，反应速率越大。此外，温度也影响肽链的构象，严格控制温度可以减少以至于消除一些非专一性的修饰反应。在低温下酶蛋白的构象处于较规则的 α-螺旋和 β-折叠结构中而柔性不足，反应速率太小使修饰程度过低，从而影响修饰效果；当温度太高时，虽然可以加速修饰反应，但此时酶分子的二级结构由于各原子或基团在高温下的热运动而趋于松散，容易出现修饰程度过高、酶活性部位的疏水基团外露而被修饰失活、酶蛋白变性等情况，最终导致修饰产物活性损失。

4) 有无底物保护对修饰效果的影响

修饰过程采取底物保护酶活性部位可以减少酶活性的损失。L-天冬酰胺酶用乙酸酐进行修饰，底物保护修饰酶的活性是无底物保护的修饰酶的 3 倍。对 mPEG 修饰的木瓜凝乳蛋白酶进行氨基修饰率和残留酶活性大小的比较，发现底物保护修饰酶的活性明显高于无底物保护的修饰酶，而修饰程度要低于无底物保护的修饰酶。其原因可能是酶和底物特异性结合后，阻碍了修饰剂与酶活性中心的接近，使酶活性中心附近的自由氨基难以被修饰，而只修饰与抗原性有关的氨基，从而在降低或解除抗原性的同时，尽可能地保持了酶的天然活性。

5) 修饰剂与酶的用量之比对修饰效果的影响

修饰剂的用量会影响氨基修饰率和修饰酶的性质，随着修饰剂用量的增大，修饰程度加大；修饰酶的抗原性越小，残留酶活性也越低；mPEG1-Cp 的活性随着氨基修饰率的增加而下降。由于水溶性大分子对酶蛋白的修饰是随机的，尽管在底物保护下酶的活性中心不被破坏，但这种随机修饰极有可能修饰到酶活性中心附近或用以维持酶活性天然构象的有关氨基，使酶天然结构发生一定程度的改变，从而导致酶活性下降。其次，酶表面偶联的大分子修饰剂造成空间位阻效应，使底物不易与酶活性位点接近和相互作用而致使酶活性下降，氨基修饰率越高，空间位阻效应越明显，对酶活性的影响也越大。

6) 反应时间对修饰效果的影响

一般而言，反应时间越长，反应越彻底。但是反应时间过长也可能使非专一性的副反应增加。因此，对反应时间进行控制可以减少甚至消除一些非专一性的修饰反应。修饰时间过短,则修饰剂与酶未能充分结合;修饰时间过长,可能导致本来不太稳定的中间产物分解,同样不利于修饰反应的进行。

第二节 酶设计改造工具

随着各种优秀算法、软件和更廉价的高配置计算机服务器的出现,生物信息学预测的精度大大提高,为理论和实践开辟了另一片广阔的天空。与酶改造和设计相关的模拟软件有 NAMD、Discovery Studio、Amber、AutoDock、Threader、PyMOl、VMD、LigandScout、Rosetta、Foldit、Chem3D、ChemDraw、MOPAC、FoldX、Triton、Mole 和 MEME Suite 等。这些软件各有侧重,掌握这些软件的原理和使用方法,不但有助于深刻理解酶学的各种理论,更有助于减少不必要的实验,提高实验的成功率。

酶分子设计中常用的计算工具主要有以下五类:同源建模、分子对接、分子动力学模拟、自由能计算和在线网络预测服务。

一、同源建模

蛋白质的三维结构决定其功能。酶的高效特异催化性能依赖于其错综复杂的三维结构。目前蛋白质结构解析主要有 X 射线晶体衍射、核磁共振及冷冻电镜技术这三种实验方法。上述方法存在各自的局限性:X 射线晶体衍射必须获得优质的蛋白质晶体,然而有些食品用酶不易体外表达或结晶;核磁共振不能解析分子量大的蛋白质;冷冻电镜价格昂贵,普及率较低。与已测得的庞大数量的蛋白质序列相比,目前解析出的蛋白质结构非常少。鉴于此,采用计算机模拟技术预测蛋白质三维结构就显得尤为重要,而同源建模是目前应用较为广泛的方法之一。依据蛋白质序列同源性决定结构同源性的原则,可以同源性较高且结构已知的蛋白质为模板构建目的蛋白的三维结构。构建流程包括:目的序列的搜索、序列比对、模型构建和结构优化与评价。一般而言,目的序列与模板序列的同源性越高,构建的模型越准确。当两者序列同源性小于 30% 时,得到的目的蛋白结构准确性较差,不建议使用该技术来构建其三维结构。目前同源建模常用的软件有 Modeler 和 Swiss-Model 等。

二、分子对接

分子对接是将小分子配基置于蛋白质的结合位点处,基于特定的算法搜寻其合理的取向和构象,使得配基与目的蛋白的形状和相互作用都能较好地契合,从而形成互相匹配的结合模式。根据分子对接过程中是否考虑配基和目的蛋白的柔性,可以将分子对接分为三类,即刚性对接、半柔性对接和柔性对接。刚性对接是指在对接过程中配体和受体都为刚性的,对接过程中构象不发生变化。该方法计算量和计算难度较小,然而,对接的准确度较低。半柔性对接指在对接过程中仅考虑配体的构象变化,受体构象固定不变,其准确度和计算量均适中,因此半柔性分子对接是目前应用较为广泛的方法。柔性对接是指在对接过程中受体和配体的构象均不受限制,可以自由发生变化。与前两种方法相比,该方法准确度更高,然而计算量也大幅增加,只适用于较小的模拟体系。目前常用的分子对接软件为 Glide、AutoDock、DOCK 和 GOLD 等。

三、分子动力学模拟

分子动力学(molecular dynamic,MD)模拟是基于经典力学、统计力学的理论,根据随机给定的初始位置和势能函数计算出作用在粒子上的力,利用经典的牛顿运动方程,通过数值积分得到下一时刻体系的构象,如此反复,最终获得体系构象随模拟时间的变化轨迹。分子力场是经验势函数,分子力场的参数是根据实验测量值或从头计算拟合得到的。目前已开发出针对生物大分子(如蛋白质、DNA、RNA 及脂质)的全原子力场,小分子力场参数可通过量化计算获得。基于 MD 模拟计算除了可以获得模拟体系动态的结构信息外,还可获得详细的蛋白质-蛋白质、蛋白质-小分子之间的相互作用。MD 模拟流程一般包括结构转换、溶剂环境的构建(不同 pH 值、溶剂及模拟温度)、能量最小化、平衡模拟、采样模拟和模拟数据分析。目前 MD 模拟常用的软件有 Amber、Gromacs、CHARMM 和 Namd 等。

四、自由能计算

自由能计算方法可定量分析蛋白质-蛋白质、蛋白质-小分子之间的作用力。近年来已发展出多种自由能计算方法,包括经典的自由能微扰理论、热力学积分和分子力学-泊松玻尔兹曼表面积(molecular mechanics-Poisson Bolzmann surface area,MM-PBSA)自由能计算方法等。自由能微扰和热力学积分的计算结果虽精确,但需要的计算资源较多,且计算时间长。基于 MD 模拟轨迹,利用 MM-PBSA 自由能计算方法可以分别获得分子力学作用能、极性溶剂化作用能和非极性溶剂化作用能。MM-PBSA 计算极性溶剂化作用能时采用隐式溶剂模型,兼顾了计算精度和效率,被广泛应用于底物-酶相互作用模式研究。

五、在线网络预测服务

为了方便初学者的使用,研究人员开发出用户友好、操作简单的在线网络服务来提高计算机模拟的可及性。突变引起的折叠自由能变化($\Delta\Delta G$)与突变体的热稳定性密切相关,$\Delta\Delta G<0$ 表明突变后蛋白质的热稳定性提高,反之则表明突变会造成蛋白质热稳定性丧失。为了提高在线网络预测的准确度,目前已开发出三

种类型的打分函数(基于机器学习、基于统计和基于力场)来评估突变对酶热稳定性的影响。常用的在线网络服务包括 I-Mutant、FoldX、PoPMuSiC 和 ddg_monomer。

B 因子(B-factor)是一个从 X 射线数据中获得的原子位移参数,反映因热运动而导致的电子密度相对于其平衡位置的振动程度。B 因子常用来鉴定蛋白质单个残基的柔性。针对 B 因子较大的氨基酸进行替换,可降低酶结构柔性,从而提升蛋白质的热稳定性。基于蛋白质序列及结构的 B 因子预测方法主要有 B-FITTER 和 FIRST。

二硫键是蛋白质中相邻两个半胱氨酸侧链巯基脱氢形成的共价键,对维持蛋白质的天然构象和热稳定性有重要作用。研究表明,每一个天然的二硫键能为蛋白质的热稳定性贡献 2.3~5.2 kcal/mol 的能量,因此,在合适位置引入二硫键可极大地提升蛋白质的热稳定性。常用的在线预测软件有 SSBOND、MODIP、DbD2 和 BridgeD。

表 5-1 列出了酶设计过程中常用的在线网络工具及所需的输入文件。

表 5-1 酶设计的在线网络工具

设计策略	计算工具	网址	输入文件
预测蛋白质折叠自由能变化	I-Mutant	http://gpcr.biocomp.unibo.it/cgi/predictors/I-Mutant2.0/I-Mutant2.0.cgi	蛋白质序列结构
	FoldX	http://foldx.suite.crg.eu/	蛋白质结构
	ddg_monomer	https://www.rosettacommons.org	蛋白质结构
	PoPMuSiC	http://babylone.ulb.ac.be/popmusic	蛋白质结构
预测蛋白质 B 因子	AlphaFold	https://alphafold.ebi.ac.uk/	蛋白质结构
	OPUS-BFactor	https://github.com/OPUS-MaLab/opus_bfactor	蛋白质结构
	I-TASSER	https://seq2fun.dcmb.med.umich.edu//I-TASSER/	蛋白质结构
引入二硫键	MODIP	https://caps.ncbs.res.in/cgi-bin/iws2/load_form.py?module_name=modip&module_desc=Modip%20-%20Modelling%20of%20Disulphide%20bonds%20in%20proteins	蛋白质结构或序列
	Missense3D	https://missense3d.bc.ic.ac.uk/missense3d/	蛋白质结构或序列
	DbD2	http://cptweb.cpt.wayne.edu/DbD2/index.php	蛋白质结构
	BridgeD	http://biodev.cea.fr/bridged/	蛋白质结构

(引自路福平等,2020)

第三节 工业环境下酶蛋白的适应性改造

现代生物产业正朝着高强度、集约化、柔性化的方向快速发展,对反应过程、生产强度和操作灵活性等提出了更高要求。具体而言,要求工业酶具有良好的温度、酸(碱)性、离子强度、有机溶剂及底物耐受性,并能在多种工艺参数下发挥催化作用。然而,酶催化作用取决于酶分子空间结构的稳定性与完整性,酶分子变性或亚基的解聚均可导致酶活性丧失。因此,如何使酶与工业生产环境相匹配,最大限度地发挥其催化潜能,已成为亟待解决的问题。研究酶在工业环境下催化行为的变化,寻找相应的适应性改造策略,可为工业生产提供稳定性更高、催化速度更快、耐受性更好的生物催化剂。

一、高温条件下酶蛋白的适应性改造

目前大多数酶来源于中温微生物,其最适酶活性温度一般在 20~45 ℃。但酶在加工及反应过程中常遇到高温条件,高温会破坏酶蛋白中的氢键、盐桥、疏水相互作用和范德华力等非共价键,从而破坏酶空间结构,使其从折叠状态变为展开状态,酶活性降低,甚至失活。因此,研究酶蛋白在高温条件下的催化行为,并对其进行适应性改造具有重要意义。

目前,可以通过两种方式提高蛋白质的热稳定性:一是通过增加有利的相互作用或减少不利的相互作用来稳定折叠状态;二是通过降低蛋白质解折叠状态的熵值来破坏未折叠状态下蛋白质的稳定性。大多数情况下,引入更多二硫键、氢键、疏水相互作用等分子间相互作用,会使折叠后的空间结构更加稳定,而$(\beta/\alpha)8$-barrel 折叠、表面电荷、短螺旋和盐桥也会使酶在高温下的构象更加稳定。因此,分析和比较结构,进行理性或半理性设计,是提高工业酶热稳定性的有效策略。表 5-2 为近年来增强酶热稳定性的例子。

表 5-2 增强酶热稳定性的例子

改造方法	酶	增强机制	性能
半理性设计	木聚糖酶(Xyn10A_ASPNG)	N 端之间以及 N 端和 C 端之间的疏水相互作用	突变体 4S1 在 60 ℃时的半衰期($t_{1/2}$)延长了 30 倍,解链温度(T_m)增加了 17.4 ℃。同时,在 65 ℃加热 15 min 后仍能保持 30%的初始酶活性
理性设计	纳豆激酶(NK)	更坚硬的结构或更稳定的蛋白质折叠状态	热稳定性最高的突变体 QSN 在 55 ℃下反应 50 min,仍有 40%的残余活性,而野生型 NK 完全失活;半衰期是野生型的近 3 倍

续表

改造方法	酶	增强机制	性能
固定化	脂肪酶 PS	载体增强了酶的刚性,有利于维持蛋白质结构的折叠状态	游离酶失去了活性,而 COF 生物复合材料固定化酶在 120 ℃条件下,30 min 和 1 h 后分别达到 37% 和 48% 的转化率

(引自王文豪,2019)

通过半理性设计,黑曲霉 *Aspergillusniger* GH10 木聚糖酶 Xyn10A_ASPNG 的热稳定性得以提高。首先通过计算分析确定了影响酶热稳定性的 5 个重要残基,然后通过随机诱变和迭代饱和诱变获得五倍突变体 4S1(R25W/V29A/I31L/L43F/T58I)。与野生型相比,突变体 4S1 在 60 ℃下的半衰期($t_{1/2}$)延长了 30 倍,解链温度(T_m)增加了 17.4 ℃。同时,其在 65 ℃加热 15 min 后仍能保持 30% 的初始酶活性(野生型酶加热 2 min 后完全失活)。分析表明,4S1 中的每一个突变都有利于提高酶的热稳定性,5 种突变的协同效应使其热稳定性显著提高。结构分析及比对表明,N 端卷曲是其热稳定性提高的主要原因,这种卷曲是由 N 端之间以及 N 端和 C 端之间的疏水相互作用引起的。

通过定点和组合突变,纳豆激酶(NK)的热稳定性得到提高。经过筛选获得 11 种突变体,选择其中 4 种突变体,进一步构建多点突变体。最后得到热稳定性最高的突变体 QSN,该突变体在 55 ℃反应 50 min,仍有 40% 的残余活性,而野生型 NK 完全失活。突变体的 $t_{1/2}$ 为 (33.37±0.27) min,是野生型的 3 倍。

使用共价有机骨架(COFs)固定洋葱伯克霍尔德菌 *Burkholderia cepacia* 脂肪酶 PS,从而显著提高其热稳定性。在 120 ℃条件下反应 1 h(以苯甲腈为溶剂),游离酶完全丧失活性,而固定化酶仍保留 48% 的活性(以转化率计)。这是由于载体增强了酶的刚性,有利于保持蛋白质结构的折叠状态,防止酶在高温下发生构象变化,从而提高其热稳定性。

二、强酸或强碱条件下酶蛋白的适应性改造

酶是两性生物大分子,带有大量酸性、碱性基团,如羧基、氨基。酶蛋白只有在最佳 pH 值条件下才能发挥最高的催化活性。然而,工业生产环境中存在的强酸或强碱条件会改变底物分子和酶分子的解离状态,从而影响酶和底物的结合,导致酶活性降低,甚至破坏酶的结构,使其无法满足工业需求,因此需要对酶进行改造。

pH 值稳定性酶的一项重要特性,与蛋白质折叠、化学物质干扰和翻译后修饰等因素有关。其中,翻译后修饰发生在氨基酸侧链或末端,可通过引入新的功能基团,如与磷酸盐(磷酸化)、乙酸盐(酰化)、甲基(甲基化)、酰胺基团(酰胺化)或

糖类分子(糖基化)等反应,提高其 pH 值稳定性。

表 5-3 为提高酶 pH 值稳定性的例子。一种新发现的 β-葡萄糖苷酶(GH3, Bgl3A)在毕赤酵母 GS115 中表达,但 Bgl3A 的 pH 值稳定性范围较窄(4.0～5.0)。通过对 3 个潜在 N-糖基化位点(Asn23、Asn207 和 Asn278)和 9 个 O-糖基化位点(残基 313、417～421、424、425 和 429)进行定点突变,筛选出两个去除潜在 O-糖基化位点的突变体,从而得到在较宽 pH 值范围(3.0～10.0)内相对稳定的酶。分析表明,O-糖基化是导致 β-葡萄糖苷酶作用 pH 作用范围变窄的主要原因,从整体上看,过量的 O-糖基化对其 pH 值稳定性具有负面影响。

表 5-3 提高酶 pH 值稳定性的例子

改造方法	酶	改善机制	性能
半理性设计	β-葡萄糖苷酶	O 型糖基化减少	突变体在较宽的 pH 值范围(3.0～10.0)内都相对稳定
理性设计	木聚糖酶	用酸性氨基酸取代碱基残基	XynR8(N41D)保留了 71.8%±2.2% 的酶活性(野生型酶为 30.6%±3.0%)
理性设计	α-淀粉酶	用酸性氨基酸取代碱基残基	酸性条件下的稳定性和催化活性均明显提高
定向进化	多功能过氧化物酶	更多氢键和盐桥	在 pH 3.5 的条件下,突变体在 24 h 后的初始酶活性为 61%,而天然酶则完全失活
固定化	葡萄糖氧化酶	单酶凝胶(SENs)壳厚度增加	在 pH 值为 3～9 的范围内,SENs11 的活性几乎保持不变

(引自王文豪,2019)

酶催化位点附近的残基会影响催化残基的 pK_a 值,进而影响酶的 pH 值稳定性。因此,用酸性氨基酸取代碱基残基是提高酶耐酸性的基本策略。糖基水解酶家族 11 的木聚糖酶 XynR8,其天冬酰胺残基在碱性条件下与氢键结合,天冬氨酸(酸性氨基酸)残基在酸性条件下发挥作用。基于分子建模,将位于催化裂缝边缘的环-β-链区域内稳定 XynR8 结构的重要残基 N41 和 N58 突变为天冬氨酸残基,突变体在 pH 2.0 条件下比野生型表现出更好的耐酸性。催化结构域上的 4 个碱基(组氨酸残基 His222、His275、His293 和 His310)替换为天冬氨酸残基,突变后 α-淀粉酶在酸性条件下的稳定性和催化活性均显著提高。

此外,氢键、盐桥、β-折叠以及带电残基在溶剂中的暴露也会影响酶的 pH 值稳定性。通过定向改造将形成氢键、盐桥等相互作用的 8 个氨基酸残基和 7 个表面碱性残基引入多功能过氧化酶(versatile peroxidase,VP)中,以提高蛋白质的催化口袋在酸性和中性 pH 下的稳定性。在 pH3.5 条件下,VP 突变体在 24 h 后仍能保持61%的初始酶活性,而天然酶在同等条件下完全失活。

单酶包埋在纳米凝胶中可提高酶的pH值稳定性。将黑曲霉 *Aspergillus niger* 葡萄糖氧化酶(GOx)固定化,得到酶-凝胶复合物(GOx-SENs)。结果表明,壳厚度对酶的活性和稳定性有较大影响,水凝胶层越厚,酶的稳定性越高,但酶的活性越低。固定化后形成的水凝胶层使酶的构象更加稳定,从而具有更宽的pH值耐受性。厚度为0.8 nm的GOx-SENs11在pH值为3.0~9.0的范围内维持较高且几乎恒定的活性。

三、高盐条件下酶蛋白的适应性改造

大多数酶催化需要一定的盐度范围,超出这一范围,酶蛋白就会快速变性与失活。在高盐环境中,高浓度盐离子会干扰氨基酸残基之间的静电相互作用,减少蛋白质表面的基本水分子层,导致其疏水相互作用增加,进而导致酶蛋白的聚集和变性。然而,从高盐环境微生物中分离到的嗜盐酶严格依赖体系中一定的盐离子浓度,在高盐环境中能保持结构稳定,在盐水、离子液体和离子洗涤剂等高盐工业环境中稳定存在,并表现出良好的催化活性。

通过比较嗜盐酶蛋白和非嗜盐酶蛋白的结构,发现嗜盐酶蛋白的盐桥和氢键更多,含有一些特殊的盐离子结合位点,常以寡聚体形式存在,表面酸性氨基酸含量更高。这些发现为工业酶嗜盐性的改造提供一定的指导,为开发高嗜盐性的工业酶指明了方向(表5-4)。

表5-4 增强酶高盐耐受性的例子

改造方法	酶	改 善 机 制	性　　　能
理性设计	碳酸酐酶Ⅱ	酶蛋白表面酸性氨基酸残基与阳离子形成的互补性螯合作用,以及由阳离子组成的高度有序的水化层作用	盐浓度高时,催化活性和热膨胀温度都会升高
半理性设计	胆碱-磷酸胞苷酸转移酶(CCT)	蛋白质表面的酸性氨基酸残基增加	当乙酸盐浓度增加时,突变体的反应率是野生型的2.2倍
半理性设计	胆碱激酶(CKI)	蛋白质表面的酸性氨基酸残基增加	CKI突变体在超过1200 mol/L的乙酸盐溶液中表现出很高的耐受性

(引自王文豪,2019)

从天然嗜盐微生物中克隆获得编码基因并进行异源表达是目前获得高嗜盐性酶的主要途径。例如,从地衣芽孢杆菌(*Bacillus licheniformis*)中克隆获得的酯酶(Est700),具有冷适应性、碱稳定性和高盐耐受性,可被3.5 mol/L NaCl高度激活,并在5 mol/L NaCl中保持良好的稳定性。从嗜盐古菌中获得的耐碱嗜盐

的酶蛋白，具有较好的碱稳定性（pH 7.0～10.0），并在较宽的盐度范围内（0～3 mol/L NaCl）表现出催化能力。

为进一步提高天然嗜盐酶的催化活性，可采取理性设计方法改造天然嗜盐酶。对碳酸酐酶Ⅱ进行三步合理设计，共替换了18个表面残基并改变了表面电荷。与野生型相比，设计得到的突变体（M_1～M_4）在高浓度盐下的催化活性和热解析温度均有所提高。酶蛋白表面的酸性氨基酸残基与阳离子形成的互补性螯合作用，以及由阳离子组成的高度有序的水合层作用是其嗜盐性形成的主要原因。

通过增加蛋白质表面酸性氨基酸残基的数量，减轻高乙酸盐浓度时的疏水效应，并对蛋白质表面变化最大的残基进行定点突变，提高了胆碱-磷酸胞苷酰转移酶（CCT）的嗜盐性。突变体在高盐条件下表现出良好的耐受性，尤其是当盐浓度（乙酸盐）超过1200 mmol/L时，仍能保持较大的反应速率，是野生型CCT的2.2倍。通过替换蛋白质表面的3～10个酸性氨基酸残基，降低了高乙酸盐浓度时的疏水效应，胆碱激酶（CKI）在高盐浓度下的催化活性和IC_{50}值（50%的活性抑制）也得到提高。

四、有机溶剂中酶蛋白的适应性改造

有机相生物催化具有增加非极性底物的溶解度、进行逆水解反应、抑制水依赖性副反应、便于酶与产物分离等优势，因此，有机溶剂中的酶促反应在工业应用中前景广阔。然而，由于酶在有机溶剂中的活性低且不稳定，蛋白酶在工业有机介质中的应用能力受到限制，需要对酶进行适应性改造（表5-5）。获得在有机溶剂中稳定的酶的策略可分为3大类：分离能在极端条件下发挥作用的新酶；改变酶的结构，以增加其对有机溶剂的耐受性；改变溶剂环境，以减少其对酶的变性作用。

酶固定化是提高酶在有机溶剂中稳定性的最简单方法。将变色栓菌漆酶吸附在玻璃粉、硅胶等载体上，显著提高了漆酶在乙醚和乙酸乙酯中的活性和稳定性。同样，通过将漆酶与能够在有机溶剂中固定漆酶的膜结合，得到酶膜反应器（EMRs）。在均相含水有机溶剂中，与游离酶相比，固定化漆酶对2,2′-联氮双(3-乙基苯并噻唑啉-6-磺酸)的活性提高了2.5倍，并且在储存40 d，重复使用10次和连续反应50 h后仍能保持其活性。将酰胺酶固定在磁性分层多孔金属有机骨架（MOF）材料中，表现出优异的有机溶剂耐受性以及催化活性，固定化酰胺酶增强的相互作用力和结构刚性使其在各有机溶剂（如甲醇、乙醇和二甲基亚砜）中孵育24 h后仍能保持50%以上的原始活性，而游离酶的活性损失已超过80%。

此外，通过突变改变蛋白质一级序列也能够提高酶蛋白在有机溶剂中的催化稳定性。研究人员采用随机突变与定点突变相结合的方法，开发了有机溶剂耐受

性的毕赤酵母 β-葡萄糖苷酶 I,其改造编码基因有 3 个有益突变(G414D、Y722H 和 N789D)。突变残基之间的氢键数和离子相互作用增加,从而提高了酶的稳定性和对有机溶剂的耐受性。通过表面电荷工程修饰,改变了枯草芽孢杆菌脂肪酶 A 蛋白分子的表面电荷。带高负电荷的突变酶在高浓度离子液体中表现出更高的稳定性,这是因为表面负电荷的引入可以诱导酶蛋白从 β 折叠向 α 螺旋的转变,提高其在有机溶剂中的耐受性。

表 5-5 提高酶在有机溶剂中稳定性的例子

改造方法	酶	改善机制	性能
固定化	漆酶	固定在酶膜反应器(EMR)上	固定漆酶的活性比游离漆酶提高了 2.5 倍,并且能够储存 40 d,重复使用 10 次和连续反应 50 h 后保持其活性
固定化	酰胺酶	固定在磁性分层多孔金属有机骨架中	固定化的酰胺酶至少保持了 50% 的原始活性,而游离的酰胺酶则丧失了 80% 以上的活性
半理性设计	β-葡萄糖苷酶 I	增加氢键和离子相互作用	同时提高有机溶剂稳定性和热稳定性
表面电荷工程	脂肪酶 A	突变体带高负电荷	BsLA4M1 突变的 $t_{1/2}$ 从 56 min 增加到 474 min

(引自王文豪,2019)

五、高底物浓度条件下酶蛋白的适应性改造

在高强度工业生产中,往往要求高浓度的底物,导致酶受到特异性或非特异性抑制。在高浓度底物条件下,酶会与底物结合形成酶-底物复合物,酶分子活性中心被底物覆盖,使酶无法继续进行催化反应,需要对酶蛋白进行适应性改造(表 5-6)。

表 5-6 提高酶对底物耐受性的例子

改造方法	酶	改善机制	性能
理性设计	2-脱氧核糖-5-磷酸醛缩酶(DERA)	突变 Cys47 可产生完全耐乙醛的 DERA;C 端区域短且灵活	在 I 类醛化酶中,DERA 对底物的耐受性更高
定向进化	转氨酶	在预测与底物相互作用的 17 个非催化必需氨基酸中,有 10 个发生了突变	100 g/L 底物以大于 99.95% 的转化率转化为西格列汀,产率为 92%

(引自王文豪,2019)

底物对酶的抑制作用因酶与底物的不同而有所差异。需要对酶进行改造以适应高底物浓度时,可以单独或联合使用质谱、NMR 和 X 射线晶体分析等方法来揭示底物与蛋白质的作用机制,并通过合理设计进一步提高酶在高浓度底物下的稳定性。例如,通过截短 DERA C 端 19 个氨基酸残基以提高识别底物磷酸部分的灵活性,提高了对底物磷酸酯的耐受性。利用上述策略对酶进行改造以提高底物耐受性的例子还有很多,例如通过转氨酶制备西格列汀,这种酶催化前体酮产生手性胺。Codexis 和 Merck 公司的科学家使用计算机辅助活性位点设计和定点饱和突变,得到含有 27 个突变位点的突变体。在预测能够与底物相互作用的 17 种非催化必需氨基酸中,有 10 个发生了突变,突变体能在 50% 的二甲基亚砜中将 100 g/L 的底物转化为西格列汀。

第六章　环境生物催化研究中的生物信息学工具

随着信息技术在硬件、软件和机器深度学习等方面的飞速发展,以及人们对于生命本质认识的不断深化,生物信息学作为广义生物学的重要组成部分也得到快速发展。事实表明,生物信息学已经在基因组学、蛋白质组学、分子生物学和结构生物学等许多领域开辟了非常广泛的发展空间。20世纪90年代以来的生物催化发展浪潮中,生物信息学技术在生物催化领域的应用异军突起。

蛋白质工程、基因合成、序列分析、生物信息学工具、计算模型和先进理念的发展成为关键的发展驱动力。定向进化技术、理性设计技术和酶的固定化及表面修饰技术不断完善并相互融合发展,由原来被动依托酶自然催化特性进行生物催化转变为主动进行酶的催化性质改造,使其适应生物催化的反应体系及应用需求。生物信息学的技术融入使得酶催化性能改造过程事半功倍。硬件方面,计算处理器的技术进步为生物信息学的规模化运算提供了时间成本上的保障;分子力学、分子动力学、量子力学算法及相应计算软件的不断优化,为生物信息学的精确运算提供了理论层面的支持;基于实验基础的核酸数据库、蛋白质数据库、结构数据库的不断扩容,为生物信息学的适用性分析提供了可靠的数据基础。

第一节　生物信息学概述

21世纪是生命科学的世纪,其里程碑则是1990年10月启动的、耗资数十亿的著名的人类基因组计划(Human Genome Project,HGP)。生物信息学是随着人类基因组计划的启动与生物科学的迅猛发展而兴起的,历史性地成为生命科学浪潮中的风向标。生物信息学概念最早是在1956年在美国田纳西州Gatlinburg召开的Symposium on Information Theory in Biology(生物学中的信息理论研讨会)上提出的。到了20世纪80年代,在沉寂多年之后,生物信息学随着计算机技术和网络的革命性发展而突飞猛进。

生物信息学是由生物学与数学、计算机科学以及信息科学等学科相互交叉与融合而建立的,其研究内容主要包括开发数学和信息科学的新技术和新方法,开发管理和分析生物数据的算法,以及收集、组织、存储、处理、发布、分析和解释生物数据的挖掘和应用。随着人类基因组计划的完成,生命科学研究进入后基因组时代,在此期间产生了大量的蛋白质序列、结构、功能和相互作用的数据。与基因组相比，蛋白质组更庞大、更复杂，仅靠传统的生物学手段无法解决，必须借助生物信息学技术对产生的生物数据进行全方位的处理。因此，面对海量蛋白质组数据的获取、整理、注释、处理、存储，以及蛋白质组数据信息的挖掘及数据可视化，生物信息学技术成为蛋白质组学研究中不可或缺的工具和手段。

结构生物信息学是生物信息学的一个分支，主要集中于在原子和亚细胞空间尺度上研究大分子结构信息的表示、存储、检索、分析和显示，其主要目标是创造通用方法处理生物大分子信息，并应用这些方法解决生物学问题，产生新知识。生物信息学是随着能生成大量数据的DNA测序、质谱以及基因芯片表达分析等高通量实验技术的出现而发展起来的，与此类似，结构基因组计划以高通量的方式收集和分析大分子结构信息，形成PDB(Protein Data Bank)这样的三维大分子结构数据库，促进了结构生物信息学的出现和发展。随着PDB中晶体结构数量不断积累，我们可以对结构进行各种统计分析，以学习蛋白质的设计原理，掌握蛋白质折叠、装配以及构建活性位点和结合位点的规则，从而预测和设计蛋白质的结构和功能，进行蛋白质的理性设计。结构生物信息学将会在后基因组时代的生物学研究、蛋白质(酶)设计与挖掘中发挥越来越重要的作用。

第二节 生物信息数据库

随着研究积累的核酸和蛋白质的序列、结构、功能以及其他方面的数据越来越多，为便于数据的存储、共享和使用，各种分子生物学数据库应运而生。

一、概述

(一) 生物信息数据库简介

20世纪60年代以来，随着核酸序列测定、蛋白质序列测定以及基因克隆和PCR技术的不断发展与完善，世界各地的研究机构获得大量的生物信息原始数据。面对这些以指数方式增长的数据资源，传统的研究方式已经无法迅速消化，因此有必要采用有效的方法将它们进行适当的存储、管理和维护，以便进一步分析、处理和利用，这就需要建立数据库即生物信息数据库。

生物信息数据库是存储大分子信息数据的数据库，也称分子生物学数据库，是一切生物信息学研究工作的基础，具有以下几个明显的特征：

(1) 数据库类型的多样性。生物信息数据库种类繁多，几乎覆盖了生命科学的各个领域，如核酸序列数据库、蛋白质序列数据库、生物大分子(核酸、蛋白质)三维结构数据库、基因组数据库等，多达上百种。

(2) 数据库的更新和增长迅速。数据库的更新周期越来越短，有的甚至每天更新，数据量也呈指数增长。

(3) 数据库的复杂性增加、层次加深。许多数据库都有相关的内容和信息,而且数据库之间相互引用,如 PDB 与文献库、酶数据库、蛋白质二级数据库、蛋白质结构分类数据库、蛋白质折叠数据库等十几种数据库交叉索引。

(4) 数据库的使用高度计算机化和网络化。越来越多的生物信息数据库与互联网相连,从而为分子生物学家利用这些信息资源提供了前所未有的机遇。

(5) 以应用为导向。首先,各种数据库除了提供数据之外,还提供许多分析工具,如核酸数据库提供的序列搜索、基因鉴定程序等。此外,在原有数据库的基础上,还开发了许多特殊应用的二级数据库,如蛋白质二级结构数据库等。

随着分子生物学技术的发展以及组学技术的建立,生物大分子数据信息呈指数增长。如人类基因组计划实施后,核酸序列数据资料存储量以惊人的速度增长,与此同时,蛋白质序列的数据库存储量也飞速发展。虽然生物大分子结构的测定受到生物大分子的结晶(X 射线晶体衍射技术),以及分子大小(NMR 技术)等限制,三维结构数据的获得速度明显小于一维序列数据,但是随着结构蛋白质组学的提出和实施,生物大分子结构解析的数量及大分子数据库种类也呈指数增加。从 1994 年开始,分子生物学研究的权威期刊《核酸研究》(Nucleic Acids Research,NAR,http://nar.oxfordjournals.org/),每年都要出版分子生物学数据库专辑,详细介绍生物信息学领域的主要数据库内容及更新情况,并可以按照其分类或字母顺序等方式连接到相应的数据库资源。

2006 年,NAR 收集了全世界 858 个主要分子生物学数据库,2012 年增加到 1380 个。截至 2023 年底,数据库已增加至 2014 个。目前,这些数据库共分为 15 个类别(网址:http://www.oxfordjournals.org/nar/database/c),如表 6-1 所示,有些类别下又划分了子类别,子类别下列出相应数据库的名称。

表 6-1 NAR 数据库分类及数量(截至 2023 年底)

NAR 分类	数据库数量
核酸序列数据库	256
RNA 序列数据库	122
蛋白质序列数据库	234
结构数据库	201
基因组数据库(无脊椎动物)	306
代谢与信号通路数据库	205
人类及其他脊椎动物数据库	125
人类基因与疾病数据库	186
微阵列数据和其他基因表达数据库	63

续表

NAR 分类	数据库数量
蛋白质组学数据库	28
其他分子生物学数据库	97
细胞器数据库	22
植物数据库	130
免疫学数据库	31
细胞生物学数据库	8

对照多年来 NAR 收集的数据库种类与数目的变化,可以看出数据库资源正在多样化,基因组数据库正在激增,传统的序列数据库已经成为很小的一部分,新的专一性或专业类的数据库类型正在大量出现(图 6-1)。

图 6-1　一些生物信息学数据库、工具

(http://bis.zju.edu.cn/dato/)

(二) 生物信息数据库的分类及发展方向

根据存储内容的不同,数据库又分为核酸序列数据库、基因组数据库、蛋白质序列数据库、生物大分子(核酸、蛋白质)三维结构数据库。核酸序列数据来自核酸序列测定;基因组数据来自基因组作图及相关序列信息;蛋白质序列数据主要来自核酸序列翻译,这是因为核酸序列测定相对于蛋白质序列测定而言,其技术可靠性、自动化程度更高,信息量更大;结构数据来自 X 射线晶体衍射、核磁共振(NMR)以及冷冻电镜技术(Cryo-EM)的结构测定。数据库的数据直接来源于原始数据,只进行了简单的分类、整理和注释,是生物信息学的基本数据资源,通常称为一级数据库或初级数据库。以初级数据库为基础,结合实验数据、文献资料和理论分析,针对不同的内容和需要,对初级数据库进行分析、整理、归纳,然后对序列或结构进行功能注释,形成具有特殊生物学意义和专门用途的数据库,这类专门或专业的数据库称为二级数据库或派生数据库,如 KEGG、Pfam 数据库等(图 6-2)。

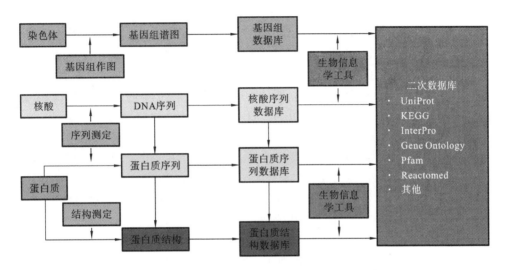

图 6-2 数据库的分类与形成

利用二级数据库的分析方法,可以详细阐明序列之间的关系,包括超家族、家族、亚家族和种属特异性等不同水平。通过数据提炼得到的内在信息关联的二级数据库,可以成为初期数据库搜索强有力的补充,同时也可以在更高的组织水平上理解和认识生物学的功能。未来随着数据库的发展,建立基于计算机技术的包括完整、全面的生物信息数据的细胞与组织虚拟系统,将有助于在更高层次上分析或解释复杂生物学系统的基本规律。

生物信息学的发展使数据库的种类和数量不断增加,数据库资源更加丰富和完善,功能也更为强大。目前,生物信息数据库已不局限于数据的存储和提取,也提供强大的数据分析功能,成为综合性信息学网站。研究人员可以根据自己的需要选择合适的数据库,让其为自己的生物学研究提供优质、便捷、快速的服务。

二、核酸序列数据库

核酸序列数据库是生物信息最基本的数据库,以核苷酸碱基序列和注释信息为基本内容。随着测序技术的自动化与高通量化,测序速度显著提高。相关技术的不断更新,不仅加速了人类基因组测序的进程,同时把基因组计划推广到动物、植物和微生物等更广阔的领域,也促进了测序的集成化与商业化,使分子生物学技术成为当今生命科学研究中的常规技术手段。

目前,国际上最权威、最主要的三大核酸序列数据库是 GenBank(https://www.ncbi.nlm.nih.gov/)、EMBL(https://www.ebi.ac.uk/embl)、DDBJ(https://www.ddbj.nig.ac.jp)。EMBL 是建立最早的核酸序列数据库,由德国海德堡市的欧洲分子生物学实验室(European Molecular Biology Laboratory)于 1982 年 3 月创建,其名称即来源于此。该数据库现由欧洲生物信息学研究所(European Bioinformatics Institute,EBI)负责维护和管理。1982 年 4 月,美国国家健康研究院(National Institute of Health,NIH)委托洛斯阿拉莫斯(Los Alamos)国家实验室(LANL)建立 GenBank,后移交给美国国家生物技术信息中心(NCBI)管理。DDBJ 是日本国立遗传学研究所于 1986 年创建的日本 DNA 数据库(DNA Database of Japan,DDBJ)。这些数据库成立初期,数据相对独立。

1988 年,GenBank、EMBL、DDBJ 共同成立了国际核苷酸序列数据库协会(International Nucleotide Sequence Database Collaboration,INSDC;http://www.insdc.org/)(图6-3),建立了合作关系。合作的目的就是收集全球范围内的核酸序列,对其进行分析及注释,并通过互联网每天将新测定或更新的数据进行交换共享,保证数据库信息的完整与同步。现在使用者只要登录三大数据库的任何一家,就可获得全部序列信息。另外,INSDC 的共享原则也对生命科学核心期刊的出版者及发行人提出了强制性要求,即在文章发表时将序列提交到国际核酸

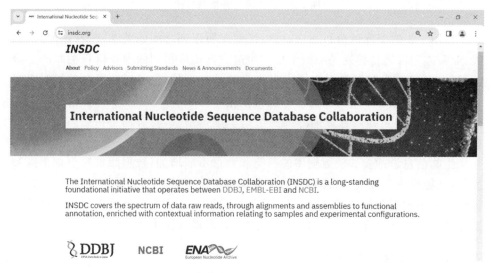

图 6-3　国际核酸序列数据库协会 INSDC 网站

序列数据库中。开放的信息共享原则使得现在从国际核酸序列数据库中检索获取的数据是最新且全面的，大大提高了生物信息数据的使用效率。

三、蛋白质序列数据库

以蛋白质氨基酸序列及注释信息为基本内容的数据库称为蛋白质序列数据库。蛋白质序列不仅可以来自实验测序结果，也可以根据基因组序列预测新基因，预测编码区域，并推测其蛋白质序列。蛋白质序列测定技术的发明早于DNA测序技术。1952年，Sanger测定了一条蛋白质-胰岛素序列，1977年Sanger等发明了DNA测序技术。蛋白质序列的收集整理也早于DNA序列。1965年，Dayhoff团队搜集了当时已知的氨基酸序列，编著了《Atlas of Protein Sequence and Structure》（蛋白质序列与结构图谱）一书，主要用来研究蛋白质的进化关系，后演化成蛋白质信息数据库。1984年，"蛋白质信息资源"（Protein Information Resource，简称PIR，http://pir.georgetown.edu/）计划正式启动，蛋白质序列数据库PIR-PSD也因此诞生，由美国国家医学研究基金会（National Biomedical Research Foundation，NBRF）管理。1988年，日本的国际蛋白质信息数据库（Japanese International Protein Information Database，JIPID）和德国的慕尼黑蛋白质序列信息中心（Munich Information Center for Protein Sequences，MIPS）加入PIR，并合作成立了国际蛋白质信息中心（PIR-International），共同收集和维护蛋白质序列数据库。1986年，瑞士日内瓦大学生物化学系的Amos Bairoch创建了Swiss-Prot数据库。目前由瑞士生物信息学研究所（Swiss Institute of Bioinformatics，SIB）和欧洲生物信息学研究所（EBI）共同维护和管理。PIR-PSD和Swiss-Prot是创建最早、使用最广泛的两个蛋白质序列数据库。

随着核酸序列的快速增加，由DNA序列翻译而来的蛋白质序列也日益增多，随之而来的由DNA翻译而来的蛋白质序列数据库也开始建立。1996年创建的TrEMBL数据库是从EMBL数据库中的cDNA序列翻译而得到，包含EMBL数据库中所有核酸编码序列的翻译信息。与TrEMBL数据库类似，GenPept数据库是由GenBank中核酸编码序列翻译得到的蛋白质序列数据库。由于TrEMBL与GenPept均是由核酸序列通过计算机程序翻译生成，未经过专家的注释、分析与核实，因此蛋白质序列错误率较高，有较大的冗余度。其他主要的蛋白质序列数据库还有NCBI Protein、NRL-3D、NRDB和OWL等。

经过几十年的发展，蛋白质序列数据库种类越来越多，分类也越来越专业。PIR、EBI和SIB均致力于各自蛋白质序列数据库的维护与注释，但他们的数据不共享，各自具有不同的蛋白质序列覆盖度及注释的优先权。然而，这对于数据库的建立者，必然导致大量重复性工作，而对于数据库信息用户而言，由于检索信息范围受到限制而导致大量重复性的检索与分析过程。因此，将PIR、Swiss-Prot、

TrEMBL 三大蛋白质序列数据库合并为一个全面蛋白质序列数据库的呼声日益高涨。2002 年，为了整合全球蛋白质序列资源，实现信息共享，PIR 与 EBI、SIB 在 NIH 的资助下，建立了全球范围内统一的蛋白质序列数据库 UniProt（Universal Protein Resource，http://www.uniprot.org/，图 6-4）。该数据库合并了分属于不同研究所的 PIR-PSD、Swiss-Prot 和 TrEMBL 三大蛋白质序列数据库。在生物信息快速膨胀的时代，数据库的整合与统一确保了蛋白质序列有一个可用、稳定、可信赖的信息来源。

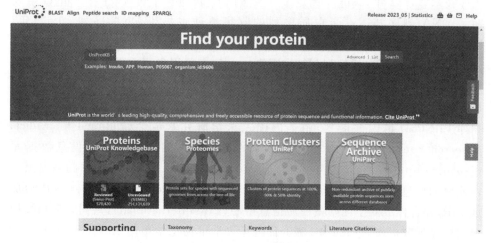

图 6-4　UniProt 蛋白质序列数据库首页

UniProt 建库的最终目标：使用的数据能够具有全面的注释、最小的冗余度，与其他数据库高度整合，能及时全面地更新。合并统一后的 UniProt 蛋白质序列数据库具有全世界最全面的蛋白质分类信息，包括三个部分（表 6-2）：① 蛋白质知识库（UniProt Knowledgebase，UniProtKB），包含蛋白质全面的信息，提供了蛋白质准确、丰富的序列与功能注释。该知识库包含检查与人工注释的 UniProtKB/Swiss-Prot 部分，以及未校验、自动注释的 UniProtKB/TrEMBL 部分。还可与其他分子生物学数据库互联互通，如 DNA 序列信息、蛋白质结构数据库、蛋白质结构与家族数据库以及特殊种类与功能数据库等。② 蛋白质参考子集库（UniProt Reference Clusters，UniRef），UniRef 对来自 UniProtKB 的数据以及从 UniParc 中挑选的一些数据提供聚类信息，以加快搜索速度。UniRef 已广泛应用于自动基因组注释、蛋白质家族分离、系统生物学、结构生物学、系统发育分析、质谱分析等各个研究领域。UniRef 中聚类信息会随着 UniProtKB 的更新而同步更新。③ 蛋白质档案库（UniProt Archive，UniParc），是一个综合性的非冗余数据库，存储了公共数据库中有效的蛋白质序列数据，包括所有主要的、公开的数据库中蛋白质序列信息及来源数据库的链接,反映了蛋白质序列的演化历史。

表 6-2　UniProt 三个子库信息

数据库	UniParc	UniProtKB	UniRef
注释情况	未注释	全面注释	未注释,但在子集 UniParc 或 UniProtKB 主要的条目上有一行 FASTA 格式的描述
冗余度	完全一致的序列被整合为一条记录,不考虑种属的专一性。UniParc 每一条蛋白质序列都是唯一的,分配为统一的标识符,UniParc 的交叉链接(cross-reference)中给出来源数据库的登录号	目标是把某一种某一基因所有的蛋白质产物都用一条记录描述	自动进行序列整合
与其他数据库关联	与源记录来源的数据库链接	与 60% 以上的其他数据库相链接	子集中的记录与 UniProtKB、UniParc 相链接
更新情况	每两周更新一次,收集所有公开有效的蛋白质序列	每两周更新一次,针对所有符合条件的蛋白质序列	每两周更新一次,针对 UniProtKB 中所有蛋白质序列,以及搜索到的 UniParc 中序列相似的序列

(引自王举,2014)

四、基因组数据库

人类基因组计划被誉为生命科学的"Applo 登月计划",由美国科学家于 1985 年率先提出,1990 年正式启动。来自美国、英国、法国、中国、德国和日本的科学家共同参与了这一项预算达 30 亿美元的人类基因组计划。随着人类基因组计划的完成,人们对生命的探索不局限于某些基因、蛋白质或大分子物质的研究,科研工作者更多地关注全基因组、全蛋白质组等组学问题。这些组学研究产生了大量的数据,计算机技术的快速发展为有效管理这些组学数据提供了可能性,因此产生了大量的组学数据库。

基因组数据库是分子生物学信息数据库的重要组成部分,其内容丰富、种类繁多、形式多样,分布在世界各地的测序中心、信息中心,以及与生物学、医学、农业等有关的研究机构和大学。基因组数据库的主体是模式生物基因组数据库,其他还包括染色体、基因突变、遗传疾病、基因调控和表达、放射杂交、基因图谱等数据库。

由美国 Johns Hopkins(约翰·霍普金斯)大学于 1990 年建立的 GDB(The Genome Database)是重要的人类基因组数据库,现由加拿大儿童医院生物信息及计算机中心负责管理与维护,国际上许多生物信息中心建有镜像。GDB 旨在为从事基因组研究的生物学家和医护人员提供人类基因组信息资源。其数据来自世界各国基因组研究的成果,收集了人类基因组图谱的详细信息及大量与功能基因研究密切相关的注释信息。此外,GDB 数据库还包括与其他网络信息资源的超文本链接,如核酸序列数据库 GenBank 和 EMBL、遗传疾病数据库 OMIM、文献摘要数据库 MedLine 等。基于 Sybase 数据库管理系统,GDB 包括 HGD、Citation 和 Registry 三个数据库,HGD 存储 GDB 的主要信息,Citation 存储文献信息,Registry 存储 GDB 注册用户信息。

UCSC Genome Bioinformatics(http://genome.ucsc.edu/)是由美国加州大学克鲁兹分校(University of California,Santa Cruz,UCSC)的生物信息研究人员建立与维护的一个生物信息学数据库(图 6-5),主要包含人、小鼠、果蝇等多种常见动物的基因组信息,收集了多种生物信息资源,如高分辨率物理图、基因预测、mRNA 和 EST 比对、物种序列同源性比较、多态性等,还包括一系列的分析工具,可帮助浏览基因信息、查看基因组注释信息和下载基因序列等。该数据库具有界面直观、数据丰富的特点,可以将基因组物理图与功能序列位置直接对应,可以提供基因查找、基因预测、mRNA 序列标签、表达序列标签、比较基因组学等多种功能,为基因表达调控及基因与疾病的关系等的研究提供参考。

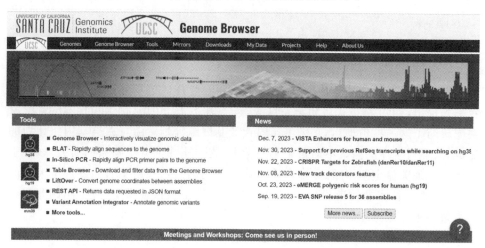

图 6-5　UCSC 基因组生物信息学数据库

Ensembl(http://www.ensembl.org/index.html)是由 EBI 和英国桑格研究所合作开发的脊椎动物基因组数据库,支持比较基因组学、进化、序列变异和转录调节等研究。

我国国家基因组科学数据中心(National Genomics Data Center,NGDC)(图 6-6)由中国科学院北京基因组研究所(国家生物信息中心)联合中国科学院生物物理研究所和中国科学院上海营养与健康研究所于 2019 年 6 月成立。NGDC 面向我国人口健康和社会可持续发展的重大战略需求,建立生命与健康大数据汇聚存储、安全管理、开放共享与整合挖掘的研究体系,研发大数据前沿交叉与转化应用的新方法、新技术,建设国际领先的基因组科学数据中心,支撑我国生命科学的发展。

图 6-6　国家基因组科学数据中心(NGDC)

五、生物大分子结构数据库

实验中通过生物物理方法、X 射线晶体衍射方法、核磁共振波谱分析等获取大量蛋白质和核酸的结构信息,将这些结构信息借助计算机技术整理和存储形成生物大分子结构数据库。蛋白质结构数据库的建立早于序列数据库建立。1971 年,蛋白质(结构)数据库(Protein Data Bank,PDB)由美国 Brookhaven National Laboratory 创建,1973 年正式向全世界有关实验室开放。初期,PDB 主要收集蛋白质结晶结构,此后,随着核酸、病毒、多糖等大分子空间结构的发现,PDB 也开始收集其他生物大分子的结构数据。除了提供大分子结构信息外,PDB 还可以进行蛋白质二级结构预测、蛋白质进化以及大分子相互作用的研究等。1998 年 10 月,PDB 的管理移交给新成立的结构生物信息学合作研究协会(Research Collaboratory for Structural Bioinformatics,RCSB,http://www.rcsb.org(图 6-7))。

图 6-7　结构生物信息学合作研究协会(RCSB)

2003 年,美国 RCSB 维护的 PDB 数据库、EBI 维护的生物大分子结构数据库(Macromolecular Structure Database at European Bioinformatics Institute,MSD-EBI)以及日本大阪大学的 PDB 数据库(Protein Data Bank Japan,PDBj)组建了全球范围的 PDB 数据库(worldwide PDB,wwPDB,http://www.wwpdb.org/)(图 6-8)),目的在于实现生物大分子结构数据的共享,它们在 PDB 数据的存储、处理和发布上采用统一步骤,并支持单一的、标准的结构数据格式。2006 年,美国

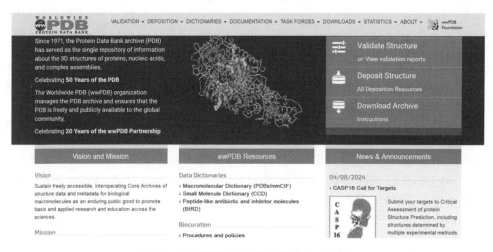

图 6-8　全球范围的 PDB 数据库(wwPDB)

Wisconsin-Madison 大学的 BioMagReaBank(BMRB)数据库也加入了 wwPDB 数据库。

分子模型数据库(Molecular Modeling Database，MMDB)是 NCBI 开发的生物信息数据集成系统 Entrez 的一部分(http://ncbi.nlm.nih.gov/Structure)，数据库的内容来源于 PDB(图 6-9)，它排除理论模型，仅收录生物大分子的实验结构数据。MMDB 对这些信息进行了重新组织和验证，以确保可以在化学和大分子三维结构之间相互参考。与 PDB 相比，MMDB 多了许多附加信息，如分子的生物学功能、产生功能的机制、分子的进化史等，还包括生物大分子之间关系的信息。此外，系统还提供了用于显示生物大分子三维结构模型、结构分析和结构比较的工具。

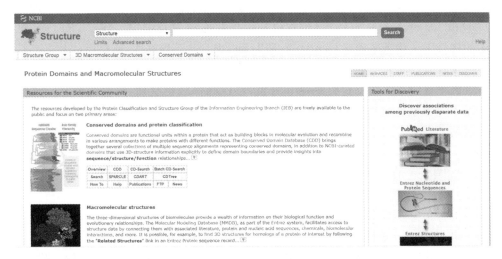

图 6-9 PDB 数据库

六、其他数据库

随着生物学不断发展和生物各项研究数据的广泛积累，许多针对特定研究的生物信息学数据库开始建立。例如，存放信号通路的数据库 Signaling Gateway、KEGG、BioCarta、Reactome、Wikipathways、GeneCards 等，蛋白质磷酸化位点数据库 Phospho.ELM/PhosphoBase、Phosphorylation Site Database、PhosphoSitePlus、PhosphoPOINT、PHOSIDA 等，转录因子信息数据库 JASPAR、Cistrome DB、HOCOMOCO、hTFtarget、Transfac、TRED 等。这些数据库可以提供目的领域的信息资料，还可以在网站中进行生物信息预测。

京都基因与基因组百科全书(Kyoto Encyclopedia of Genes and Genomes，KEGG，https://www.kegg.jp/)是一个综合性的基因组、基因、蛋白质和化学物

质信息数据库,1995年由日本京都大学生物信息学中心的Kanehisa实验室创建与维护。KEGG是一个综合性数据库,其信息大致分为三大类:系统信息、基因组信息和化学信息。该数据库可细分为16个主要的子数据库,以不同的颜色编码加以区分。常用的有KEGG PATHWAY(代谢通路数据库)、KEGG GENES(基因数据库)、KEGG GENOME(基因组数据库)、KEGG BRITE(分层分类数据库)等。KEGG数据库是一个重要的基因组和代谢通路信息资源,为生物信息学和生命科学领域的研究人员提供了丰富的基因和代谢通路的信息。通过利用KEGG数据库,研究人员可以更深入地理解生物体内的基因和代谢过程,从而促进生物学和医学的研究与发展。

TRED(Transcriptional Regulatory Database)是基于研究基因调控网络的需要而建立的转录调控元件数据库。TRED由美国冷泉港实验室(The Cold Spring Harbor Laboratory,CSHL)创建并由其承担数据整理及维护工作。TRED数据库的转录因子信息来源于GenBank、EPD和DBTSS等数据库,所提供的数据都是经过实验验证和人工逐一筛选的,这确保了数据的有效性。因此,利用TRED对转录因子目的基因数据进行挖掘和分析,可以确保获得全面、准确的信息。该数据库不但提供转录因子结合位点的序列信息,还提供其定位信息,为查询者提供了便利。

第三节 生物信息学在环境生物催化领域的应用

生物信息学以其独特的桥梁作用和整合作用成为重要的研究和开发工具。2001年,Vihinen等提出一个"洋葱"结构模型,形象地描述了研究基因和蛋白质功能的实验方法和生物信息学方法(图6-10),并指出科学研究的实验过程就像剥洋葱一样,从外到内,由实验到理论,而生物信息学方法则是由理论到实验,从内到外。因此,充分利用生物信息学资源来指导生物学实验研究,为传统的以实验为基础的生物科学指明了理论方向,从而大大加快研究进程。

蛋白质是基因表达的最终形式,承载着生命的活力。生物信息学不仅可以用来理解蛋白质起源、进化、结构和功能之间的关系,还可以指导蛋白质的设计和改造,以获得新的生物大分子。酶通常为蛋白质,也是生物催化技术的核心。然而,随着生物催化技术逐渐应用于各行各业,天然酶的催化性能已不能满足生物反应对更稳定高效的催化过程、更丰富的催化产品和更低的应用成本等方面的需求。生物信息学是探索酶分子进化、结构与催化性能之间科学规律的有效手段,可以有针对性地指导以定向进化、理性设计和表面修饰为代表的酶催化性能优化和改造,满足生物催化的应用需求。如果说,酶催化性质的改造及优化是生物催化技术发展的核心驱动力,那么,生物信息学就是此驱动力的"催化器"。结合生物信

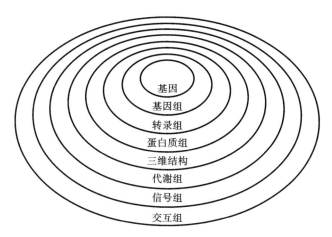

图 6-10　进行基因和蛋白质功能研究的实验和生物信息学方法的"洋葱"结构模型
(改自 Vihinen 等，2002)

息学技术的酶催化性能的改造及优化工作有助于跨过实验研究过程中的"能量壁垒"，在指导新型高效生物催化剂的发现和改造等方面发挥着举足轻重的作用，促使生物催化技术又好又快发展。

一、指导生物催化剂基因的发现与获取

指导生物催化剂基因的发现与获取是生物信息学技术在生物催化领域应用的第一个重要方向。随着基因组和基因序列数据库中基因数据的快速增长和比较基因组学的迅猛发展，从海量的数据资源中寻找新的基因并挖掘其中蕴含的生物学信息，从而发现新型高效生物催化剂已成为现实。

传统工业酶的发现是基于微生物多样性基础上的大规模菌株筛选。然而，传统筛选方法的菌株筛选过程不仅耗费大量人力和时间，而且往往在筛选了大量菌株后一无所获。例如，研究人员从 5000 株菌中才筛选出一株具有戊二酰基-7-氨基头孢烷酸(GL-7-ACA)酰化酶活性的铜绿假单胞菌 BL072。鉴于生物信息学技术的突飞猛进，研究人员直接提取土壤中经假单胞菌选择性培养获得的菌群的基因组 DNA，利用生物信息学数据库资源和生物信息学软件，分析了已公开的五组 GL-7-ACA 酰化酶的基因序列，最终选定 EMBL 核酸序列数据库中 3 株假单胞菌的 GL-7-ACA 酰化酶基因序列，分别设计引物对基因进行 PCR 扩增，成功获得 3 个 GL-7-ACA 酰化酶基因片段。将这 3 个基因序列与 EMBL 核酸数据库中其他假单胞菌的 GL-7-ACA 酰化酶基因序列进行比较，确认获得的 DNA 片段为 GL-7-ACA 酰化酶基因，且与文献报道的这几个基因序列具有很高的同源性(约96%)，相应蛋白质序列的同源性则达到 97%～98%。此外，经过基因的生物信

学序列比对分析，发现所获得的 GL-7-ACA 酰化酶基因中与酶的活性中心或后加工位点相关的氨基酸没有发生突变。同样利用数据库检索、软件分析与引物设计等生物信息学手段，研究人员从一株基因组序列未知的诺卡菌中直接扩增获得腈水合酶基因片段（AY168347），并进行了活性表达。

高效的序列比对算法是利用基因组序列分析寻找和发现新基因的关键。基于开发的 EMOTIF 程序，利用基因组数据库，研究人员对酵母基因组中未知功能蛋白质的 833 个阅读框进行分析，推断出 100 多个新蛋白质的功能。这些蛋白质功能的确定对于发现和应用新的工业生物催化剂具有重大价值。生物信息学方法的应用为定量分析作为催化剂的蛋白质家族和超家族的氨基酸残基保守性，阐明蛋白质中氨基酸残基功能的相似性和相异性，并为定点突变实验设计提供了理论依据。随着各种新兴生物学技术的发展，应用生物信息学分析来指导生物多样性筛选、基因组序列分析和定向进化等实验方法，是当前工业酶发现的新途径。

二、指导现有生物催化剂的改性研究

指导现有生物催化剂的改性研究是生物信息学技术在生物催化领域应用的另一个重要方向。对生物催化剂进行改性研究的最基本的思路和措施包括定向进化和理性设计。

（一）生物催化剂的定向进化

定向进化在一定程度上是对自然进化过程的模拟。通过随机突变产生一个庞大的突变基因库，然后通过高通量筛选方法筛选出具有改良特性的突变体。通过比较生物催化剂基因突变前后的序列、活性与功能，进行"反向工程"研究，有助于从本质上揭示蛋白质的催化机制和折叠机制、蛋白质一级序列与三级结构的关系，以及结构与功能的关系等。利用定向进化技术已成功改造工业酶的专一性、活性、结构稳定性、热稳定性以及其他性能。例如，通过三轮定向进化，从嗜冷菌中获得的枯草杆菌蛋白酶在 60 ℃下的稳定性比野生菌株高 500 倍，甚至超过从超嗜热菌中获得的同源枯草芽孢杆菌蛋白酶。对于优选菌株，再经过 5 轮定向进化后，其稳定性比原来的野生菌株高出 1200 倍，比同源的超嗜热菌高出 20 倍。

在利用定向进化技术改造生物催化剂的过程中，生物信息学技术的作用不容忽视。首先，定向进化技术改造的目的基因的获取往往需要借助生物信息学工具；其次，在各种定向进化方法（如 DNA 重组）中，通常也需要利用生物信息学工具对待重排的目的基因进行同源性分析，以提高实验成功的概率。利用生物信息学工具对定向进化后的突变基因文库进行比对，找出对各种氨基酸取代具有高耐受性的位点，然后通过计算机分析找出所有（当然是有限的）对氨基酸置换具有高度耐受性的位点，进行饱和突变。通过生物信息学的进一步分析，可以发现在定向进化过程中各种有益突变通常发生在这些位点。例如，利用饱和突变技术，从红球菌(*Rhodococcus erythropolis*)中获得的卤代烷烃脱卤酶的热稳定性得到显著提高,其抗变性能力大大增强,而酶的活性并没有降低。将突变后的酶固定在矾土上,突变后的固定化酶的操作稳定性提高了 25 倍,半衰期延长了 18 倍。因此,将生物信息学分析、随机定向进化和理性的定点突变结合起来,对生物催化剂进行功能改造,往往能取得更好的效果。

(二)生物催化剂的理性设计

生物催化剂的理性设计是从理论出发对生物催化剂进行改性设计,然后通过生物学实验检验设计结果。利用生物信息学数据挖掘工具进行催化剂设计,分析多肽和蛋白质序列的活性,为设计新的多肽和催化剂提供了强有力的方法。例如,通过序列比对统计分析,模拟多肽或蛋白质中单个氨基酸残基的替换,然后进行实验验证,真菌植酸酶的工作温度可以提高到 30 ℃以上。生物信息学方法同样可用于指导多个氨基酸的相互作用研究。

生物信息学方法在理性设计研究中应用最广泛的是生物催化剂的定点突变。在生物信息学技术的指导下,许多蛋白质如漆酶、水解酶、烷烃氧化酶、枯草杆菌蛋白酶、辣根过氧化物酶等通过定点突变加以改造。例如,对细胞色素 P450 酶的理性设计改造,大大提高了多氯苯类物质的氧化转化速率和底物结合效率。通过生物信息学序列比对分析,对诺卡菌腈水合酶 α-亚基的一个氨基酸残基进行了定点突变,突变后的腈水合酶在重组大肠杆菌中的表达活性显著提高。

生物信息学方法在生物催化剂分子设计中的应用也受到越来越多的重视。通过生物信息学分析和最小化计算设计,在 T4 噬菌体溶菌酶中引入了 3 对二硫键,结果显示,所有的突变体在氧化态下均比天然蛋白质更稳定。生物信息学分析也可用于指导融合蛋白的构建。例如,应用生物信息学工具进行同源基因搜索和序列比对分析,在蛋白质结构数据库 PDB 中分别获得与研究克隆得到的 D-氨基酸氧化酶和 GL-7-ACA 酰化酶同源性较高的氧化酶和酰化酶的三维结构数据,利用生物信息学软件模拟两种酶的空间结构,设计双酶融合蛋白的构建策略,最终成功构建了同时具有 D-氨基酸氧化酶和 GL-7-ACA 酰化酶活性的融合蛋白。

第四节 生物信息学工具应用的基本策略

各种公共数据库、软件和算法以及大规模高通量生物学实验平台等生物信息学技术的迅猛发展,使得从浩如烟海的核酸和蛋白质序列信息中迅速、准确地获取生物催化剂的相关信息,进而对蛋白质分子进行高效的设计与改性成为可能。为了适应生物催化技术快速发展的需要,以生物信息学技术为工具,以公共数据库为基础,对生物催化剂进行分子设计和改性,以提高生物催化剂的稳定性、特异性、底物和产物耐受性等,具有十分广阔的应用空间。因此,研究利用生物信息学技术不断加快新型生物催化剂的鉴定与开发进程很有意义。生物信息学工具可通过以下策略促进生物催化技术的开发和应用：

（1）发现新生物催化剂。利用生物信息学工具发现新生物催化剂，需要对大量公共数据库、搜索工具以及生物信息学软件等具有较深入的了解并能熟练应用，以便从大量的数据资源中识别新的具有工业应用价值的生物催化剂基因。如果具有较好的数学和计算机知识基础，能够自行开发基因识别及序列比对分析的算法和程序，在该领域的开创性研究将会更有优势。

（2）对现有生物催化剂的功能进行改造。对目前已成功进行生产应用的工业酶进行定点突变或定向进化，提高其活性、操作稳定性和产率，是目前工业生物催化研究的主要方向之一。生物信息学技术在该领域的具体应用主要包括设计引物以获取基因，对基因和蛋白质的序列进行分析，了解新基因的基本特性，如碱基组成与分布、翻译后蛋白质的疏水性、跨膜区等，确定基因序列的限制性酶切位点、可读框架和蛋白质的结构功能域。在基因序列同源性分析的基础上，进一步预测蛋白质的结构与功能，提出蛋白质改性的设计方案，研究蛋白质的催化机制等，从而显著加快生物催化剂的改性进程。

第七章　环境生物催化研究中的分子生物学工具

在环境生物催化的应用中，微生物和酶的作用不容忽视。例如，在污水和废气处理中，特定的微生物可以被用来降解有机污染物，这些微生物通过其代谢途径将有机物转化为无害的物质。另外，在土壤修复中，通过微生物和酶的联合作用，可以有效地去除土壤中的重金属和有机污染物。这些应用实例不仅证实了环境生物催化技术在实际环境治理中的有效性，而且推动了相关催化剂发现和优化的研究。面对当前环境问题的严峻性，科学家正在不断探索新的催化剂和技术以提高环境生物催化的效率并扩展其应用范围。

生物学中心法则（图7-1）认为生物的遗传信息由基因携带，以DNA形式表达，通过分子遗传信息使者mRNA将遗传信息传递至蛋白质，从而进行表达。因此，通过改变基因的遗传信息，就可以表达出新的蛋白质。对于新改造的基因，需要借助分子生物学技术与工具进行遗传信息的表达，以获得重组菌株和重组蛋白。

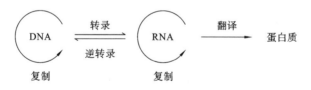

图7-1　生物学中心法则

通过分子生物学工具获得重组蛋白需要6个基本过程：① 从生物体中分离含有目的遗传信息的DNA并进行提纯；② 从基因组DNA或cDNA中筛选获得目的基因；③ 为成功克隆设计引物与酶切位点；④ 选择合适的载体，克隆出目的基因，并选择合适的异源宿主（如大肠杆菌）；⑤ 对克隆载体的遗传信息进行测序，以检验插入的基因片段是否正确；⑥ 借助宿主，实现目的蛋白的表达。表达是否成功取决于表达蛋白的类型、宿主、表达系统以及菌株的培养情况。

第一节　核酸的分离和纯化

核酸是遗传信息的载体，包括DNA和RNA，是最重要的生物信息分子，是分子生物学研究的主要对象，因此核酸的提取是分子生物学实验技术中最重要、最基本的操作。DNA和RNA都是极性化合物，溶于水，不溶于乙醇、氯仿等有机溶剂,其钠盐比游离酸更易溶于水。在酸性溶液中,DNA 和 RNA 容易水解,在中性与弱碱性溶液中则比较稳定。无论是研究核酸的结构还是功能,都需要提取和纯化核酸,制备符合要求的样品。

一、核酸提取分离的主要步骤

总的来说,提取纯化核酸包括以下步骤:细胞破碎;除去与核酸结合的蛋白质及多糖等杂质;除去其他杂质核酸,获得均一的样品。

(一)细胞破碎

常用的细胞破碎方法包括高速组织捣碎机捣碎、玻璃匀浆器匀浆、超声波处理、液氮研磨以及化学处理(十二烷基苯磺酸钠(SDS)等)、生化处理(溶菌酶、纤维素酶等)。

(二)核蛋白解聚以及变性蛋白的去除

核酸与蛋白质的结合力主要有静电力(核酸与碱性蛋白的结合)、氢键以及非极性范德华力。分离核酸的难点是分离与核酸紧密结合的蛋白质,同时避免核酸降解。

提取 DNA 的一般流程是将充分分散好的组织细胞在 SDS 和蛋白酶 K 的溶液中消化,使蛋白质分解,然后用苯酚和氯仿-异戊醇提取分离蛋白质,得到的 DNA 溶液再经过乙醇沉淀,使 DNA 从溶液中沉淀析出。

蛋白酶 K 能在 SDS 和 EDTA-2Na 存在条件下保持高活性。在 DNA 提取体系中,SDS 可破坏细胞膜、核膜,抑制核酸酶,使细胞组织蛋白变性,并与变性蛋白结合形成带负电的复合物,并与 DNA 分离。EDTA-2Na(金属离子螯合剂)可抑制细胞中 DNA 酶(DNase)活性,这是因为 DNA 酶需要二价离子(如 Ca^{2+}、Mg^{2+})的激活,而通过 EDTA-2Na 螯合二价离子,可抑制酶活性。蛋白酶 K 是一种非特异性蛋白酶,可将蛋白质消化降解成短肽或氨基酸,使 DNA 分子完整地分离出来。

(三)核酸的沉淀

沉淀法是浓缩核酸最常用的方法。沉淀法可以更换核酸的溶解缓冲液,重新调整核酸的浓度,并去除溶液中的某些离子与杂质。

常用于沉淀 DNA 的盐类包括 $MgCl_2$(0.01 mol/L)、NaAc(0.30 mol/L)、KAc(0.30 mol/L)、NH_4Ac(2.50 mol/L)、NaCl(0.20 mol/L)、LiCl(0.80 mol/L)。常用的有机沉淀剂包括乙醇、异丙醇、聚乙二醇。不同类型的沉淀剂各有其优缺点。

核酸沉淀应在低温条件下长时间进行。如果溶液中核酸浓度较高,在高浓度盐存在的情况下加入异丙醇后,会出现 DNA 的絮状沉淀。如果核酸浓度较低,则

需要在 $-20\ ℃$ 条件下过夜。一般来说,浓度大于 $10\ \mu g/mL$ 的核酸冰浴 10 min 即可有效沉淀。

（四）核酸的保存

影响核酸保存的因素有很多,温度是影响核酸稳定性的重要因素。温度升高会增加核酸的分子内能,不利于维持核酸结构的稳定性,因此核酸一般在低温下保存。核酸保存液的酸碱度也是影响核酸保存的重要因素。过酸、过碱均会导致碱基上形成氢键基团的解离,使氢键的稳定性下降以至于断裂。

DNA 样品溶于 pH 8.0 的 TE 缓冲液中,$4\ ℃$ 或 $-20\ ℃$ 下保存,或者加 1 滴氯仿,$-80\ ℃$ 下可保存数年。RNA 样品溶于含 0.3 mol/L NaAc(pH 5.2)的 2 倍体积的乙醇中,$-80\ ℃$ 下保存,或者在 RNA 溶液中加 1 滴氯仿,冻存于 $-80\ ℃$,可保存数年。

二、DNA 提取技术

从细胞中提取 DNA 应采用温和的细胞破碎法,以免 DNA 被机械破碎。操作时,还需要使用 EDTA 来螯合 Mg^{2+}。Mg^{2+} 可以激活 DNA 酶,通过 EDTA 螯合 Mg^{2+} 抑制 DNA 酶活性。如果有细胞壁,需要用酶进行消除,如用溶菌酶处理细菌,而细胞膜则需要通过去污剂(如 SDS)处理。如果必须使用物理破碎,则须尽可能轻柔,只能对细胞进行挤压,而不能使用剪切力。细胞破碎以及后续的操作均需要在 $4\ ℃$ 条件下进行,操作使用的器皿和溶液都需要经过高压灭菌以破坏 DNA 酶活性。

核酸从细胞中提出后,需用 RNA 酶处理以去除 RNA。RNA 酶需要预先进行加热处理,以灭活污染的 DNA 酶。RNA 酶由于二硫键的存在而具有热稳定性,这些二硫键在冷却后能快速复性。剩余的杂质主要是蛋白质,可通过在水饱和的酚或者酚与氯仿的混合物中轻轻摇动而去除,这些物质能使蛋白质变性而不使核酸变性。将混合后的乳浊液进行离心,形成有机相与水相,两相交界处为变性的蛋白质。收集水溶液,重复去蛋白质操作后,将 DNA 样品与两倍量的无水乙醇混合,在低温条件下 DNA 可在溶液中形成沉淀。离心后沉淀的 DNA 用含有 EDTA 的缓冲液溶解,该溶液在 $4\ ℃$ 下可至少保存一个月。DNA 纯度可以用琼脂糖凝胶电泳检测。

三、RNA 提取技术

RNA 提取技术与上述 DNA 提取技术十分相似。RNA 分子较短,不易受到剪切力的破坏,因此细胞破碎可以采用较为剧烈的方法。由于 RNA 对 RNA 酶很敏感,不仅各种细胞内都有 RNA 酶,实验操作者的手指上也有 RNA 酶,因此实验操作时必须戴手套,且提取液中应有较强的去污剂,以便快速灭活 RNA 酶。由于

RNA 通常与蛋白质紧密结合，因此去蛋白质操作需要非常强的外力。用 DNA 酶去除 DNA，RNA 用乙醇沉淀。

RNA 提取要使用硫氰酸胍，它既是较强的 RNA 酶抑制剂，也是蛋白质变性剂。RNA 的完整性可通过琼脂糖凝胶电泳检测。RNA 中含量最高的是 rRNA 分子，原核细胞的 rRNA 为 23S 和 16S，真核细胞为 18S 和 28S。当它们在琼脂糖凝胶电泳中呈现单独的条带，表示其他的 RNA 组分也是完整的。

四、核酸凝胶电泳

自从琼脂糖凝胶和聚丙烯酰胺凝胶被引入核酸研究以来，按分子量大小分离 DNA 的凝胶电泳技术已发展成为分析和鉴定重组 DNA 分子以及蛋白质与核酸相互作用的重要技术。核酸凝胶电泳依然是现在分子生物学研究常用的方法，包括 DNA 分析、限制性核酸内切酶酶切分析和限制性核酸内切酶酶切图谱等。

核酸凝胶电泳的基本原理：在生理条件下，核酸分子的糖-磷酸骨架中的磷酸基团呈离子化状态。因此，DNA 和 RNA 的多核苷酸链呈现出多聚阴离子的特性。当核酸分子被置于电场中时，它们会向正极方向迁移。在一定的电场强度下，核酸分子的迁移速度受核酸分子的大小与构型的影响。分子量较小的核酸分子比分子量较大的核酸分子具有更紧密的构象，其电泳速度比同等分子量的松散型核酸分子或线性核酸分子更大。

电泳后 DNA 用溴化乙锭（ethidium bromide，EB）染料染色（也可以在制备琼脂糖凝胶时加入）以后，将电泳标本放置于紫外光下观察，通过与已知分子量的标准 DNA 片段（DNA Marker）进行比较，可以测量迁移的 DNA 片段的分子量，还可以鉴定经限制性核酸内切酶局部消化产生的 DNA 片段。

一般来说，凝胶电泳常用来检测 DNA 样品的纯度与完整性，以及 DNA 克隆过程中的酶切情况。琼脂糖凝胶电泳常用来分离 100 bp 以上的 DNA 分子，聚丙烯酰胺凝胶电泳适用于低分子量（1~1000 bp）DNA、蛋白质等。

第二节 基因的检测与确认

一、DNA、RNA 的定量

DNA 和 RNA 的定量是分子生物学和生物化学研究中的基础实验技术，广泛应用于基因表达分析、基因组研究、疾病诊断等领域。常用的定量方法包括紫外光谱分析法和 EB 荧光分析法。

（一）紫外光谱分析法

DNA 或 RNA 分子在 260 nm 波长条件下有特异的紫外吸收峰，且吸收强度与溶液中 DNA 或 RNA 的浓度成正比。在 260 nm 波长紫外光下，1 个单位的光密度（OD）相当于双链 DNA 浓度为 50 μg/mL，单链 DNA 和 RNA 为 40 μg/mL，即

$$DNA 浓度(\mu g/mL) = 50 \times OD_{260}$$

$$RNA 浓度(\mu g/mL) = 40 \times OD_{260}$$

因此，通过测定待测浓度的 DNA 或 RNA 溶液在 260 nm 波长处的光密度（OD）来计算核酸的浓度。值得注意的是，OD 应在 0.10~0.99 范围内，否则不符合上述线性关系。该方法操作简便、快捷。蛋白质含有芳香氨基酸，也能吸收紫外光，其吸收峰通常在 280 nm 波长处，而 260 nm 波长处的光密度值仅为核酸的 1/10 甚至更低。因此，当核酸样品中蛋白质含量较低时，对核酸的紫外测定影响不大，但如果样品内混有大量核苷酸或蛋白质等物质，则需要设法提前除去。

核酸的纯度可以根据 260 nm 与 280 nm 波长处的光密度的比值进行判断。纯净的 DNA 溶液，$OD_{260}/OD_{280} \geqslant 1.8$；纯净的 RNA 溶液，$OD_{260}/OD_{280} \geqslant 2.0$。

（二）EB 荧光分析法

EB 荧光分析法即凝胶电泳法，在琼脂糖凝胶中加入 EB 染料对核酸分子进行电泳，然后置于紫外光下，可灵敏、便捷地检测出凝胶介质中 DNA 的存在、强度和条带位置，即使仅含有 0.05 μg DNA，也可以清晰地显现出来。在适当的染色条件下，荧光强度与 DNA 的含量成正比，据此估计 DNA 浓度。这种方法简单、经济，结合凝胶电泳还可以同时分析出 DNA 的纯度，但定量准确度较低。

二、聚合酶链式反应扩增技术

聚合酶链式反应（polymerase chain reaction，PCR）是一种在体外对特定核酸序列进行扩增的技术，1985 年由 Kary Mullis 在 Cetus 公司工作期间发明，是 20 世纪核酸分子生物学研究领域的一次革命性创举。该技术具有特异性强、灵敏度高、便捷、快速、重复性好、易自动化等优点，可在数小时内将目的基因或被研究的 DNA 片段扩增 10 万倍甚至 100 万倍。PCR 不仅是 DNA 分析最常用的技术，还可以用来分析分子生物学领域以外的细胞和分子过程。Kary Mullis 也因发明 PCR 技术获得 1993 年度诺贝尔化学奖。

（一）PCR 扩增原理

DNA 的半保留复制是生物进化和传代的重要途径。双链 DNA 在多种酶的作用下可以变性解旋形成单链，在 DNA 聚合酶的参与下，根据碱基互补配对原则，新的单链可以重组形成双链。在实验中发现，DNA 在高温时也可以发生双螺旋解离，即为 DNA 变性。当温度降低时，又可以重新形成双链，即为 DNA 复性。因此，变性和复性在特定条件下是可逆的，通过温度的变化控制 DNA 的变性和复性，加入设计引物、DNA 聚合酶、dNTP，就能完成特定基因的体外复制。

PCR 技术的基本原理与 DNA 的天然复制过程类似,其特异性取决于与目的序列末端互补的寡核苷酸引物。如图 7-2 所示,每个 PCR 循环主要包括三个步骤:高温变性、低温退火和适温延伸。

(1) 模板 DNA 的变性。待扩增的模板 DNA 经加热至高温(90~98 ℃),一段时间后,变性,双链解离后形成单链,与引物结合,为下一轮反应做准备。

(2) 模板 DNA 与引物的退火(复性)。降低温度,反应时间一般为 30~60 s,两条人工合成的寡核苷酸引物与模板 DNA 单链的互补序列配对结合,形成部分双链。该过程温度非常重要,需要根据所采用的引物确定合适的退火温度(T_m),一般为 45~60°。若反应温度不是在最佳条件下进行,可能产生非特异性 DNA,甚至扩增失败。

(3) 引物的延伸。DNA 模板-引物结合物在 70~75 ℃、DNA 聚合酶(如 Taq DNA 聚合酶)的作用下,在适当的缓冲液中以及 Mg^{2+} 与 4 种 dNTP 存在下,以引物 3′端为新链的合成起点,沿模板从 5′→3′方向延伸,合成一条与模板顺序完全相同的新链 DNA。延伸时间一般为 30 s~2 min。

因此,每一条双链 DNA 模板经过变性、退火和延伸三个步骤,可以形成两条双链 DNA 分子。每循环一次所形成的 DNA 均可以作为下一循环的模板,PCR 产物得以 2^N(N 为循环次数)的数量迅速扩增。经过 25~30 个循环后,可将待扩增目的基因扩增放大数百万倍。

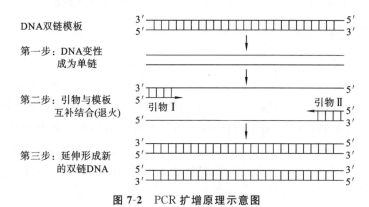

图 7-2 PCR 扩增原理示意图

(二) PCR 体系

PCR 体系要素包括模板、引物、DNA 聚合酶、底物(dNTP)、缓冲液以及 Mg^{2+}。

1. 模板

PCR 的模板可以是 DNA 或 RNA。当以 RNA 为模板时,需要在标准 PCR 循环之前先进行逆转录以生成 cDNA。模板取材主要根据 PCR 扩增对象而定,可以是细菌、病毒、真菌等病原体标本,也可以是细胞、血液、羊水细胞等病理生理标本。大多数样品需要用 SDS 和蛋白酶 K 进行消化处理。难以破碎的细菌可用溶菌酶加 EDTA 处理。所得到的粗制 DNA 经酚和氯仿提取纯化,然后用乙醇沉淀,用作 PCR 模板。一般来说,$10^2 \sim 10^4$ 拷贝数的模板可以满足不同的 PCR 要求,过多反而可能降低扩增效率,增加非特异性扩增产物。

2. 引物

引物决定了 PCR 扩增产物的特异性与扩增长度,引物的质量直接影响 PCR 的特异性与成败。PCR 引物有两条,即 5′端引物与 3′端引物,通常是人工合成的两段寡核苷酸序列。5′端引物与位于扩增片段 5′端上游的一小段 DNA 序列相同,用于引导编码链合成;3′端引物与位于扩增片段 3′端上游的一小段 DNA 序列相同,用于引导互补链的合成。PCR 扩增的是这对引物之间的双链 DNA 片段序列。

PCR 引物设计的目的是找到一对合适的核苷酸片段,以有效扩增模板 DNA 序列。引物的设计质量直接关系到 PCR 的特异性与成败。引物设计可以借助计算机引物设计工具和软件,如 Oligo 6、Primer Premier、Primer Express、Primer 3、Primer 3 Plus、Primer-Blast、PerlPrimer 等。这些工具和软件各有其特点,研究人员可以根据具体需求选择合适的工具和软件进行引物设计。

3. DNA 聚合酶

最初 PCR 使用的酶是大肠杆菌 DNA 聚合酶 Klenow 片段,该酶不耐高温,所以需要在变性后一次次加酶,20 个循环要加 20 次酶,导致 PCR 成本很高。多次加酶导致操作也很复杂。耐热 Taq DNA 聚合酶是 1969 年从美国黄石国家森林公园火山温泉中的水生嗜热菌(*Thermus aquaticus*,Taq)中分离出的,是目前发现的耐热 DNA 聚合酶中活性最高的一种,具有较高的热稳定性。该酶在 $70 \sim 75$ ℃下具有最高的生物活性。耐热 DNA 聚合酶的使用改变了 PCR 的命运,使 PCR 得以广泛应用。

在 100 μL 的 PCR 体系中,$1.5 \sim 2.0$ U 的 Taq DNA 聚合酶足以进行 30 个循环。反应所需酶量可根据 DNA、引物及其他因素的变化而增减。酶量过多容易造成非特异性产物的扩增,过少则会降低 PCR 产物的量。

Taq DNA 聚合酶具有 5′→3′聚合酶活性和 5′→3′外切酶活性,但没有 3′→5′外切酶活性。因此,该酶无校正核苷酸错配的功能,发生碱基错配的概率约为 2.1×10^{-4}。除了 Taq DNA 聚合酶,目前还有 Tth DNA 聚合酶、Pfu DNA 聚合酶和 Vent DNA 聚合酶等用于 PCR。

4. 底物(dNTP)

脱氧核糖核苷三磷酸(deoxy-ribonucleoside triphosphate,dNTP)是 dATP、dGTP、dTTP、dCTP 的统称。PCR 体系中,每种 dNTP 的浓度应为 $20 \sim 200$

μmol/L，过高的浓度会增加碱基的错配率和实验成本，并使特异性降低。采用低浓度的 dNTP 比用高浓度的 dNTP 有更高的特异性和准确性，但浓度过低会导致反应速率减小。dNTP 用量控制在循环 50 次后，dNTP 仍保留 50%。4 种 dNTP 必须以等量浓度配制，以减少 PCR 的错配并提高反应效率。

5. 缓冲液

缓冲液是保证 PCR 正常进行的关键条件之一，为 Taq DNA 聚合酶提供最佳的酶促反应条件，最常用的缓冲液体系为 10~50 mmol/L Tris-HCl(20 ℃下 pH 值为 8.3~8.8，72 ℃下 pH 值为 7.5)。缓冲液中 KCl 浓度在 50 mmol/L 以下时有利于引物退火，达到 50 mmol/L 或超过 50 mmol/L 则会抑制 Taq DNA 聚合酶的活性。有些反应液中用 NH_4^+ 代替 K^+，浓度为 16.6 mmol/L。反应中加入小牛血清白蛋白(100 μg/mL)、明胶(0.01%)或 Tween 20(0.05%~0.1%)有助于稳定酶的活性，反应中加入 5 mmol/L 的二硫苏糖醇(DTT)也有类似效果，尤其在扩增长片段时，加入这些酶保护剂有利于 PCR。目前，市面上各种 DNA 聚合酶都有其特定的缓冲液。

6. Mg^{2+}

Mg^{2+} 为 Taq DNA 聚合酶活性所必需，其浓度对扩增作用的专一性和扩增量有重大影响。Mg^{2+} 浓度过低会大大降低酶的活性，而过高则会增加酶催化的非特异性扩增。Mg^{2+} 浓度还会影响引物的退火以及模板与 PCR 产物的解离温度，从而影响扩增效率。PCR 体系中，dNTP、引物、DNA 模板中所有的磷酸基团均可与 Mg^{2+} 结合，降低游离 Mg^{2+} 浓度，而 Taq DNA 聚合酶的活性与反应体系中游离 Mg^{2+} 浓度有关。因此，Mg^{2+} 浓度应比 dNTP(200 μmol/L)的浓度高，通常采用 1.5 mmol/L 左右。

(三) 常用 PCR 技术

1. 热启动 PCR

在传统的 PCR 中，反应体系各成分都是一次性加入并进入循环，在反应温度由室温(25 ℃)升至高温(94~95 ℃)的过程中，可能出现引物错配和二聚体形成。引物与模板中一些非目的位点的错配以及引物之间形成的二聚体在 Taq 酶的作用下均可延伸，这些非特异性产物在后面的 PCR 循环中会继续扩增，使非特异性产物不断积累，同时消耗反应体系中的各成分，大大减少 PCR 扩增的特异性产物。

热启动 PCR(hotstart PCR)是指在样品温度超过 70 ℃ 时 DNA 聚合酶才起作用的 PCR。直到反应体系被加热到可以防止非特异扩增和引物聚合的温度，DNA 聚合酶才启动 PCR，可实现特异性 PCR 产物的高效扩增。由于 DNA 聚合酶活性在常温下会受到抑制，因此热启动技术为在常温下配备多个 PCR 体系提供了极大的便利，也是提高 PCR 特异性和可信度的最佳方法。在引物设计时，如果某位点因为遗传元件的定位而受限,热启动 PCR 尤为有效,例如定向突变、表达克隆或用于 DNA 工程的遗传元件的构建和操作等。

2. 巢式 PCR

巢式 PCR(nested PCR)是标准 PCR 的一种演变,可提高反应特异性和目的产物的量。该方法中,使用两套引物进行两次连续的反应,以提高 DNA 扩增的特异性。其中,一对(外引物)在目标扩增区域的侧翼,另一对(巢式引物)则与待扩增的 DNA 区域相对应。具体实验原理(图 7-3):根据 DNA 模板序列设计两对引物,第一轮 PCR 使用外部引物对含有扩展侧翼的目的 DNA 区域进行 15~30 个循环的标准扩增;第一轮扩增结束后,将一小部分起始扩增产物稀释 100~1000 倍加入第二轮扩增体系中作为模板,利用巢式引物与第一轮 PCR 产物的内部结合,进行第二轮的 15~30 个循环的扩增。第二轮 PCR 的扩增片段比第一轮短。如果外引物的错配导致非特异性产物的扩增,那么相同的非特异性区域被第二对引物识别并继续扩增的可能性非常小。因此通过第二对引物的扩增可提高反应的特异性,增加单一产物的可能性。

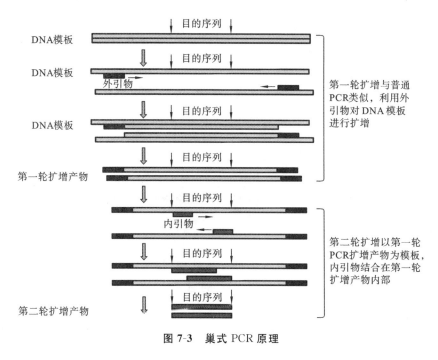

图 7-3 巢式 PCR 原理

3. 降落 PCR

降落 PCR(touchdown PCR)是一种通过调整 PCR 循环参数来提高 PCR 特异性的方法。在降落 PCR 中,前几个循环的退火温度设定为比引物的最高退火温度(T_m)高几度。较高的温度有助于避免引物二聚体的产生和非特异性模板-引物复合物的产生,从而有效减少非特异性扩增。需要注意的是,较高的退火温度可能加剧引物与目的序列的解离,降低 PCR 产物的产率。为此,通常在最初的几个循环中将每个循环的退火温度降低 1℃,以获得足量的目的产物。当退火温度降低到最佳温度(比最低引物 T_m 低 3~5 ℃)时,剩余循环中保持这一退火温度。通过这种方法,可以在 PCR 过程中选择性地增加目的 PCR 产物,且几乎不会发生非特异性扩增。

4. 原位 PCR

原位 PCR(in situ PCR)技术起源于常规 PCR 技术和原位杂交技术。1969 年 Gall 和 Pardue 建立了核酸分子的原位杂交技术(FISH),其基本原理是利用核酸分子单链间碱基序列的互补性,将有放射性或非放射性的外源核酸(即探针)与待测组织、细胞或染色体上 DNA 或 RNA 互补配对,结合成特异性核酸杂交分子,借助一定的检测手段显示待测核酸在组织、细胞或染色体上的位置。该技术能够在细胞或组织内定位和检测核酸或病毒,灵敏度高,定位准确。原位 PCR 是 1990 年建立的一种在组织细胞中进行 PCR 的技术(图 7-4),结合了 PCR 的高效扩增技术和原位杂交的细胞定位。

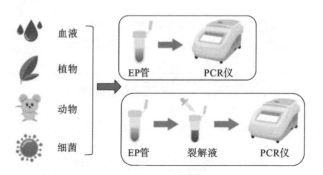

图 7-4 原位 PCR 技术示意图

原位 PCR 技术首先需要对细胞进行预处理,使组织细胞具有适当的通透性且保持完整形态。细胞膜和核膜都有一定的通透性,PCR 时,各种成分如 DNA 聚合酶、核苷酸、引物等都可以进入细胞或细胞核内,以固定在细胞或细胞核内的 DNA 或 cDNA 为模板,进行原位扩增。这样,细胞内原有的单拷贝或低拷贝特异 DNA 或 RNA 序列被原位成倍扩增,扩增的产物一般分子较大或互相交织,不易透过细胞膜或在膜内外扩散,因而被保留在原位。然后采用 DNA 分子原位杂交技术、免疫组化或荧光检测技术,通过使用荧光显微镜检测等手段,对细胞内目的片段进行特定核酸序列检出及定位。原位 PCR 技术在不破坏细胞的前提下利用原位完整的细胞作为微量反应体系,通过扩增细胞内的目的片段来进行检测,既有高度的特异性,又有精确的定位,综合了 PCR 技术和原位杂交技术各自的优点。

5. 反向 PCR

标准 PCR 用于扩增两端序列已知的 DNA 片段,而反向 PCR(reverse PCR)是使用反向互补引物扩增已知 DNA 序列片段两侧的未知序列。利用反向 PCR,可对未知序列扩增后进行分析,以探索邻近已知 DNA 片段的序列,还可以将仅知部分序列的全长 cDNA 进行分子克隆,创建全长的 DNA 探针。反向 PCR 流程(图 7-5):选择已知序列内无切点的限制性核酸内切酶来酶切 DNA 片段,然后使用 DNA 连接酶将具有黏性末端的目的序列连接成环状 DNA 分子。然后使用一对反向的引物从 DNA 的已知区域启动反向 PCR,其扩增产物将包含两引物之外的未知序列。随后,对这些扩增子进行测序,进而对未知序列进行分析和研究。

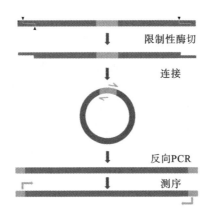

图 7-5 反向 PCR 流程

6. 逆转录 PCR

由一条 RNA 单链转录成互补 DNA(cDNA)称为逆转录,由逆转录酶完成。DNA 的另一条链通过脱氧核苷酸引物和 DNA 聚合酶完成。随着 PCR 循环的进行,最初的 RNA 模板被 RNA 降解酶 H 降解,仅留下互补 DNA。

逆转录 PCR(reverse transcription PCR,RT-PCR)是以组织或细胞中的总 RNA 中的 mRNA 为模板,采用 oligo(dT)或随机引物,利用逆转录酶逆转录成 cDNA,然后以 cDNA 为模板进行 PCR 扩增,从而获得目的基因或检测基因表达情况(图 7-6)。根据实验过程,RT-PCR 可分为一步法 RT-PCR 和两步法 RT-PCR。其中,一步法是在同一缓冲液反应体系中加入逆转录酶、引物、Taq DNA 聚合酶、dNTPs 以及 RNA 模板(mRNA),通过一步反应扩增目的序列。两步法则是将 RT 和 PCR 分别进行,从而可以保证 RT 和 PCR 两个过程的反应条件都得到优化,适合那些 GC 含量高、二级结构多的模板以及多基因的 RT-PCR。RT-

PCR 使 RNA 检测的灵敏度提高了几个数量级,使一些极微量的 RNA 样品分析成为可能,主要用于分析基因表达水平研究(定量 PCR)、获取目的基因、合成 cDNA 探针或构建 RNA 高效转录系统。

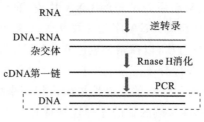

图 7-6　逆转录 PCR 流程

7. 定量 PCR

定量 PCR 是在 PCR 技术基础上发展起来的一种高灵敏度的核酸定量技术。所谓定量 PCR(quantitative PCR,qPCR),是指以标准为对照,通过分析 PCR 最终产物或监测 PCR 过程来测定 PCR 起始模板的数量。相比于传统 PCR,定量 PCR 在有效定量检测核酸方面更加快速、灵敏。

目前主要采用的定量 PCR 方法包括极限稀释法、设立内参的定量 PCR、荧光定量 PCR(real-time quantitative PCR,RT-qPCR)等。其中,荧光定量 PCR 是最新发展起来的定量 PCR 技术,它在 PCR 体系中加入荧光基因,利用荧光信号积累实时监测整个 PCR 过程,最后通过标准曲线对模板进行定量分析。在 PCR 过程中连续检测反应体系中荧光信号的变化,当信号增强到某一阈值,所经历的循环次数即循环阈值(cycle threshold)C_t 被记录下来。该循环参数 C_t 和 PCR 体系中起始模板数的对数之间存在严格的线性关系,利用不同梯度的阳性定量标准模板扩增的 C_t 值与阳性定量标准模板的数量在对数坐标系中绘制标准曲线。最后,根据待测样品的 C_t 值,就可以通过标准曲线准确地确定起始模板的数量。荧光定量 PCR 根据所用的探针的不同,可分为荧光探针法(TaqMan)和荧光染料法(SYBR Green I)。

8. 快速 PCR

快速 PCR 中,在不影响扩增产量和效率的前提下,通过缩短 PCR 所需时间来实现更快的扩增。快速循环适用于扩增能力强的 DNA 聚合酶,这类聚合酶在每个结合中可引入更多的核苷酸。

高合成能力 Taq 聚合酶所需的延伸时间只有低合成能力 Taq 聚合酶的1/3～1/2,但仍能保持较高的扩增效率。此外,如果引物的退火和延伸温度相近,则可将它们合并为一步,以进一步缩短 PCR 时间。这一过程也称为两步 PCR 法。当使用合成能力较低的 Taq 聚合酶时,快速循环条件可能适用于 500 bp 以下的短片段。扩增此类大小的片段通常不需要延长聚合时间,因此可缩短 PCR 过程中延伸的时间。

为了在不损失产物产量的情况下确定最短延伸时间,可采用一系列递减的延伸时间(几秒)优化 PCR。每个目的片段和引物对都可能导致结果变化,因此需要在特定条件下优化快速 PCR。另一种调整策略是缩短变性时间,将变性温度提高至 98 ℃。需要注意的是,热稳定性不高的聚合酶在高温环境下容易变性。

9. 多重 PCR

多重 PCR(multiplex PCR)又称多重引物 PCR 或复合 PCR,是指在同一 PCR 体系中加入两对或多对引物,同时扩增多个核酸片段的 PCR。其反应原理、反应试剂和操作步骤与常规 PCR 相同。多重 PCR 不仅可以节省时间、试剂和样品,还可以同时比较多个扩增子。多重 PCR 技术已成为核酸诊断领域的"宠儿",如基因敲除分析、突变和多态性分析、定量分析及 RNA 检测等。

在多重 PCR 中,要考虑到所有引物和靶标,而不是仅针对一个引物对或目的片段进行优化,所以可能出现非特异性扩增,效率可能降低。为尽量减少由非特异性扩增导致的错配,应精心设计引物,并验证每对引物的特异性和扩增效率。此外,扩增子应具有不同的大小,以便通过凝胶电泳进行分离和鉴定。除了引物设计和扩增子大小,使用热启动 DNA 聚合酶和专为多重 PCR 设计的缓冲液也将有助于提高反应特异性和 PCR 效果。

10. 重组 PCR

将两个不相邻的 DNA 片段重组在一起的 PCR 称为重组 PCR。其基本原理是引物中设计突变碱基、插入或缺失片段或一种物质的几个基因片段。对模板进行分段扩增,除去多余的引物后,将产物混合,然后用一对引物进行 PCR 扩增。所得到的产物是重组后的 DNA,其基因片段都在 1 kb 左右。要实现长片段重组并提高准确度,目前还有较大难度。重组 PCR 简化了传统重组体或突变体构建法中片段纯化、克隆、筛选等步骤,并缩短了重组体构建的周期,具有简单、快速、高效等特点,而且可将基因重组和基因突变同时进行。

基因表达调控是分子生物学研究的重要内容之一,需要构建基因缺失、插入、点突变等一系列突变体,以研究基因结构和表达的关系。有时还需将两个不同的基因融合在一起产生重组体,用重组 PCR 构建突变体及重组体是非常便利、有效的途径。此外,该技术在分子标记、蛋白体外定向进化和分子育种等研究中也有广泛应用。

重组 PCR 策略大致可以分为三类:重叠延伸拼接(splicing by overlap extension,SOE)、跳跃 PCR(jumping PCR,JPCR)和 DNA 重排(DNA shuffling)。SOE 通过重叠延伸引物人为地在不同的目的基因片段上引入重叠互补区,引导这些片段顺序连接。JPCR 策略的关键是产生一系列中止于序列同源区的不完全延伸的片段,其同源的 3′尾部退火至另一基因片段上的同源区继续延伸。DNA 重排是将完整目的基因打成随机片段,在热循环过程中,这些片段互为引物进行延伸,并通过随机重排恢复原始基因。

三、DNA 测序技术

DNA 测序技术是基因工程和分子生物学领域的核心技术之一,是了解基因结构和功能的基础,是重组 DNA 技术的前提。对于获得的目的片段,只有了解核苷酸顺序后才能进行下一步实验操作。测序技术的发展经历了多个阶段,从早期的化学法到现代的高通量测序技术,其发展历程可以概括为从第一代到第三代测序技术的逐步演进,每一代技术都带来了显著的变革和进步。DNA 测序技术正朝着高通量、低成本、长读取长度的方向发展,应用也日益广泛,极大地推动了生命科学的发展。

(一)第一代测序技术

早在 1954 年,Whitfeld 等就提出一种测定多聚核苷酸链的降解方法,即利用磷酸单酯酶的脱磷酸作用和高碘酸盐的氧化作用,将寡核苷酸从核苷酸链的末端逐一分离出来,并测定其种类,但因其操作复杂等,该方法一直没有得到广泛应用。

1977 年,Sanger 等提出经典的双脱氧链末端终止测序法(Sanger 测序法),其原理如下:反应体系中加入 dNTP 和一定量的 ddNTP。dNTP 有四种,包括 dATP、dGTP、dCTP、dTTP。dNTP 有 5′-磷酸基团,这个基团可以与引物的 3′-OH 末端相结合,生成 3′,5′-磷酸二酯键,构成一条新的与模板互补的 DNA 单链,其从 5′端向 3′端延伸。ddNTP 与 dNTP 相比在 3′端的地方缺少了一个羟基,于是 ddNTP 能够使用其 5′-磷酸基团与延伸中的 DNA 链上的 3′-OH 末端相结合,参与互补单链的延伸,但由于 3′位无羟基,无法与下一个 dNTP 形成 3′,5′-磷酸二酯键。DNA 链止于 ddNTP 处无法延伸,因此可用来中断 DNA 的合成反应。在 4 种 DNA 合成反应体系中分别加入一定比例的用放射性同位素标记的某种 ddNTP,然后利用琼脂糖凝胶电泳和放射自显影后的电泳条带的位置确定待测分子的 DNA 序列。Sanger 测序法的优点是操作简便,结果准确可靠,可以测量长达 1000 pb 的 DNA 片段。该方法还应用于 DNA 测序仪中。

同一年,Maxam 和 Gibert 提出化学降解法,与 Sanger 测序法类似,二者都是先得到随机长度的 DNA 片段,再通过电泳方法读出序列。不同的是化学降解法先用特定的化学试剂标记碱基,再用化学方法打断待测序列,而 Sanger 测序法是通过 ddNTP 随机中断合成待测序列。化学降解法的核心原理是将一个 DNA 片段的 5′端磷酸基进行放射性标记,再分别利用不同的化学方法对特定碱基进行修饰和裂解,产生一系列长度不同而 5′端被标记的 DNA 片段,通过凝胶电泳分离,再经放射自显影,确定各片段末端碱基,从而得到目的 DNA 的碱基序列。化学降解法的测序长度较短,大约为 250 bp,但准确度较高,而且不需要进行酶促反应,可以避免酶促合成时产生的错误。但是化学降解法对过长 DNA 链的序列测定比较困难,且操作方法比较烦琐费时,所以渐渐地被简单、便利、快捷的 Sanger 测序法取代。

在 Sanger 测序法的基础上,20 世纪 80 年代中期出现了用荧光标记代替放射性同位素标记,以荧光信号接收器和基于计算机的信号分析系统代替放射自显影的自动测序仪。90 年代中期出现的毛细管电泳技术显著提高了测序通量。

(二)第二代测序技术

第一代测序技术的主要特点是测序读长可达 1000 bp,准确度也高达 99.999%,但其测序成本高、通量低,这严重制约了其大规模应用。经过不断的技术开发与改进,以 Roche 公司的 454 测序技术、Illumina 公司的 Solexa 技术和 ABI 公司的 SOLiD 测序技术为代表的第二代测序技术应运而生。第二代测序技术极大地提高了测序速度,同时大大降低了测序成本(速度和成本其实是相辅相成的),并且保持了较高的准确度。过去,完成一个人类基因组测序需要 3 年时间,而采用第二代测序只需 1 周,但其序列读长比第一代测序短得多,大多为 100~150 bp,因此更适合对已知序列的基因组进行重新测序,而对全新的基因组测序还需要结合第一代测序技术进行。

第二代测序技术的工作流程较为相似:第一步,将提取的 DNA 随机打断成小片段并在两端加上不同的接头,构建单链 DNA 文库;第二步,将变性的 DNA 单链固定于载体表面;第三步,进行单分子 PCR 扩增;第四步,利用一些酶进行并行测序反应;第五步,检测每个循环反应中的荧光或者化学发光事件,采集记录分析;最后一步是将分析的 DNA 序列进行拼接。其中,第三、四步是新一代测序技术中重要的步骤。

(三)第三代测序技术

第三代测序技术是一个新的里程碑,以 Helicos 公司的单分子荧光测序技术(SMT)、Pacific Biosciences 公司的单分子实时测序技术(SMRT)和 Oxford Nanopore Technologies 公司的纳米孔单分子测序技术为代表。其中,SMT 与 SMRT 技术利用荧光信号进行测序,而纳米孔单分子测序技术则是利用不同碱基产生的电信号进行测序。与前两代技术相比,第三代测序技术最大的特点就是单分子测序,而且测序过程中不需 PCR 扩增,可节省大量费用。

(四)测序技术的发展趋势

三代测序技术特点的比较如表 7-1 所示。测序成本、读取长度和测序通量是评价测序技术是否先进的重要标准。测序成本在一定程度上决定了基因组测序应用的普及程度。1995 年自动测序仪出现后,检测一个碱基大约耗费 1 美元。1988 年,一个碱基的检测成本已经降低到 0.1 美元。目前广泛使用的第二代测序技术的测序成本则更低。读取长度是指一个反应能检测到的数据的长度,对测序成本和数据质量有很大影响。读取长度较长,可减少测序后的拼接工作量,但也可能降低测序的准确度。测序通量是指在一定时间内测得的数据量,测序通量的提升在一定程度上可以降低测序成本,提高科研的效率。

表 7-1 三代测序技术的特点比较

测序技术	测序方法/平台	公司	方法/酶	测序长度	每个循环的数据产出量	每个循环耗时	主要错误来源
第一代测序技术	Sanger/ABI3730 DNA Analyzer	Applied Biosystems	Sanger 法/DNA 聚合酶	1000 bp	56 kb		
第二代测序技术	454/GS FLX Titanium Series	Roche	焦磷酸测序法/DNA 聚合酶	400 bp	400~600 Mb	10 h	插入、缺失
	Solexa/Illumina Gonome Analyzer	Illumina	边合成边测序/DNA 聚合酶	2×75 bp	20.5~25 Gb	9.5 d	替换
	SOLiD/SOLiD 3 system	Applied Biosystems	连接酶测序/DNA 连接酶	2×50 bp	10~15 Gb	6~7 d	替换
第三代测序技术	Heliscope/Genetic Analysis System	Helicos	边合成边测序/DNA 聚合酶	30~35 bp	21~28 Gb	8 d	替换
	SMRT	Pacific Biosciences	边合成边测序/DNA 聚合酶	100000 bp			
	纳米孔单分子	Oxford Nanopore Technologies	电信号测序/核酸外切酶	无限长			

(引自孙海汐等,2009)

相比于 Sanger 测序法,第二代测序技术在原理上没有本质的飞跃,都是基于边合成边测序的方法,但测序时间显著缩短,费用显著降低,主要是因为第二代测序技术采用了高通量测序技术,使测序通量大大提高。从 Sanger 测序法一次读取一条序列,到毛细管测序一次读取 96 条序列,再到现在的一次读取几百万条序列,已是革命性变革。

然而，第二代测序技术由于在测序前要通过PCR扩增待测片段，测序错误率有所增加。此外，由于Illumina和SOLiD的测序结果都较短，因此更适用于重新测序，而不太适用于无基因组序列的从头测序。第三代测序技术通过增加荧光信号的强度和提高仪器的灵敏度，测序时不再需要进行PCR扩增，实现了单分子测序，解决错误率的同时继承了高通量测序的优势。其中，纳米孔单分子测序技术在原理上有本质的改变，不再基于边合成边测序的方法，而是利用外切酶将ssDNA末端的碱基逐个切割，并采用新技术对切落的单碱基进行测序，可以更好地增加读取长度，减少测序后的拼接工作，实现对未知基因组的再测序。

高通量是第二代和第三代测序技术的共同特点。这些测序技术一次可获得数百万甚至上千万的序列信息，从而对某一组织在某一时刻表达的所有mRNA进行测序，因此也称为深度测序。由于高通量测序技术可以检测不同组织mRNA的表达差异，通过与基因组比对可以确定组织特异表达的基因，因此具有取代"基因芯片"技术的趋势。基因芯片的检测范围取决于芯片上探针的信息，只能检测已知序列，缺乏发现新基因的能力，而高通量测序技术可以弥补基因芯片的不足。相信在不久的将来，高通量测序技术将会越来越成熟，应用也越来越广泛。

第三节 基因克隆技术

1866年孟德尔（G. J. Mendel）通过豌豆杂交实验利用假说-演绎法提出遗传定律。1903年萨顿（W. Sutton）用类比推理法研究蝗虫的减数分裂，提出假说"基因在染色体上"。1910年摩尔根（T. Morgen）通过果蝇实验证明了基因位于染色体上。1944年艾弗里（O. T. Avery）通过肺炎链球菌转化实验确定遗传物质的本质是DNA。1952年赫尔希（A. D. Hershey）及助手通过噬菌体侵染细菌实验再次证明遗传物质是DNA。1953年沃森（J. Watson）和克里克（F. Crick）提出DNA双螺旋结构。20世纪60年代末到70年代初，质粒和限制性核酸内切酶的发现为基因工程奠定了最为重要的技术基础。1973年科恩（S. N. Cohen）与博耶（H. W. Boyer）首次获得体外重组DNA，这是基因工程史上第一个克隆并取得成功的例子。随后，体外基因克隆、转基因动物模型的建立和克隆羊"多莉"的诞生（1997年2月），标志着人类具有操作基因的能力。20世纪80年代，以重组DNA技术生产的胰岛素、促红细胞生成素、重组人干扰素、重组人生长激素、重组乙型肝炎疫苗等药物陆续得到生产和应用，展现了重组DNA技术对人类生活和生产的重大影响。

基因克隆技术是一系列综合性生物技术的总称，是指在分子水平对基因进行体外操作，也称分子克隆、DNA重组技术或DNA克隆。所谓克隆，是指通过无性繁殖过程产生的与亲代相同的子代群体。基因克隆是指按照既定的目的和方案对 DNA 分子进行人工重组,然后将重组分子导入合适的宿主细胞,使其在细胞中进行扩增和繁殖,以获得大量的 DNA 分子拷贝,并使宿主细胞获得新的遗传特征。借助这种技术,可以有效制备大量纯化的 DNA 片段或单一基因,从而深入研究单一基因结构与功能关系,生产人类所需要的基因产物或改造新的生物类型。

如图 7-7 所示,基因克隆的基本过程可概括为分、切、连、转、选五个主要环节。

(1) 分:从生物体的组织、器官或细胞提取和分离目的基因或人工合成目的基因。

(2) 切:采用合适的限制性核酸内切酶切割目的基因和相应的载体。

(3) 连:将限制性核酸内切酶酶切后末端匹配的目的基因和载体连接起来,形成重组 DNA 分子。

(4) 转:将重组 DNA 分子转入合适的宿主细胞中。

(5) 选:筛选和鉴定含有正确重组 DNA 分子的宿主细胞,进行扩增。

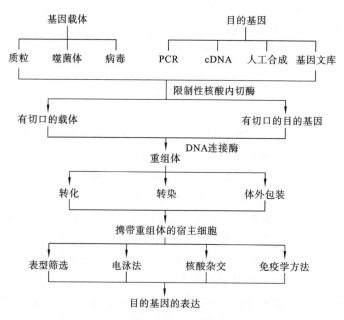

图 7-7　基因工程的主要操作流程

一、基因克隆常用的工具酶

基因克隆过程中对 DNA、RNA 分子的操作涉及一系列酶促反应,这些酶是进行基因克隆必不可少的工具,统称为工具酶。例如:要从不同基因中准确切割出 DNA 的线性分子片段,需要各种限制性核酸内切酶;要将不同片段连接起来,需要 DNA 连接酶;要合成一个基因或其片段,需要 DNA 聚合酶。目前,这些工具酶已经商品化,广泛用于分子生物学的各个领域。

基因克隆中常用的工具酶大致可以分为三类:① 使核酸降解的核酸酶类:核酸内切酶、核酸外切酶;② 催化核酸合成的酶类:DNA 聚合酶、RNA 聚合酶、连接酶、逆转录酶;③ 核酸修饰酶类:甲基化酶、激酶、基团转移酶、磷酸酶等。几种常用的工具酶及其功能如表 7-2 所示。

表 7-2 基因克隆技术中常用的工具酶及其功能

工 具 酶	功 能
限制性核酸内切酶	识别特异序列,切割 DNA
DNA 连接酶	催化 DNA 分子中相邻的 5′-P 和 3′-OH 末端之间形成磷酸二酯键,使 DNA 切口缝合或使两个 DNA 分子或片段连接
DNA 聚合酶 I	合成双链 cDNA 的第二条链;缺口平移制作高比活探针;DNA 序列分析;填补 3′末端
逆转录酶	合成 cDNA;替代 DNA 聚合酶 I 进行填补,标记或 DNA 序列分析
多聚核苷酸激酶	催化多聚核苷酸 5′-OH 末端磷酸化,或标记探针
末端转移酶	在 3′-OH 末端进行同质多聚物加尾
碱性磷酸酶	切除末端磷酸基

(引自李海英等,2008)

(一)限制性核酸内切酶

限制性核酸内切酶简称限制酶或限制性内切酶,是一种由细菌自身产生的能识别双链 DNA 中的某些特定序列,并通过内切的方式水解核酸中的磷酸二酯键的一类酶。根据酶分子结构和功能性的差异,限制性核酸内切酶分为三类:Ⅰ型、Ⅱ型和Ⅲ型。三类限制性核酸内切酶中,仅Ⅱ型限制性核酸内切酶用于 DNA 分析和克隆,是基因工程中剪切 DNA 分子的常用工具酶,由一组性质和来源不同的蛋白质组成,因而任意一种Ⅱ型限制性核酸内切酶的氨基酸序列可能与另一种有很大差异。

常用的切割方法有单酶切、双酶切和部分酶切。单酶切是用一种限制性核酸内切酶切割 DNA 分子。如果是环状 DNA 分子,完全酶切后产生的 DNA 片段数与识别序列数相同,且 DNA 片段的两末端相同;如果是线性 DNA 分子,完全酶切后产生的 DNA 片段数为 $n+1$,其中有两个片段的一段保留原来的末端。双酶切是用两种不同的限制性核酸内切酶切割同一种 DNA 分子。无论是环状 DNA 分子还是线性 DNA 分子,酶切产生的 DNA 片段都有两个不同的末端,产生的 DNA 片段数,前者是两者内切酶识别序列数之和,后者是两种内切酶识别序列数加 1。部分酶切是指所用限制性核酸内切酶对 DNA 分子上的全部识别序列切割不完全,其原因包括底物 DNA 纯度低、识别序列甲基化、酶用量不足以及反应缓冲液和温度不适宜等。但反过来讲,根据 DNA 重组设计的需要,专门创造部分酶切条件,可以获得需要的 DNA 片段。

(二) DNA 连接酶

在基因工程中,常用的连接酶包括 DNA 连接酶和 RNA 连接酶。其中,DNA 连接酶是最常用的一种,其发现是基因工程的另一突破,对于重组 DNA 技术的创立和发展也具有非常重要的意义。DNA 连接酶能够催化双链 DNA 分子单链间断处或两段 DNA 片段接头位置上相邻的 $5'$-P 和 $3'$-OH 之间形成磷酸二酯键,参与缺口或单链裂口的修复,使两个 DNA 片段或 DNA 单链片段连接起来。在 DNA 复制、DNA 修复以及体内、体外重组过程中均有重要作用。

基因工程中常用的 DNA 连接酶有很多,常用的有 T4 DNA 连接酶、T7 DNA 连接酶、大肠杆菌 DNA 连接酶。

(三) DNA 聚合酶

DNA 聚合酶是指那些以 DNA 或 RNA 为模板催化合成互补新链的酶,这类酶大多需要一个引物来引发 DNA 的聚合作用。DNA 聚合酶有多种类型,在细胞中 DNA 复制和修复 DNA 损伤方面发挥着重要作用。

基因工程操作中经常使用的 DNA 聚合酶有大肠杆菌聚合酶 I(全酶)、大肠杆菌聚合酶 I 的大片段(Klenow 酶)、T4 DNA 聚合酶、T7 DNA 聚合酶、Taq DNA 聚合酶、修饰的 T7 DNA 聚合酶以及逆转录酶等。它们的共同特点在于:① 能够沿着 $5'\rightarrow 3'$ 方向,在双链 DNA 分子引物链的 $3'$-OH 末端连续加入脱氧核糖核苷酸,催化核苷酸的聚合,而不与引物模板解离;② 需要引物,DNA 聚合酶不能催化 DNA 新链从头合成,只能催化核苷酸链的 $3'$-OH 末端添加 dNTP。因而,复制开始时,需要以一段 DNA 引物的 $3'$-OH 末端为起点,沿 $5'\rightarrow 3'$ 方向合成新链。

(四) 核酸酶

核酸酶是一类能够降解核酸的水解酶,作用于聚核苷酸链的磷酸二酯键。核酸酶在基因工程操作中应用非常广泛,不同来源的核酸酶在特异性和作用方式上各不相同。有些核酸酶只能作用于 RNA,称为核糖核酸酶;有些核酸酶只能作用于 DNA,称为脱氧核糖核酸酶;有些核酸酶特异性较低,可作用于 RNA 和 DNA。根据作用位置不同,核酸酶可分为核酸外切酶和核酸内切酶。

核酸内切酶又称内切核酸酶,是一类能够水解(切割)DNA 或 RNA 多聚核苷酸链中磷酸二酯键的核酸酶,以内切方式水解 DNA,产生 $5'$-P 和 $3'$-OH 末端。有些核酸内切酶只水解 $5'$-磷酸二酯键,将磷酸基团留在 $3'$ 位上,称为 $5'$-内切酶;而有些仅水解 $3'$-磷酸二酯键,把磷酸基团留在 $5'$ 位上,称为 $3'$-内切酶。另外,部分核酸内切酶对磷酸二酯键一侧的碱基有特殊要求。按照作用特性的差异,核酸内切酶可分为单链核酸内切酶和双链核酸内切酶。前者包括 S1 核酸酶和 Bal31 核酸酶等,后者包括核糖核酸酶 A、核糖核酸酶 H、脱氧核糖核酸酶 I 等。

核酸外切酶是一类从 DNA 或 RNA 链的末端切割核酸链的水解酶,通过水解 3′或 5′端的磷酸二酯键,从核酸链中一个一个地切除核苷酸,与核酸内切酶相对应。核酸外切酶从 3′端开始逐个水解核苷酸,称为 3′→5′外切酶,水解产物为 5′-核苷酸;核酸外切酶从 5′端开始逐个水解核苷酸,称为 5′→3′外切酶,水解产物为 3′-核苷酸。

根据作用特性的差异,核酸外切酶可分为单链核酸外切酶和双链核酸外切酶。前者主要有大肠杆菌外切酶 I (Exo I)和核酸外切酶 VII (Exo VII),后者主要有大肠杆菌外切酶 III(Exo III)、λ噬菌体核酸外切酶(λExo)以及 T7 噬菌体基因-6-核酸外切酶等。

二、目的基因获取

目的基因的来源及获得是基因工程研究和应用的关键环节之一。DNA 分子可来源于目的生物的基因组 DNA,也可来源于目的细胞 mRNA 逆转录合成的双链 cDNA 分子。不同类型基因组的大小、组成和基因重排也各不相同,因此,目的基因的分离和获取可采用不同的方法。随着分子生物学和相关学科技术的发展,目的基因的获取通常有以下几种方法:直接分离法、PCR 法、构建基因文库法以及化学合成法。

(一)直接从染色体 DNA 中分离

由于基因组 DNA 较大,不利于克隆,因此需要将其处理成适合克隆的 DNA 小片段,常用的方法有机械切割和限制性核酸内切酶消化。

1. 机械切割

借助机械处理可获得 DNA 随机片段。例如,对基因组 DNA 进行超声波处理可获得 300 bp 左右的随机片段。控制一定的条件,用高速组织捣碎器也可以获得不同大小的 DNA 片段。由于机械方法得到的 DNA 片段末端不一、断点随机、条件不易掌控,因此目前较少采用这类方法。

2. 染色体 DNA 的限制性核酸内切酶消化

限制性核酸内切酶可识别 DNA 上的特定序列,从而确定切割位点并进行切割,以获得目的序列。限制性核酸内切酶识别的 DNA 序列长度与 DNA 切割后产生的片段大小直接相关。与合适的载体连接后转入宿主细胞,这些宿主细胞含有这个组织活细胞的几乎所有基因组 DNA 信息,也包括目的基因。再通过合适的方法从基因组 DNA 文库中筛选出目的基因。

（二）PCR 扩增基因

对于部分已知或完全清楚的基因，可以通过 PCR 直接从染色体 DNA 或 cDNA 上高效、快速地扩增出目的基因片段，然后进行克隆操作。该方法需要知道目的基因 5′端和 3′端的各一段核苷酸序列，以设计出合适的引物。

（三）通过 mRNA 合成 cDNA

真核生物基因组 DNA 中重复序列和假基因占比较大，且多数基因含有内含子，有时内含子序列很长。这类基因难以与载体 DNA 结合。以 mRNA 为模板，通过逆转录酶合成与 mRNA 互补的 DNA，即单链 cDNA，然后复制成双链 cDNA，与合适的载体连接后转入宿主细胞。宿主细胞包含这个组织或细胞所表达的各种 mRNA 信息，称为 cDNA 文库。然后，采用适当的方法从 cDNA 文库中筛选出目的 cDNA。

（四）人工合成

如果已知某个基因的核苷酸序列，或根据基因产物的氨基酸序列推导出编码的核苷酸序列，可以利用 DNA 合成仪合成具有一定长度和特定序列结构的核苷酸片段，再利用碱基互补配对原则合成双链 DNA 片段。用 DNA 连接酶将双链 DNA 片段按一定的顺序共价连接起来，获得完整的基因，即为基因的化学合成，一般用于小分子活性多肽基因的合成。

三、载体

在基因工程中，外源基因自身很难进入宿主细胞，且在宿主细胞内不能进行正常扩增、表达。要利用基因工程手段把分离得到的目的基因导入生物细胞中，需要借助运载工具。携带目的基因进入宿主细胞并进行扩增和表达的工具称为载体。基因工程中使用的载体应满足以下条件：

（1）具有在宿主细胞内独立复制和表达的能力，以确保重组体在宿主细胞内的扩增；

（2）载体 DNA 的分子量应尽量小，以便结合较大的外源 DNA 片段，在实验操作中也不易受机械剪切的破坏；

（3）能在宿主细胞内产生较高的拷贝数，且便于从宿主细胞中分离和纯化；

（4）具有尽可能多的限制性核酸内切酶的单一酶切位点，这些单一酶切位点越多，越容易从中选择一种酶，使其在目的基因上没有酶切位点，保持目的基因的完整性；

（5）有两个以上容易检测筛选标记（如抗生素抗性基因），赋予宿主细胞不同的表型，以便正确筛选重组菌株。

(一)载体的分类

载体按属性可以分为病毒载体和非病毒载体。病毒载体是指以病毒为基础的基因载体,通过对病毒基因组进行改造,使其携带外源基因和相关基因元件,并被包装成病毒颗粒,病毒载体是一种常见的分子生物学工具。非病毒载体一般是指质粒 DNA,也可以是无载体核酸,如反义寡核苷酸、小干扰 RNA(siRNA)、核酶(ribozyme)等,利用非病毒载体材料的理化性质来介导基因的转移。

载体按进入宿主细胞的类型可分为原核载体、真核载体和穿梭载体。穿梭载体含原核和真核两个复制子,能够在原核和真核两种宿主细胞中复制,并可以在真核细胞中有效表达。

载体按性质可分为融合型表达载体和非融合型表达载体。融合型表达载体为外源基因提供一段含起始密码子的小肽编码基因。非融合型表达载体不为外源基因提供起始密码子和终止密码子。

载体按用途可分为克隆载体和表达载体。克隆载体仅用于装载基因,具有载体的基本元件,可携带 DNA 片段或外源基因进入宿主细胞,并大量扩增克隆。表达载体是在克隆载体的基本骨架上添加表达元件,如启动子、RBS、终止子等,使目的基因得以表达的载体。表达载体又分为重组表达载体和自主表达载体。

(二)表达载体元件

下面介绍表达载体的主要构成元件(图 7-8)及作用。

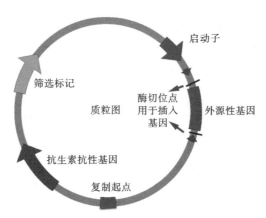

图 7-8 表达载体的主要构成元件

1. 启动子

启动子(promoter)是 RNA 聚合酶能够识别、结合并开始转录的一段 DNA 序列。例如,原核生物中绝大多数的启动子位于 -10 bp 处的 TATAAT 区和 -35 bp 处的 TTGGACA 区。这两个区域具有相当保守的序列,是 RNA 聚合酶与启动子的结合位点,且能与σ因子相互识别而具有高亲和力。在原核生物中,−10区与−35区之间核苷酸数量的变化会影响基因转录活性,强启动子一般为(17 ± 1) bp,当间距小于15 bp或大于20 bp时,启动子活性都会降低。启动子决定了转录起始位置、时间和水平,是在转录水平上实现高效、精准基因表达调控的关键因素之一。启动子通常分为三类:组成型(广谱型)启动子、诱导表达型启动子、组织(细胞)基因特异性启动子。

2. 终止子

终止子(terminator)是一段位于基因3′端非翻译区的序列,与终止转录过程有关,给予RNA聚合酶转录终止信号。当RNA转录到终止子区域时,其自身会形成发卡结构,并形成一串寡聚U。发卡式的结构阻碍了RNA聚合酶的移动,寡聚U与DNA模板的结合不稳定,导致RNA聚合酶脱离模板,转录终止。

3. 插入片段

插入片段(inserted gene)又称为外源基因,是克隆到多克隆位点中的基因、启动子或其他DNA片段,通常是所要研究的遗传元件,负责编码目的蛋白。

4. 筛选标记

筛选标记(selectable marker)用于检测宿主细胞中是否含有目的基因,从而筛选出含有目的基因的细胞,如抗性基因、营养缺失基因、色素基因。

5. 复制起点

复制起点(origin of replication,ORI)是原核生物染色体上一段特异DNA序列,是DNA复制蛋白识别、结合和开始的区域。DNA解螺旋酶可以作用于这段序列,然后DNA的双链被解离,复制开始。自我复制能力确保了目的基因在宿主细胞中的复制遗传和表达,否则质粒的数量会随着细菌的生长而被迅速稀释。

6. 引物结合位点

引物结合位点(primer binding site)为一小段DNA片段,用来对质粒进行PCR扩增或者测序。

7. 多克隆位点

多克隆位点(multiple cloning site,MCS)是一段较短的DNA片段,包括多个限制性核酸内切酶的单一酶切位点,以便于外源基因的插入。通常情况下,外源DNA片段越长,插入越困难,越不稳定,转化效率越低。在表达型质粒中,MCS常位于启动子的后面。

(三)几种常用载体

目前常用的载体有质粒载体、噬菌体载体(如λ噬菌体载体、M13噬菌体载体和P1噬菌体载体等)、质粒-病毒杂合载体(如柯斯质粒载体、噬菌粒载体)和人工染色体载体(如酵母人工染色体载体、细菌人工染色体载体和P1人工染色体载体等)四类。每一类载体都有其独特的生物学性质,适用于不同的目的。常见载体的种类和特征如表 7-3 所示。

表 7-3　常见载体及其特征

载　体	宿主细胞	结　构	插入片段大小	举　例
质粒	E. coli	环状	<8 kb	pUC18/19、T 载体等
λ 噬菌体	E. coli	线状	9~24 kb	EMBL 系列、λ-gt 系列
丝状噬菌体及噬菌粒	E. coli	环状	<10 kb	M13mp 系列
黏粒载体	E. coli	环状	35~45 kb	pCV、pJB8、c2RB、pcos1-EMBL、pWE15/16 等
细菌人工染色体(BAC)	E. coli	环状	约 300 kb	PeloBAC 系列
酵母人工染色体(YAC)	酵母细胞	线性染色体	100~2000 kb	
哺乳动物人工染色体(MAC)	哺乳类细胞	线性染色体	>1000 kb	
病毒载体	动物细胞	环状		SV40 载体、杆状病毒载体
穿梭载体	动物细胞和细菌	环状		pSVK3 质粒、PBV、Ti 质粒

(引自李海英等,2008)

四、重组 DNA 的构建

将目的基因(外源 DNA 片段)与载体 DNA 分子连接,即 DNA 分子的体外重组,重新组合的 DNA 称为重组 DNA,主要依赖于限制性核酸内切酶与 DNA 连接酶的作用。首先利用限制性核酸内切酶对目的基因和载体 DNA 进行适当切割,经分离和纯化后,使用 DNA 连接酶将二者连接在一起,构建新的 DNA 分子,进而导入宿主细胞,实现目的基因在宿主细胞内的正确表达。

外源 DNA 片段和质粒载体的连接主要有以下几种策略。

(一) 相同黏性末端的连接

若 DNA 插入片段与载体会得到相同的黏性末端,则连接简单易行,但需要注意黏性末端的互补性和连接酶的选择。相同黏性末端包括用同一种限制性核酸内切酶酶切产生的黏性末端和用不同的限制性核酸内切酶酶切产生的黏性末端。其中,后者连接成的 DNA 序列不能再被原限制性核酸内切酶识别,不利于从重组子上完整地切割所插入的片段,在回收该外源 DNA 片段时可能遇到问题。在相同黏性末端连接反应中,外源 DNA 片段和质粒载体 DNA 都可能发生自身环化或形成寡聚物,降低重组率。为获得正确的连接产物,必须精细调整连接反应中两种 DNA 的浓度。此外,还可以去除载体 DNA 的 $5'$-P 以抑制质粒 DNA 的自身环化。带有 $5'$-P 的外源 DNA 片段可与去磷酸化的载体连接,形成带有两个缺口的开环分子,缺口可在转入受体细菌后的扩增过程中自动修复。

(二)平头末端的连接

平头末端由限制性核酸内切酶或核酸外切酶消化产生,或由 DNA 聚合酶补平所致。平头末端的连接可在 DNA 链的末端产生新的酶切位点,从而扩大平头末端连接范围,T4 DNA 连接酶可以连接平头末端。相比于黏性末端,平头末端的连接效率低,且易发生双向插入或多拷贝插入。连接可能破坏原有的限制性核酸内切酶识别序列,还可能改变原有 DNA 的读取顺序。因此,在连接反应时,需要适当增加 T4 DNA 连接酶、外源 DNA 以及载体 DNA 的浓度,降低 ATP 浓度。通常还需要加入低浓度的聚乙二醇(PEG 8000),以促进 DNA 分子凝聚成聚集体,提高连接效率。此外,可以通过人工改造,将平头末端分子的连接转化为黏性末端分子的连接,以提高连接效率。

(三)带有非互补突出端片段的连接

使用两种不同的限制性核酸内切酶消化外源 DNA 和载体 DNA 时,会产生带有非互补黏性末端的 DNA 片段,这是最容易连接的片段。二者混合之后,在 DNA 连接酶的作用下,载体 DNA 和外源 DNA 只能按一个方向退火形成重组 DNA,也叫定向克隆。定向克隆中 DNA 分子末端有两种形式:一种是非同源互补的黏性末端,可以用不产生相同黏性末端的两种限制性核酸内切酶作用产生,连接效率高;另一种是 DNA 分子一侧为黏性末端,另一侧为平头末端,这类末端可以用一个产生平头末端的限制性核酸内切酶与另一个产生黏性末端的限制性核酸内切酶联合酶切 DNA 产生,也可以用一个产生黏性末端的限制性核酸内切酶先消化 DNA,然后填平或删除黏性末端的突出部分,使之成为平头末端,再用另一个产生黏性末端的限制性核酸内切酶切割 DNA 分子。在两个黏性末端中一个能互补,另一个不能互补的情况下,将不能互补的黏性末端修饰改造成平头末端,再进行重组,是一种有效的解决方案。定向克隆法在构建基因表达时经常用到,最大的优点是载体 DNA 的两个末端不同,因而自身环化的概率很低,有效提高了载体与外源 DNA 分子的定向重组率。

(四)利用连接子连接

连接子是等物质的量的两条完全互补的寡聚脱氧核苷酸。对于含有一个或多个限制酶切位点的平头末端双链 DNA,连接子的作用是在 DNA 平头末端添加新的限制酶切位点来产生黏性末端,便于 DNA 片段的连接,利用连接子进行连接是亚克隆技术,也是构建基因文库中的常用技术之一。连接子一般为 8~12 bp, 接受连接的 DNA 片段须是平头末端,而对于黏性末端需要先修饰成平头末端。如果要连接的 DNA 片段中存在与连接子相同的限制酶切位点,则需要通过甲基化酶进行修饰,以防止限制性核酸内切酶切割连接子时降解目的 DNA 片段。利用连接子进行连接的操作过程如下:将连接子连接到外源 DNA 片段两侧的平头末端;用相应的限制性核酸内切酶切割连接子;将含有新黏性末端的外源 DNA 片段与相应的线性载体 DNA 分子连接。

(五)利用适配子连接

适配子是人工合成的单链寡核苷酸(DNA 或 RNA),含有特定的黏性末端的突出序列,不需限制性核酸内切酶切割即可产生。通过与其他适配子或连接子互补配对,形成双链 DNA,然后将其连接到目的 DNA 上。在 DNA 重组中,它适用于与各种类型的 DNA 末端进行连接,其操作比使用连接子更容易。连接适配子过程中需要考虑适配体的大小、浓度和反应时间等因素。

五、宿主细胞

(一)对宿主细胞的一般要求

宿主细胞又称受体细胞或寄主细胞,选择合适的宿主细胞是重组基因高效克隆或表达的基本前提之一。随着基因工程技术的发展,从低等的原核细胞到简单的真核细胞,以及结构复杂的高等动植物细胞都可以作为基因工程的宿主细胞。一般而言,野生型细胞不能作为基因克隆的宿主细胞,这是因为野生型细胞对外源 DNA 分子的转化效率低,且可能存在感染寄生性。因此,需要对野生型细胞进行遗传性状改造,提高其作为宿主细胞的转化效率。

宿主细胞通常要满足下列条件:① 接受外源重组体的能力强,易于转化或转导,为感受态细胞;② 宿主细胞无基因重组能力,一般为限制性核酸内切酶缺陷型;③ 遗传稳定性好,易于扩大培养或发酵生长;④ 含有选择性标记,以便于重组子的筛选;⑤ 符合生物安全标准,宿主细胞具有温和的生物学特性,无感染性或致病性;⑥ 利于外源基因蛋白表达产物在细胞内的积累和高效表达。

(二)常见的宿主细胞类型

常见的宿主细胞类型有原核生物细胞、低等真核生物细胞、植物细胞和动物细胞。在环境生物催化研究领域,主要利用原核生物细胞与真菌细胞。

1. 原核生物细胞

1)大肠杆菌

大肠杆菌($E.\ coli$)细胞是基因工程中应用最广泛的宿主细胞,人们对它的遗传学和生化特性了解最多。尽管大肠杆菌是条件致病菌,但通过人工改造后可成为十分安全的宿主菌。

对于不同的克隆载体需要选择特定的宿主细胞,大肠杆菌质粒、噬菌体载体的宿主细胞均为大肠杆菌。对于质粒 pBR322,可选用 HB101、C600、K802 菌株。宿主菌采用 LB 培养基,并在 LB 基础上加 100 $\mu g/mL$ 氨苄青霉素。对于 pUC 质粒、M13 噬菌体,可选用 TGI、JM103、JM109 菌株。

2) 枯草芽孢杆菌

枯草芽孢杆菌(*Bacillus subtilis*)是一类革兰阳性菌,也是一种重要的原核表达宿主,具有很高的应用价值;培养简单快速,具有较强的蛋白质胞外分泌能力,可将产物分泌到培养基中,简化提取和纯化等过程;不产生内毒素,也无潜在致病性,是一种安全的基因工程菌。另外,大多数情况下,枯草芽孢杆菌分泌的异源重组蛋白具有天然构象和生物活性。目前,枯草芽孢杆菌是生产淀粉酶、蛋白酶和脂肪酶等多种工业用酶的理想表达宿主,也是微生物研究领域重要的模式菌株。

3) 蓝细菌

蓝细菌,又称蓝藻、蓝绿藻等,是典型的光合单细胞原核微生物,能够直接利用 CO_2 和阳光合成生物质,具有遗传可操作性强、光合效率高等特点。蓝细菌作为光能自养型微生物,易于培养,对营养条件要求低,有利于大规模生产。叶绿素 a 等光合色素的存在,以及密码子的偏爱性和启动子的通用性,使其可能成为植物基因表达的最佳宿主细胞。随着蓝细菌质粒的发现,载体的构建以及蓝细菌基因编辑体系的建立,蓝细菌基因工程得以快速发展。例如,利用蓝细菌工程菌高效表达聚 β-羟基丁酸酯(PHB)等产物,可用于生产可降解塑料。此外,已可用于多种生物能源类化合物的合成,如甲醇、氢气、脂肪酸等。鉴于太阳能和 CO_2 的可再生特性,利用蓝细菌细胞作为宿主菌进行物质生产具有广阔的应用前景。

2. 真菌细胞

真菌是低等真核生物,其基因结构、表达调控机制、蛋白质的加工与分泌都与高等真核生物类似。因此,利用真菌细胞表达动植物基因比原核生物细胞更有优势。酵母菌是基因克隆中常用的真核生物宿主细胞,培养酵母菌和培养大肠杆菌一样方便。利用大肠杆菌质粒和 2 μm 质粒,可以构建穿梭于细菌与酵母菌细胞之间的穿梭质粒。酵母克隆载体都是在此基础上构建的。

酵母菌具有相对完善的基因表达调控机制,以及加工修饰表达产物的能力。酿酒酵母(*Saccharomyces cerevisiae*)的分子遗传学性质被人们最早认识,也是最先作为外源基因表达的酵母宿主。1981 年,酿酒酵母表达了第一个外源基因——干扰素基因,随后又表达了一系列外源基因。在利用酿酒酵母制备干扰素和胰岛素时,实验室效果非常理想,但当从实验室规模扩大到工业规模时,产量却迅速下降。究其原因,培养基中维特质粒高拷贝数的选择压力消失,质粒变得不稳定,拷贝数下降。高拷贝数是高效表达的必要因素,拷贝数的下降直接导致外源基因表达量的下降。此外,实验室使用的培养基成分复杂且昂贵,采用工业规模的培养基时,导致产量下降。针对这些问题,美国 Wegner 等于 1983 年最先开发了以甲基营养型酵母(methylotrophic yeast)为代表的第二代酵母表达系统,包括 *Pichia*、*Candida* 等。

近年来,以巴斯德毕赤酵母(*Pichia pastoris*)为宿主的外源基因表达系统发展最为迅速,应用也最为广泛。巴斯德毕赤酵母能在简单的培养基上进行良好的生产,在甲醇诱导下能够大体积高密度发酵培养,表达水平稳定,培养成本低。由于巴斯德毕赤酵母无内源型载体,外源基因一般通过同源重组在宿主染色体上稳定地整合与表达。另外,巴斯德毕赤酵母自身分泌的蛋白质非常少,非常有利于外源蛋白的分离和纯化。常用的巴斯德毕赤酵母菌株有野生型菌株 X33 和突变型菌株 GS115。

六、重组 DNA 导入宿主细胞

目的基因序列与载体连接后构成重组体,必须导入细胞后才能繁殖和扩增。这是因为连接后的重组 DNA 浓度极低,导入宿主细胞如细菌中,可以通过分裂多次产生克隆。克隆中的每一个细菌都含有很多拷贝的重组 DNA,从而显著提高重组 DNA 的量,以满足基因结构和表达的研究。另一方面,构建重组 DNA 过程中,除了实验需要的重组 DNA,还会存在没有连接上的载体 DNA、目的基因 DNA、自身环化的 DNA 以及连接上污染 DNA 的重组 DNA 等。未连接的载体和 DNA 即便导入宿主细胞也不能正常复制,很快就会被宿主细胞中的酶降解。影响克隆工作的部分是自身环化的 DNA 以及连接上污染 DNA 的重组 DNA,二者也均为环状,可以在宿主细胞中复制和产生克隆。质粒具有不相容性,所以每个克隆中所有细胞都只含有一种质粒。不同克隆中可能含有三种不同的质粒 DNA,即两种重组 DNA(其中一种为污染 DNA 克隆)和一种自身环化质粒 DNA。需要对不同的克隆进行筛选,鉴定出所需的重组 DNA。

不同的载体在不同的宿主细胞中繁殖,导入细胞的方法也各不相同。导入时可选择转化、转染、转导等方式。在基因克隆中,将含外源基因的重组质粒直接导入细菌细胞的过程称为转化。由于外源 DNA 的进入,细胞遗传性改变,表达外源基因。转化后带有外源基因的细菌称为转化子。转染是指通过特殊的方法将含外源基因的重组质粒载体或外源核苷酸(DNA 或 RNA)导入真核细胞。转导是指通过重组病毒载体将外源基因导入真核或原核细胞。

七、重组子的筛选

重组 DNA 导入宿主细胞后,并不是所有的 DNA 都能按照预先设计的方式重组。由于操作以及不可预测因素的干扰等,一般只有少数的宿主细胞能够获得重组DNA,并进行稳定的增殖和表达,绝大部分还是原来的宿主细胞或不含目的基因的克隆。因此,有必要筛选出含重组DNA的菌落,并鉴定重组子的正确性。将鉴定正确的细胞进行培养,并对重组子扩增,以获得所需基因片段的大量拷贝,从而研究该基因的结构、功能或基因表达的产物。因此,如何筛选重组子至关重要。

重组子的筛选方法有很多,可根据外源基因、载体、宿主细胞以及外源DNA导入宿主细胞的方式等进行选择。一般来说,可以从直接和间接两个方面进行分析,从DNA、RNA和蛋白质三个不同的水平进行鉴定,如表7-4所示。通常需要根据实验的具体情况,在初筛之后确定是否需要进一步细筛,以保证鉴定结果的可靠性。

表7-4 常用的重组子筛选和鉴定方法

筛选策略		筛选方法
直接筛选	DNA鉴定	重组子大小的鉴定(质粒DNA的快速提取鉴定)
		重组子酶切图谱鉴定(限制性核酸内切酶酶切片段大小鉴定)
		DNA序列分析
		同源性分析鉴定(原位杂交)
	载体筛选	质粒载体的抗性标记筛选
		噬菌体包装容量的正性筛选
		质粒载体的α互补筛选(蓝白斑筛选法)
		标记补救筛选
间接筛选		翻译产物(Western印迹杂交)
		转录产物(Northern印迹杂交)
		其他方法(报告基因等)

(一)遗传学检测法

遗传学检测法简便快捷,结果较为可靠,但要求克隆基因能够表达。可通过载体和插入基因的两种不同选择性标记筛选重组子。

1. 根据载体选择性标记筛选

在构建基因工程载体时,载体DNA分子上通常携带了一定的选择性遗传标记基因,转化或转染宿主细胞后,后者会呈现出特殊的表型或遗传学特性。因此,载体选择性标记筛选法的基本原理是利用DNA分子上所携带的选择性遗传标记基因筛选重组子,适用于大量群体的筛选,是一种简单且有效的方法。该法包括利用抗生素抗性基因筛选法与β-半乳糖苷酶显色反应筛选法,前者又可分为抗性标记直接筛选法和抗性基因插入失活筛选法。

2. 根据插入基因的遗传性状筛选

(1) 插入表达筛选法：重组DNA转化到大肠杆菌宿主细胞后，插入的外源基因能够实现其功能的表达，其表型则可作为重组子筛选的标记。这种方法通常要求宿主细胞本身为缺陷型，如营养缺陷型。营养缺陷型是一种突变型菌株，基因突变导致合成途中某一步骤出现缺陷，从而丧失了合成某些物质的能力，必须在培养基中外源补加该营养物质才能生长。利用外源基因的表达与宿主细胞本身营养缺陷互补，从而改变克隆的生存状态，达到利用营养突变菌株筛选重组子的目的。例如，亮氨酸(Leu)为Leu营养缺陷菌所必需，当外源目的基因为合成Leu的基因时，将该基因重组转入缺少亮氨酸合成酶基因的菌株中，在Leu缺乏的培养基上筛选，只有能利用表达产物Leu的细菌才能生长，从而获得阳性重组子。

(2) 利用报告基因筛选法：报告基因是指其编码产物可被快速测定的一类特殊用途的基因，常用的报告基因有抗生素抗性基因以及编码某些酶类或其他特殊产物的基因。将报告基因装配在载体上，具有指示功能，可用作判断目的基因是否已经成功地导入宿主细胞并且表达的标记基因，达到筛选转化子的目的。例如，绿色荧光蛋白(GFP)是绿色荧光蛋白报告基因的产物，在激发光源下呈现绿色，可以直接在荧光显微镜下观测。报告基因产物常作为直接观察载体活性的指示分子，在基因工程中应用较为广泛。

3. 噬菌斑筛选法

噬菌斑筛选法的原理是基于噬菌斑颜色变化。噬菌体转染细菌细胞后，导致宿主细胞溶解死亡，在琼脂培养基表面形成肉眼可见的透明小圆斑，即为噬菌斑。以λDNA为载体的DNA重组载体在转染受体菌时，如果能形成噬菌斑则为转化子，非转化子正常生长不会形成噬菌斑，二者容易辨认。如果重组过程中选用的是取代型λ载体，此时因为空载体不能被包装，则不会进入宿主细胞产生噬菌斑，所以得到的噬菌斑即为重组子。如果使用插入型载体，由于空载的λDNA已经大于包装下限，因此也能被包装成噬菌体颗粒而产生噬菌斑，此时筛选重组子时需要启动载体上的标记基因，如 *lacZ* 等。当外源DNA片段插入 *lacZ* 基因后，重组噬菌斑无色透明，而非重组噬菌斑则呈蓝色。

(二) DNA电泳检测法

DNA电泳检测法是基因工程中常用的检测目的基因是否导入宿主细胞的方法，与前面介绍的载体选择性标记筛选法相结合，可快速、准确地检测目的基因是否导入宿主细胞。

1. 直接电泳法

由于外源DNA片段的插入，重组质粒的分子量比非重组质粒更大。提取宿主细胞中的质粒直接进行电泳,由于含有目的基因的重组质粒分子量相对较大,在电泳凝胶中的迁移速度较慢。因此,可以利用凝胶电泳检测分子的大小,初步验证外源目的基因片段是否已插入载体。另外,可以快速裂解菌落检测质粒DNA。待转化菌落长到直径约 2 mm,直接挑取单克隆至裂解液中进行细胞裂解,吸取上清液直接进行琼脂糖凝胶电泳,与载体 DNA 比较,根据迁移率的减小初步判断是否有插入片段存在。该方法速度快,操作简单,适用于插入片段较大的重组子的初步筛选。此外,也可以以质粒为模板进行 PCR 扩增,之后再进行电泳检测。

2. 限制性核酸内切酶酶切片段电泳分析法

对于初步筛选具有重组子的菌落,提纯重组质粒或重组噬菌体 DNA。根据已知的外源 DNA 序列的限制性核酸内切酶切图谱,选择一两种限制性核酸内切酶切割质粒,释放出插入片段,电泳后比较 DNA 条带数和长度。对于可能存在双向插入的重组子,可以用适当的限制性核酸内切酶消化鉴定插入方向,然后用凝胶电泳检测插入片段和载体的大小,推测有无外源 DNA 的插入,确定各插入片段的相对位置。

3. PCR 扩增检测法

用 PCR 分析重组子不但可以快速扩增插入片段,还可以直接进行 DNA 序列分析。针对含特异目的基因的重组克隆,设计特异目的基因的引物。从初筛出的阳性克隆中分别提取质粒(或 DNA),并作为模板进行相应的 PCR,对 PCR 产物进行电泳分析以确定是否含有目的基因,判断是否为重组体。

此外,也可以采用直接菌落 PCR 进行筛选,即以菌体裂解后暴露的 DNA 为模板进行 PCR 扩增。建议使用载体上的通用引物来筛选阳性克隆,最终 PCR 产物大小是载体通用引物之间的片段大小。该方法不需提取目的基因 DNA,不需酶切鉴定,省时省力。

(三) 核酸分子杂交检测法

核酸分子杂交的基本原理:两条具有一定同源性的核酸(DNA 或 RNA)单链在一定条件下(适宜的温度及离子强度等)可根据碱基互补原则形成双链,此杂交过程具有高度特异性。核酸分子杂交分为 DNA-DNA 杂交和 DNA-RNA 杂交。杂交方法分为固相液相杂交、液相分子杂交和原位杂交。固相液相杂交在实验中最常用,也称膜上印迹杂交。将待测核酸变性后,用一定的方法将其固定在乙酸纤维素膜或尼龙膜上,该过程称为核酸印迹。在筛选鉴定重组子的实验中,杂交的双方是待测的核酸序列(即重组质粒 DNA)和用于检测的已知核酸片段(即目的基因 DNA 片段),可将目的基因 DNA 分子进行标记,然后与印迹好的质粒 DNA 进行杂交,从而筛选出带有目的基因的重组子。

对于固相液相杂交,根据待测核酸的来源以及将其分子结合到固相支持物上的方法不同,核酸分子杂交方法分为 Southern 印迹杂交、Northern 印迹杂交、斑点印迹杂交和菌落印迹原位杂交,不同杂交方法的技术路线如图 7-9 所示。

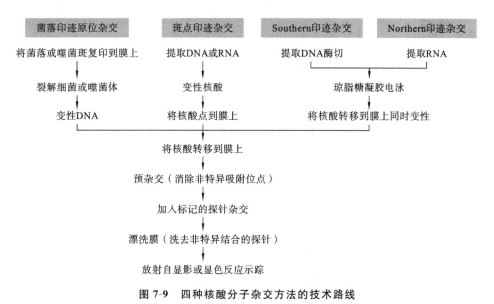

图 7-9 四种核酸分子杂交方法的技术路线

(四) 免疫化学检测法

当待测重组体既无可供选择的基因表型特征,又因不清楚所表达蛋白质的氨基酸序列而无法获得合适的杂交探针时,免疫化学检测法是筛选此类重组体的重要途径。免疫化学检测法是一种间接的筛选方法,它利用特异性抗体与外源 DNA 编码的抗原相互作用进行筛选,特别适用于检测不为宿主细胞提供任何检测标记的基因。这种方法特异性强、灵敏度高,只要克隆的目的基因能在重组子细胞内表达并合成外源蛋白,就可以使用免疫化学检测法。

免疫化学检测法的基本过程与原位杂交法类似,不同之处在于使用抗体探针而非核酸探针来鉴定目的基因的表达产物。免疫化学检测法可分抗体检测法和免疫沉淀检测法,二者都需要使用特异性抗体。

八、阳性重组子的验证、分析

(一) 阳性重组子的验证

筛选出来的阳性重组子,往往需要验证之后才进行基因测序。目前,实验常用的验证方法如下。

1. 酶切鉴定法

酶切鉴定法需要结合凝胶电泳技术分析检测结果。具体流程：首先对宿主细胞进行小规模培养，然后采用碱裂解法小量提取重组质粒 DNA，再用原来的限制性核酸内切酶进行酶切消化，最后通过琼脂糖凝胶电泳进行分析。凝胶电泳后应有两个条带：一个是迁移距离相对较小而分子量较大的条带，另一个是迁移距离较大而分子量较小的条带。将这一结果与已知分子量的载体 DNA 和目的基因 DNA 分子进行对照。

2. PCR 鉴定法

以载体上的通用引物或以目的基因的两段序列设计引物进行 PCR 扩增，利用琼脂糖凝胶电泳技术，分析电泳图谱中是否出现与原有目的基因大小一致的条带，如果有则表明该重组质粒是阳性的。

3. 表达产物鉴定法

该方法的核心技术是 Western 印迹分析法，用于从蛋白质水平上鉴定产物是否是目的基因的产物。主要操作流程：从宿主细胞中提取蛋白质并通过聚丙烯酰胺凝胶电泳将不同大小的蛋白质分开，然后将蛋白质转移到固相支持物上，再与特定标记的抗体结合，经适当处理后观察是否出现条带，若出现则证明有该重组子，再进一步分离纯化以供研究。

(二) DNA 序列分析

验证出阳性重组子后，需要对该重组子进行进一步的分析以满足后续实验的需要。序列分析是指通过一定的技术和手段确定 DNA 分子上的核苷酸排列顺序，即测定 DNA 分子的 A、T、G、C 四种碱基的排列顺序。因而可以对重组 DNA 进行序列分析，通过测序的结果鉴定重组子中是否存在目的基因。20 世纪 70 年代开始，科学家陆续发明了多种 DNA 测序方法，参见前面所介绍的 DNA 测序技术。

第四节　目的基因的表达

经过上述过程可以获得特异序列的重组 DNA 分子，即基因克隆。然而，只有通过在宿主细胞中表达，才能进一步研究克隆基因的功能和调控机制，进而获得克隆基因所编码的蛋白质，即具有特定生物活性的目的产物。克隆基因可以借助不同的宿主细胞进行表达，这种表达外源基因的宿主细胞即为表达系统。目前，已构建多种表达系统，包括原核生物基因表达系统(主要是大肠杆菌)和真核生物基因表达系统(酵母菌、昆虫细胞、哺乳动物细胞、植物细胞)，不同表达系统各有其特点。为了使克隆基因在宿主细胞中表达，需要借助表达载体，而对于不同的表达系统,需要构建不同的表达载体。这部分内容在载体部分已有详细叙述,本节不再赘述。

一、目的基因表达机制

目的基因在宿主细胞中的表达包括转录和翻译两个主要环节,是在一系列蛋白酶和调控序列的共同作用下完成的。

(一)有效的转录起始与 mRNA 的延伸

有效的转录起始是外源基因在宿主细胞中高效表达的关键步骤之一,转录起始是基因表达的主要限速步骤。因此,在构建高效表达载体时,首先要考虑选用强的可调控启动子和相关调控序列。一般来说,理想的可调控启动子在发酵的初期不表达或表达水平很低,以免出现表达载体不稳定、细胞生长缓慢或因产物表达而导致细胞死亡等问题。当细胞增殖到一定量后,在特定诱导因子(如光、温度和化学药剂等)的诱导下,RNA 聚合酶快速起始转录并合成 mRNA。

原核生物基因表达系统的启动子可分为两大类,即诱导型启动子和组成型启动子,前者包括 lac、trp、λP_R、λP_L、tac 等,后者如 T7 噬菌体启动子。真核生物基因表达的调控比原核生物复杂得多,启动子的概念也比原核生物扩展很多。启动子和增强子作为两个重要的转录调控序列,是外源基因在真核细胞中高效表达必不可少的。真核生物基因表达系统的启动子也可分为诱导型和组成型两大类。例如,腺病毒、猴空泡病毒(SV40)、人巨细胞病毒(CMV)和 Rous 肉瘤病毒(RSV)的启动子和增强子是常用的组成型转录调控序列,而干扰素 β-启动子则是诱导型启动子。总之,无论是原核细胞还是真核细胞,要实现外源基因的高水平表达,必须选择好的转录调控序列,以构建高效表达载体。

目的基因转录起始后,保持 mRNA 的有效延伸、终止以及稳定积累对于外源基因的有效表达至关重要。转录物内的衰减和非特异性终止都会导致转录中的 mRNA 提前终止。衰减子一般位于原核细胞中启动子和第一个结构基因之间,具有简单终止子的特性。衰减子是负调控元件,为保证 mRNA 转录完全,构建表达载体时应尽量避免该序列的存在。为防止 mRNA 在转录过程中出现非特异性终止,可在构建表达载体时加入抗终止的序列元件(反终止子)。此外,正常的转录终止序列也是外源目的基因有效表达的必要条件,它可以避免不必要的转录产物,将 mRNA 的长度控制在一定范围内,增加表达质粒的稳定性。

对于真核细胞而言,表达载体上含有转录终止序列和 Poly(A)加入位点是外源基因高效表达的重要条件。转录终止序列降低了 DNA 逆转录产生反义 mRNA 的概率,进而降低因反义 mRNA 与转录模板结合而抑制目的基因表达概率。Poly(A)加入的序列 AAUAAA 对于正确加工 mRNA 的 3′端和 Poly(A)的加入至关重要。研究表明,AAUAAA 位点的缺失使目的基因的表达减少1/10。

另外,需要指出的是,无论是转录终止、衰减序列还是抗终止序列,都是通过宿主细胞内的反式作用因子来发挥作用的。因此,基因的高效表达是由载体、基因和宿主细胞共同完成的。

(二) 目的基因 mRNA 翻译

翻译是由 mRNA 指导多肽链合成的过程,而翻译起始是多种因子协同作用的过程,包括 mRNA、16S rRNA、fMet-tRNA 之间的碱基配对等。同时,核糖体 S1 蛋白和蛋白质合成起始因子之间的相互作用促进了蛋白质合成的起始。在原核细胞中,影响翻译起始的因素包括起始密码子、核糖体结合位点(SD 序列)、起始密码子与 SD 序列之间的距离和碱基组成、mRNA 的二级结构,以及 mRNA 上游的 5′端非翻译序列和蛋白质编码区的 5′端序列等。对于真核细胞而言,mRNA 的 5′端非翻译区不存在 SD 序列,但绝大多数 mRNA 的起始序列都含有共同的 5′-CCA(G)CCATGG-3′序列。研究表明,对该序列进行突变,翻译起始效率降为原来的 1/10。在表达载体和基因的设计中,应避免这些情况的发生。

不同基因组的密码子使用也是有选择性的,有些密码子在一种基因组中使用的频率较高,而在另一种基因组中使用频率较低。在基因组中,使用频率较高的密码子称为主密码子,使用频率较低的密码子称为罕用密码子。如果目的基因 mRNA 的主密码子与宿主细胞基因组的主密码子相近,则该基因表达的效率高;相反,如果目的基因含有较多的罕用密码子,则其表达水平低。

mRNA 的终止密码子对翻译效率也有很大影响。原核生物(如大肠杆菌)中合成多肽链的释放受释放因子 RF1 和 RF2 调控。在原核生物中,UAA 可同时识别这两个释放因子,因此通常作为翻译的终止密码子。RF1 识别终止密码子 UAA 和 UAG,而 RF2 识别终止密码子 UAA 和 UGA。在真核生物细胞中也存在释放因子 eRF。三个终止密码子的翻译终止效率存在差异,UAA 在基因表达中的终止效率最高。在实际应用中,通常将几个终止密码子串联在一起,以保证翻译的有效终止。研究表明,在大肠杆菌中,以四个核苷酸组成的顺式序列 UAAU 作为终止密码子可有效终止多肽链的合成。

二、目的基因表达的影响因素

表达系统是由目的基因、表达载体与宿主细胞组成的完整体系。基因工程的最终目标是在一个合适的表达系统中高效表达克隆的目的基因。目的基因是否在宿主细胞中表达以及表达水平受到多种因素的影响。

影响外源基因表达效率的因素主要有目的基因的量、密码子的选用、目的基因是否插入正确的阅读框、mRNA 的稳定性、载体的选择、宿主菌的培养条件控制、启动子的强度、翻译起始效率、密码子的选用等。其中,翻译起始效率具有非常重要的作用,而翻译起始效率又受序列、序列与起始密码子的间距、序列及翻译起始区的二级结构等因素的影响。这些因素在不同表达系统中的影响不同,这不仅与基因的来源、性质有关,还与载体和宿主细胞有关。

（一）阅读框

阅读框是基因的编码区,包含从起始密码子到终止密码子之间的每三个核苷酸为一组连接起来的编码序列。目的基因的编码区只有与载体 DNA 的起始密码子相匹配时,才能正确翻译出蛋白质。在影响目的基因表达的众多因素中,最重要的是外源目的基因必须置于正确的阅读框中。如果插入的目的基因和表达载体的序列及其各酶切位点都很清楚,则可以选择适当的酶切位点,将外源目的基因与载体连接后,使其阅读框恰好与载体的起始密码子相匹配。

为使外源基因表达,需要在基因编码序列的 5′端有能够被宿主细胞识别的启动基因序列以及与核糖体的结合序列。常用策略有两种:一是在形成重组 DNA 分子时,将外源基因连接到载体的启动基因序列和核糖体结合序列后面的适当位置上;二是将外源基因插入载体结构基因的适当位置上,通过转录和翻译将产生融合蛋白,但这种融合蛋白必须经过纯化,然后将两部分准确分离,才能得到所需的蛋白质。

（二）表达质粒(或载体)的拷贝数及稳定性

通常来说,基因的表达效率与目的基因的量成正比,因此基因扩增为提高外源基因的表达水平提供了便利。对于原核生物和酵母菌基因表达系统,可选择高拷贝数的质粒,进而构建外源基因的表达载体。如在 $E.\ coli$ 中通常以 pUC 质粒(拷贝数 500~700)及其衍生的质粒为基础,构建表达载体。对于其他表达系统,如哺乳类细胞表达系统,可以通过反式作用因子与复制起始位点相互作用,或通过对标记基因施加选择压力,使目的基因得以扩增,从而提高基因的表达水平。需要指出的是,目的基因的拷贝数越高,细胞内的产物表达就越快,其累积也越快,那么产物发生聚集的可能性就越大,也就越容易形成包涵体。然而,一般情况下人们需要的往往是可溶性的且有活性的蛋白质。因此,人们更偏爱速度较慢的但比较稳定的表达。此时目的基因的大量拷贝就显得没有必要。如果启动子的强度、mRNA 的稳定性和翻译起始效率等都适宜,那么少量的基因拷贝也已足够。因此,目的基因的表达量主要取决于表达时间的长短。

表达载体的稳定性是维持基因表达的必要条件,而表达载体的稳定性不仅与表达载体的自身特性有关,还与受体的特性密切相关。因此,在实际应用中,要充分考虑两方面的因素来确定表达系统。而这没有固定的模式,而是要通过实验来确定,通过利用选择性压力、减小表达载体、建立可整合到染色体上的载体等方式,增加表达质粒的稳定性,从而提高外源基因的表达效率。

(三) 启动子的强度

在原核细胞的转录过程中，决定目的基因有效表达的关键因素是目的基因必须受载体 DNA 的启动子控制，且启动子能被宿主细胞中的 RNA 聚合酶有效识别。不同的启动子有不同的效率，强启动子能够指导产生更多的 mRNA，而弱启动子指导下转录合成的 mRNA 则较少。

启动子的强弱主要取决于启动子的结构组成。在原核细胞中，启动子 DNA 序列中两个高度保守区(−10区、−35区)是必不可少的(图 7-10)，否则就没有启动作用。启动子 DNA 序列中保守性较差的部分以及两个保守区之间的核苷酸数量也会影响启动子的效果。在原核生物基因表达系统中，常采用的可调控强启动子有 lac(乳糖启动子)、trp(色氨酸启动子)、P_L 和 P_R(λ 噬菌体的左向和右向启动子)以及 tac(乳糖和色氨酸的杂合启动子)等。对于真核生物毕赤酵母，最常用的启动子是 AOX1 启动子，它受甲醇诱导，受其控制的外源基因表达水平较高。由于发酵时添加甲醇存在火灾隐患，人们又成功研制了不以甲醇为唯一诱导物的 PGAP、PFLD1、PDAS 和 AOX2 等启动子。AOX1、PGAP、PFLD1 均为强启动子，有时会导致外源基因过量表达，超过宿主翻译后所能承受的最大处理加工能力，导致目的蛋白的折叠失准、加工错误或定位错误。为使目的基因在酵母中有效表达，研究人员又从毕赤酵母中分离出一些启动基因柔和的表达启动子，如 PEX8 和 PYT1。菌体内启动子的效率是可以调节的，不同启动子有不同的调节机制。

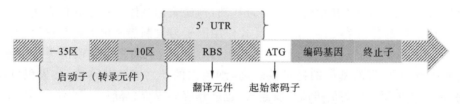

图 7-10 原核生物启动子等表达元件示意图

(四) mRNA 的稳定性

mRNA 的稳定性也是影响表达效率的重要因素。研究人员分析了许多 mRNA 5′端的二级结构以及延长其半衰期的因素。研究表明，转录水平高时，它们对 β-半乳糖苷酶的表达基本无影响，但是转录水平低时，mRNA 稳定性越高，则表达量越高。

mRNA 的降解方式有外切和内切，可在 5′端和 3′端进行。某些 mRNA 的 SD 序列上游 20 多个核苷酸，有一段富含 U 的区域，易受限制性核酸内切酶的作用，但是该序列对翻译起始是必不可少的。蛋白质合成时，核糖体及起始因子的结合对这一区域起到保护作用,避免其被限制性核酸内切酶降解,且核糖体结合与内切酶作用有相关性。有充足的核糖体时,内切酶的作用概率会降低。

mRNA 的 3′端结构也影响 mRNA 的稳定性。在大肠杆菌中,约有 1000 个拷贝的 REP(repetitive extragenic palindromic)序列存在于染色体上,它在 mRNA 的 3′端出现时,能够显著提高 mRNA 的稳定性,从而避免 3′→5′端核酸外切酶的作用。mRNA 具有适宜的结构并含有大肠杆菌偏爱的密码子时,会减少核糖体在 mRNA 上的滞留,在提高翻译效率的同时,也加强了对 mRNA 的保护。

(五) 翻译过程

要使目的基因在宿主细胞中高效表达,除了要有强启动子指导产生大量 mRNA 外,翻译过程也需要合适的条件。例如,在 mRNA 链上必须有一个可利用的核糖体结合位点,以确保 mRNA 能够被有效翻译。在大肠杆菌中,核糖体结合位点包括 SD 序列和一个起始密码子(AUG 或 GUG,编码蛋白质序列的第一个氨基酸——fMet,此氨基酸在翻译过程通常被切除)。

对于原核生物,影响翻译效率的因素主要有以下几个方面:① SD 序列与 rRNA 的 16S 亚基 3′端序列之间的互补程度,这是影响翻译效率的主要因素;② 起始密码子 AUG 与 SD 序列之间的距离,以及 SD 序列的核苷酸组成对翻译能力的影响;③ 起始密码子后的一个核苷酸影响 mRNA 与核糖体结合;④ 基因末端转录终止区对翻译的影响。目的基因末端需要有启动子,还需要设置终止区,否则,转录和表达过程可能出现一些不利的情况:转录和翻译产物不必要地加长,合成大量无用蛋白质,增加细胞能量的消耗。转录后的产物可能形成二级结构,导致翻译效率下降。此外,可能发生启动子堵塞现象,即从克隆基因的启动子开始转录,可能影响其他重要基因的转录与翻译。

(六) 密码子的偏爱性

在所有生物细胞的 mRNA 分子中,编码氨基酸的密码子共有 61 个。带有相反密码子的 tRNA 将氨基酸引导至 mRNA 上,进行蛋白质的翻译合成。然而,不同种类的生物尤其是在原核生物中,tRNA 的含量差别很大。不同 tRNA 含量上的差异导致了对密码子的偏爱性。对应的 tRNA 丰富或稀少的密码子分别称为偏爱密码子或稀有密码子。一般来说,高表达的基因通常使用偏爱密码子,尤其是对于基因编码序列的 5′端,使用偏爱密码子有利于提高表达效率。含有较高比例的稀有密码子的外源基因,其表达效率往往不高。

密码子偏爱性对外源基因表达效率的影响,主要是通过翻译过程中 tRNA 的浓度对蛋白质合成速率的限制来进行。在肽链延长过程中,tRNA 携带相应的氨基酸与核糖体上的 A 位相作用。如果上到 A 位的 tRNA 与该处的密码子相对应,就可以进行肽键的合成以及肽链的延伸。如果不是特异性 tRNA,则会掉下,再由其他 tRNA 尝试。因此,对于偏爱密码子,正确的氨基酸会很快被连接上;而对于稀有密码子,要经过多次相互辨认才能找到正确的 tRNA,外源蛋白的合成将会因此而停顿。如果含有较多的稀有密码子,甚至相同的稀有密码子连续出现时,会产生明显停顿,抑制蛋白质合成,甚至会发生密码子错配。这些情况的存在,会严重干扰菌体的正常代谢,影响细菌的生长和分裂。因此,要对密码子的偏爱性采取措施,如提高某种氨基酸的 tRNA 浓度,进行适当的碱基突变等,但提高 tRNA 浓度可能影响蛋白质二级结构的形成。此外,有研究表明,基因密码子的偏爱性与蛋白质三级结构密切相关。

(七)终止密码子的选择

在 $E.\ coli$ 中合成的多肽链的释放是由两个释放因子(RF)的调控,RF-1 识别 UAA 和 UAG,RF-2 识别 UAA 和 UGA,真核细胞中也有两个释放因子(eRF)。三个终止密码子终止翻译的效率是不同的,其中 UAA 在基因高水平表达中的终止效果最好,尤其是在原核细胞中,UAA 可被两个释放因子识别。因此,基因合成中一般采用 UAA 作为终止密码子。实际操作中,为保证翻译的有效终止,可采用一串终止密码子,而不是只用一个终止密码子。研究表明,终止密码子是四核苷酸组成的顺式序列,而不是由三个核苷酸组成的序列,如对 $E.\ coli$ 常用 UAAU 作为有效终止密码子。

(八)目的基因沉默

目的基因沉默主要表现在转基因动物和植物中,是导致目的基因不能正常表达的重要因素。其作用机制主要有三种:① 转录水平的基因沉默,即 DNA 水平上的基因调控,主要是由于目的基因启动子的甲基化或异染色质化。② 转录后水平的基因沉默,即 RNA 水平上的基因调控,比转录水平的基因沉默更普遍。共抑制是转录后水平基因沉默的一种,是指被整合的目的基因沉默的同时,与其同源的内源 DNA 的表达也受到抑制。③ 位置效应,指基因表达受基因在基因组中位置的影响。在动物和植物转基因中,目的基因进入细胞核中并整合到染色体 DNA 上,其整合的位点与基因的表达密切相关。

目的基因沉默是 DNA 与 DNA、DNA 与 RNA、RNA 与 RNA 在核酸水平上相互作用的结果。由于同源序列或重复序列常常是基因沉默的原因之一,因而在构建表达载体时应尽量避免与内源序列高度同源。此外,可以通过选择甲基化酶活性较弱的宿主细胞或采用化学物质(如 5-氮胞嘧啶)处理宿主细胞来抑制甲基化。

(九)外源蛋白的稳定性

外源蛋白表达后能否在宿主细胞中稳定积累,并且不被内源蛋白水解酶降解,是基因高效表达的重要影响因素。很多克隆的蛋白质分子被宿主细胞中的蛋白水解体系视为"非正常"蛋白而加以水解,导致外源基因表达水平大大降低。而宿主细胞中的自身蛋白具有确定的构象特征,因此不被蛋白水解酶降解。如果外源蛋白的构象与内源产物相似,被降解的可能性较低。为提高表达蛋白的稳定性,避免目的基因表达蛋白降解,可采取以下策略:① 表达融合蛋白;② 表达分泌蛋白;③ 构建包涵体表达系统;④ 选择合适的表达受体系统。

外源基因的高效表达固然重要,但更重要的是表达产物具有充分的生物活性和特定的天然构象。二者是质和量的统一,不能顾此失彼。另外,从工业生产角度来看,要获得大量的基因工程产品,工程菌或工程细胞的高密度发酵以及有效的制备和纯化工艺也非常重要。

三、目的基因表达系统

目的基因表达系统泛指目的基因与表达载体重组后,导入合适的宿主细胞,并能在其中有效表达,产生目的基因产物(目的蛋白),包括宿主、外源基因、载体和辅助成分。

目的基因表达系统有原核生物基因表达系统和真核生物基因表达系统。目前,应用最为广泛的原核生物基因表达系统有大肠杆菌表达系统、芽孢杆菌表达系统、链霉菌表达系统和蓝藻表达系统等,真核生物基因表达系统有酵母菌表达系统、植物细胞表达系统、昆虫细胞表达系统和哺乳动物细胞表达系统等。此外,受限于细胞生长、维护、污染等因素,针对细胞表达系统面临的一些瓶颈和挑战,特别是在高通量生产和定制蛋白质方面,研究人员开发了无细胞蛋白质表达系统,这是一种区别于传统蛋白质表达系统的新型蛋白质制备系统,添加外源目的 mRNA 或者 DNA 模板,利用含有蛋白质合成必需组分(核糖体、转运 RNA、氨酰合成酶、启动/延伸/终止因子、三磷酸鸟苷、ATP、Mg^{2+}、K^+等)的细胞裂解物在体外环境中进行蛋白质合成。

第八章 生物催化技术在环境污染治理中的应用

近百年来人类社会和经济迅猛发展,各种工业活动对环境的污染也日益严重。煤炭、石油、天然气等能源的大量消耗,工业、生活和农业污染物的超量排放,加强环境污染的治理是当前经济社会发展过程中面临的重要课题。生物催化技术借助各种微生物及酶治理环境污染,具有能耗低、效率高、成本低、无二次污染等优点,是一种绿色生物技术,在环境污染治理中的应用越来越广泛。本章主要介绍污染物净化中的生物催化技术的原理及其在废水、废气以及固体废弃物生物处理中的应用。

第一节 污染物净化中的生物催化技术的原理

生物催化技术是利用酶或有机体(细胞、细胞器)为生物催化剂,促进生化反应的进行,具有高效、特异性好和环境友好等特点,可以在较温和的条件下催化多种化学反应。天然酶作为一种特殊的蛋白质,可以催化底物的转化,降低活化能,增大反应速率。微生物细胞或细胞内的酶也可以发挥类似的作用。通过调整反应条件和选择合适的生物催化剂,可以实现对特定反应的高效催化。

在环境污染治理领域,生物催化常用的有机体是微生物。这是因为微生物具有在环境中分布广、数量多的特点,能与进入环境中的污染物进行充分接触。此外,微生物的营养类型和代谢类型多样,能利用多种污染物作为其物质及能量来源,使之转化为对环境无害或性质较为稳定的物质,从而达到净化目的。微生物催化的本质是利用微生物胞外与胞内的各种酶系的催化作用,将反应物底物(各类污染物)转化为产物以及微生物生长所需的能量和营养物质,又称微生物生物转化(图 8-1)。污染物生物转化技术的基本原理包括:① 氧化分解,微生物利用酶的作用将有机物转化为无机物,如二氧化碳和水;② 生物吸附,微生物表面存在许多官能团,如羧基、氨基等,能够与污染物发生吸附作用,吸附作用可以浓缩和去除污染物,提高处理效率;③ 生物转化,部分污染物在微生物的作用下可以转化为能够被微生物利用的底物,进而继续参加生化反应,有利于扩大处理范围,强化处理效果。

目前,生物催化技术在环保工业中有着十分广泛的应用,如废水处理、废气处理、固体废弃物处理等。通过对污染物的生物降解,将各类污染物转化为无害物

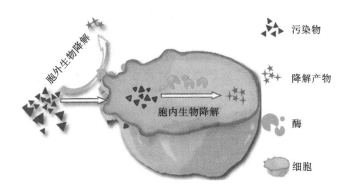

图 8-1　污染物微生物催化转化原理示意图
(改自 Wang,2023)

质,使污染物得到治理或净化,从而使环境得到保护,符合可持续发展的战略目标。

第二节　污染物生物净化的微生物学基础

污染物生物处理是利用微生物的新陈代谢作用降解和转化环境中的污染物,使之无害化的处理方法。生物处理系统内生长的微生物种类繁多,包括原核生物中的细菌、放线菌和蓝藻,真核生物中的酵母菌、霉菌、藻类、原生动物和一些微型后生动物,以及无细胞结构的病毒等。微生物具有来源广泛、繁殖快、易培养、易变异、对环境适应能力强等特性,因而容易对菌种进行培养增殖,用于大规模的污染物处理,并可在特定的条件下进行驯化,进而处理一些结构复杂、难处理的污染物。

一、微生物的新陈代谢

新陈代谢是活细胞内发生的各种化学反应的总称,是生物的基本特征之一。微生物的新陈代谢是指微生物吸收营养物质维持生命和增殖并降解基质的一系列化学反应过程。微生物从外界环境中不断摄取营养物质,经过一系列的生化反应,转变为细胞组分,同时产生废物并排泄到胞外,这是微生物与环境之间的物质交换过程。微生物可以利用环境中的大部分有机物和部分无机物作为营养源,这些可被微生物利用的物质通常称为底物或基质。

微生物的新陈代谢包括微生物的分解代谢(异化作用)和微生物的合成代谢(同化作用)两大类型。微生物的分解代谢是微生物利用底物的过程中,一部分底物在酶的催化作用下降解并释放出能量的过程,也称生物氧化。微生物的合成代谢是微生物利用另一部分底物或分解代谢过程中产生的部分中间产物,在合成酶的作用下合成微生物细胞组分的过程。合成代谢所需要的能量由分解代谢提供。在微生物的生命活动过程中,合成代谢与分解代谢相互依赖、共同进行,分解代谢为合成代谢提供物质基础和能量来源,通过合成代谢生物体数量得以不断增加,二者相辅相成,是一切生命活动的基础。

(一)微生物的分解代谢

分解代谢中,高能化合物分解为低能化合物,底物由复杂到简单,并逐级释放能量。根据分解代谢过程对氧的需求,分解代谢又分为好氧分解代谢和厌氧分解代谢。

以有机物的分解代谢为例,好氧分解代谢是在有氧条件下,好氧微生物和兼性微生物将有机物彻底分解为 CO_2 和 H_2O,并释放能量的过程。有机物氧化主要以脱氢(包括失电子)并以氧为受氢体的方式进行的。例如,葡萄糖($C_6H_{12}O_6$)在有氧条件下的完全氧化:

$$C_6H_{12}O_6 + 6O_2 \longrightarrow 6CO_2 + 6H_2O + 2880 \text{ kJ}$$

厌氧分解代谢是指在无氧条件下,厌氧微生物和兼性微生物将复杂的有机物分解成简单的有机物和无机物,如有机酸类、醇类、CO_2 等,再由专性厌氧的产甲烷菌进一步转化为 CH_4 和 CO_2 等,并释放出能量的过程。厌氧代谢的受氢体可以是有机物,也可以是含氧化合物,如 NO_3^-、SO_4^{2-}、和 CO_2 等。例如,葡萄糖的厌氧代谢,以有机物为受氢体时,1 mol 葡萄糖释放的能量为 226 kJ;以含氧化合物为受氢体时,1 mol 葡萄糖释放的能量为 1796 kJ。

$$C_6H_{12}O_6 \longrightarrow 2CH_3CH_2OH + 2CO_2 + 226 \text{ kJ}$$

$$C_6H_{12}O_6 + 12KNO_3 \longrightarrow 6CO_2 + 6H_2O + 12KNO_2 + 1796 \text{ kJ}$$

好氧分解代谢过程中,有机物的分解比较彻底,最终产物是能量低的 CO_2 和 H_2O,因此释放的能量多,代谢速度快,代谢产物稳定。厌氧分解代谢中,有机物氧化不彻底,代谢产物还含有较多的能量,因而释放的能量少,代谢速度慢。因此,在废水处理中多采用好氧分解代谢,而厌氧分解代谢主要用于处理高浓度有机废水和有机污泥,以生产沼气、回收甲烷。

(二)微生物的合成代谢

合成代谢中,微生物从外界获得能量并利用低能化合物合成微生物体,合成代谢是微生物机体制造自身物质的过程。在该过程中,微生物机体合成所需要的能量和物质可由分解代谢提供。

二、微生物生长的营养

微生物为合成自身的细胞物质,需要从环境中摄取自身生长繁殖所必需的各种物质,即营养物质。此外,营养物质还作为底物,为细胞增殖的生物合成反应提供能量。微生物所需的营养物质包括组成细胞的各种元素和产生能量的物质。微生物有机体质量的70%~90%为水分,其余10%~30%为干物质。有机物占干物质总量的90%~97%,包括但不限于糖类、核酸和脂质。无机物占干物质总量的3%~10%,包括氮、磷、硫、钾、钠、钙、镁、铁、氯等元素,以及微量元素铜、锰、锌、铍、钴、镍等。碳、氢、氧、氮是所有生物体的基本组成元素。

微生物的营养物质有水、碳源、氮源、无机盐和生长因子。碳和氮是构成菌体组分的重要元素,无机元素中磷是最重要的。微生物对这些元素的需要有一定的比例。含碳量以 BOD_5 表示,含氮量以 NH_3-N 计,含磷量以 PO_4^{3-}-P 计,对于好氧生物处理,BOD_5 与含氮量、含磷量之比为100:5:1;厌氧生物处理对污水中的氮、磷的含量要求较低,BOD_5 与含氮量、含磷量之比达到(350~500):5:1 即可。

生活污水中大多含有微生物能利用的碳源,氮和磷的含量也比较高,能够满足生物法处理时微生物的营养需求。对于含碳量低的工业废水,可投加生活污水或泔水、淀粉浆料等以补充碳源之不足;对于含氮量或含磷量低的工业废水,可投加尿素、硫酸铵等补充氮源,投加磷酸钾、磷酸钠等作为磷源。

根据微生物对碳源的同化能力不同,微生物分为无机营养型(自养型)和有机营养型(异养型);根据能源形式的不同,微生物可分为光能营养型和化能营养型,如表8-1所示。

表8-1 微生物的营养类型

类 型	能 源	供氢体(电子供体)	主要碳源	代表微生物
光能无机营养型	光	H_2O	CO_2	藻类、蓝细菌
光能无机营养型	光	H_2S、S、H_2	CO_2	紫色、绿色硫细菌
化能无机营养型	氧化无机物	H_2、S、H_2S、NH_3	CO_2	氢细菌、硫细菌、硝化细菌等
化能有机营养型	光	有机物	有机物	紫色非硫细菌、少数藻类
化能有机营养型	氧化有机物	有机物	有机物	多数细菌、放线菌、全部真菌

第三节 废水生物处理

废水生物处理是一种基于环境自净作用的人工强化处理技术,利用微生物的新陈代谢作用降解和转化污水中的污染物。通过创造有利于微生物生长繁殖的环境条件,增强微生物的新陈代谢作用,促进微生物的增殖,加速污染物的分解与转化,从而达到污水净化的目的。

根据微生物对溶解氧的需求不同,废水处理分为好氧生物处理与厌氧生物处理。好氧生物处理需要消耗相对较多的能耗以获得较好的出水水质,主要用于处理中低浓度的废水或用于厌氧的后续处理,是有机废水处理中常用的方法。厌氧生物处理由于其节能和能源化等方面的优势,也已成为废水处理的主要方法之一,不仅可以用来处理中高浓度的有机废水,还可以处理废水处理过程中产生的剩余有机污泥。

根据微生物生长方式的不同,废水生物处理方法分为悬浮生长法和附着生长法。悬浮生长法是通过适当的方法使微生物在废水处理构筑物内保持悬浮状态,并与污水中的污染物充分接触,实现对污染物的降解,即活性污泥法。附着生长法是指微生物附着生长在某些载体上,并形成生物膜。污水流经生物膜时,微生物与污水中的污染物接触,完成对污水水质的净化,即生物膜法。目前各种废水生物处理技术都是围绕这两类方法而展开的。

传统的生物处理方法主要针对污水中的有机物(COD、BOD)和悬浮物(SS),对氮、磷污染的去除能力有限。由于水体富营养化等问题日益严重,生物脱氮除磷工艺逐步受到重视。随着研究与应用的不断深入,废水生物处理方法、设备和工艺流程不断发展创新,在适用的污染物种类、负荷、规模以及处理效果、运行成本与稳定性等方面都有了很大进步。

一、废水生物处理的基本原理

废水生物处理是在酶的催化作用下,利用微生物的新陈代谢,对污水中的污染物进行降解和转化。

(一)有机污染物的去除

1. 好氧生物处理

好氧生物处理是指在污水中存在氧气分子的条件下,好氧微生物与兼性微生物降解有机物,使其稳定化和无害化。微生物以有机污染物为底物进行有氧呼吸,经过一系列的生化反应,高能位的有机物逐级释放能量,最终以低能位的无机物形式稳定下来,达到无害化的要求,以便返回自然环境或进一步处理处置。废水处理工程中,好氧生物处理法有两类:活性污泥法和生物膜法。

如图8-2所示,有机物被微生物摄取后,通过代谢活动,约有1/3被分解和稳定,并为其生理活动提供能量。约有2/3被转化和合成新的细胞物质,即进行微生物自身的生长繁殖。同时,通过内源呼吸,约4/5的微生物细胞物质也被氧化并分解成无机物,同时产生能量,不能被分解的残留物则以剩余污泥的形式被排出废水处理系统。

有机污染物的好氧生物转化反应速率较大,所需反应时间较短,且处理过程中散发的臭气较少。最常见的有废水好氧生物处理、有机废气的好氧生物净化以

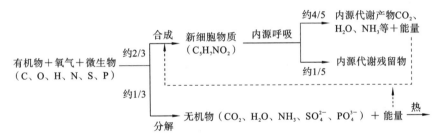

图 8-2　有机物好氧生物处理原理示意图

及有机固体废弃物的好氧堆肥。

2. 厌氧生物处理

厌氧生物处理是指在没有分子氧存在的条件下,厌氧微生物(包括兼性厌氧微生物)对有机物进行降解和稳定的生物处理方法。在厌氧生物处理过程中,复杂的有机物被降解和转化为简单的化合物,同时释放能量(图 8-3)。在该过程中,有机物的转化包括三部分:一部分转化为甲烷;一部分被分解为二氧化碳、水、氨、硫化氢等,并为细胞合成提供能量;少部分有机物被转化合成新的细胞物质。由于只有少量有机物被用于合成细胞物质,因此,厌氧生物处理的污泥增长率比好氧生物处理小得多。

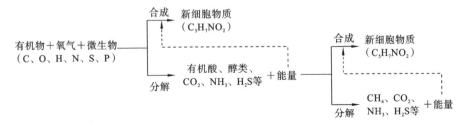

图 8-3　有机物厌氧生物处理原理示意图

厌氧生物处理过程不需要额外的电子受体,故运行费用相对较低,而且具有剩余污泥产量低、可回收能源(甲烷)等优点。不足之处在于反应速率小,反应时间长,所需处理构筑物容积大。这些年,随着各种新型反应器的开发,通过截留高浓度厌氧污泥或采用高温厌氧技术可减小处理构筑物容积。中高浓度有机废水和有机固体废弃物适合采用厌氧生物处理法进行处理。

(二) 无机污染物的去除

1. 生物脱氮

水环境中的氮污染主要包括有机氮、氨氮、少量亚硝酸盐氮和硝酸盐氮。生物脱氮(biological nitrogen removal,BNR)是指含氮化合物经过氨化、硝化与反硝化作用转化为氮气而被去除的过程(图 8-4)。其中,氨化作用可在好氧或厌氧条件下进行,硝化作用需在好氧条件下进行,反硝化作用在缺氧条件下进行。

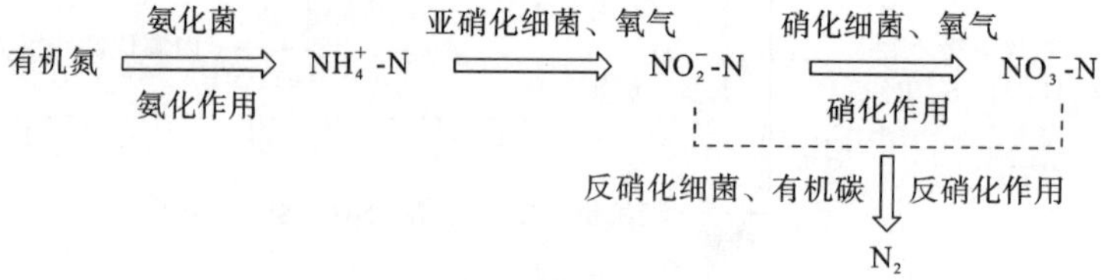

$$\text{有机氮} \xrightarrow[\text{氨化作用}]{\text{氨化菌}} NH_4^+\text{-}N \xrightarrow{\text{亚硝化细菌、氧气}} NO_2^-\text{-}N \xrightarrow{\text{硝化细菌、氧气}} NO_3^-\text{-}N$$

$$\xrightarrow[\text{反硝化细菌、有机碳}]{\text{硝化作用}} \xrightarrow{\text{反硝化作用}} N_2$$

图 8-4 生物脱氮过程示意图

1) 氨化作用

氨化作用是指微生物分解有机氮化合物生成氨氮的过程。许多细菌、真菌和放线菌都能分解蛋白质及其含氮衍生物。氨化作用有多种方式,如氧化脱氨、水解脱氨、还原脱氨、减饱和脱氨。以氨基酸为例,可以通过好氧氧化以及厌氧水解、厌氧还原等反应实现氨化作用。

$$RCHNH_2COOH + 1/2O_2 \xrightarrow[\text{异养好氧菌}]{\text{脱氨基酶}} RCOCOOH + NH_3$$

$$RCHNH_2COOH + O_2 \xrightarrow[\text{异养厌氧菌}]{\text{脱氨基酶}} RCHOHCOOH + NH_3$$

$$RCHNH_2COOH + 2H \xrightarrow[\text{异养厌氧菌}]{\text{脱氨基酶}} RCH_2COOH + NH_3$$

2) 硝化作用

硝化作用是指在有氧条件下,在亚硝化细菌(ammonia oxidizing bacteria, AOB)和硝化细菌(nitrite oxidizing bacteria, NOB)的作用下,铵态氮转化为亚硝酸盐(NO_2^-)和硝酸盐(NO_3^-)的过程。

$$55NH_4^+ + 76O_2 + 109HCO_3^- \xrightarrow{\text{亚硝化菌}} C_5H_7NO_2 + 54NO_2^- + 57H_2O + 104H_2CO_3$$

$$400NO_2^- + NH_4^+ + 4H_2CO_3 + 195O_2 + HCO_3^- \xrightarrow{\text{硝化菌}} C_5H_7NO_2 + 3H_2O + 400NO_3^-$$

$$NH_4^+ + 1.86O_2 + 1.98HCO_3^- \xrightarrow{\text{亚硝化菌、硝化菌}} (0.0181 + 0.0025)C_5H_7NO_2 + 1.04H_2O + 0.98NO_3^- + 1.88H_2CO_3$$

3) 反硝化作用

反硝化作用是在缺氧条件下,亚硝酸盐(NO_2^-)和硝酸盐(NO_3^-)在反硝化细菌的作用下被还原为氮气的过程。硝酸盐还原为氮气的反应路径如图 8-5 所示。

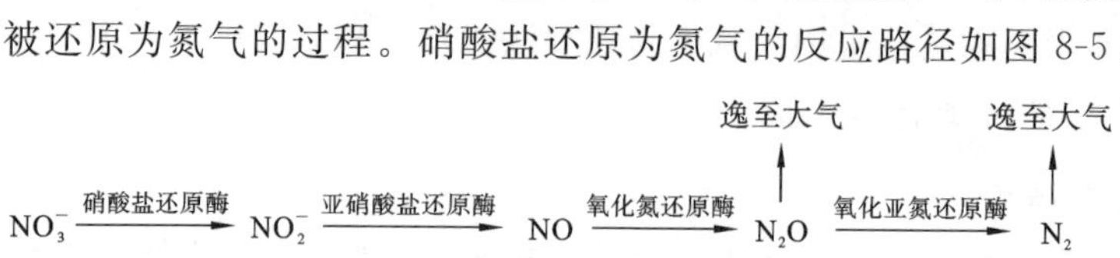

$$NO_3^- \xrightarrow{\text{硝酸盐还原酶}} NO_2^- \xrightarrow{\text{亚硝酸盐还原酶}} NO \xrightarrow{\text{氧化氮还原酶}} N_2O \xrightarrow{\text{氧化亚氮还原酶}} N_2$$

(逸至大气 ↑ 逸至大气 ↑)

图 8-5 硝酸盐还原为氮气的过程

大多数反硝化细菌是兼性厌氧菌,在污水和污泥中,很多细菌均能进行反硝化作用,如无色杆菌属(*Achromobacter*)、产碱杆菌属(*Alcaligenes*)、副球菌属(*Paracoccus*)、芽孢杆菌属(*Bacillus*)、假单胞菌属(*Pseudomonas*)等。反硝化过程中,这些反硝化细菌利用各种有机底物(如糖类、有机酸类、醇类、烷烃类、苯酸盐类和其他苯的衍生物)作为电子供体,NO_3^- 和 NO_2^- 作为电子受体,逐步还原为氮气。

4) 同化作用

在生物处理过程中,部分氮(氨氮和硝酸盐氮)被同化为微生物细胞有机体中含氮有机物(蛋白质、核酸)的过程称为同化作用。当氨氮浓度较低时,同化作用可能成为脱氮的主要途径。

2. 生物除磷

磷污染一般是指来自工业上的各种含磷废水,以及动植物残体分解释放的磷酸盐,通过生物除磷可以实现水体中磷的去除。生物除磷(biological phosphorus removal,BPR)是在厌氧-好氧或厌氧-缺氧交替运行条件下,聚磷微生物(phosphorus accumulating organisms,PAOs)具有厌氧释磷与好氧(或缺氧)超量吸磷的特性,使好氧或缺氧池混合液中磷浓度大大降低。厌氧条件下,聚磷菌将体内储存的聚合磷酸盐水解为正磷酸盐释放到水体中,完成磷的释放过程,该过程产生大量能量,用以吸收水体中的有机物(HAc等有机酸)合成碳源储存物PHA(polyhydroxyal kanoates,聚-β-羟基丁酸酯)储存在体内。在好氧条件下,聚磷菌以氧气为电子受体氧化体内 PHA,产生的能量用于超量吸收水体中的正磷酸盐,并以聚磷酸盐的形式储存在细胞体内。除磷过程中,聚磷菌的好氧吸磷量明显大于厌氧释磷量。随着剩余污泥的排放,聚磷菌超量吸收的磷随之排出系统,实现水体中磷的去除(图 8-6)。

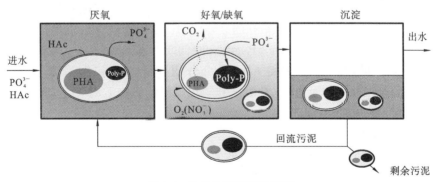

图 8-6 生物除磷原理示意图

20 世纪 80 年代,研究人员发现了缺氧池中磷浓度降低的现象,进一步研究发现,厌氧-缺氧交替条件有利于强化富集能够同步反硝化脱氮和除磷的微生物。这类以硝酸盐氮或亚硝酸盐氮为电子受体进行吸磷的微生物称为反硝化聚磷菌（denitrifying phosphorus accumulating organism, DPAO）。反硝化除磷与传统好氧除磷具有类似的除磷机制，主要区别在于吸磷过程中的电子受体不同。厌氧条件下，反硝化聚磷菌将体内储存的聚磷酸盐水解为正磷酸盐，完成释磷过程，并利用该过程中产生的大量能量吸收水体中有机物合成碳源储存物 PHA，储存在体内。缺氧条件下，反硝化聚磷菌以硝酸盐氮、亚硝酸盐氮为电子受体，氧化体内 PHA，产生的能量用于超量吸收水体中的正磷酸盐，并以聚磷酸盐的形式储存在细胞体内（图 8-6）。

3. 生物除硫

自然环境中的硫的存在形态有单质硫、无机硫化物以及含硫有机物，它们在环境微生物的作用下可以相互转化。在水环境中，含硫化合物主要有硫酸盐、亚硫酸盐等，主要来自污（废）水，或由硫细菌氧化单质硫或硫化氢而产生。厌氧条件下，硫酸盐、亚硫酸盐、硫代硫酸盐以及次亚硫酸盐等氧化态的无机硫化物在硫酸盐还原菌（sulfate-reducing bacteria, SRB）的作用下被还原成单质硫或硫化氢，这种作用称为硫酸盐还原作用或反硫化作用，该过程中需要有机物作为电子供体。河流、湖泊、湿地等环境处于缺氧状态时，会发生硫酸盐还原。利用这一原理，SRB 已广泛用于去除废水中的硫酸盐。

$$C_6H_{12}O_6 + 3H_2SO_4 \longrightarrow 6CO_2 + 6H_2O + 3H_2S + 能量$$

$$2CH_3CHOHCOOH + H_2SO_4 \longrightarrow 2CH_3COOH + 2CO_2 + H_2S + 2H_2O$$

4. 重金属污染的生物处理

重金属污染的生物处理是利用生物（主要是微生物、植物及其他生物）作用来削减、净化土壤或水中的重金属或降低重金属毒性。重金属离子在环境中长期积累，使得环境中的一些微生物对重金属污染形成较强的抵抗力。这些微生物作为一类存在于环境中的特殊群体，对重金属形成一定的抗性。该过程对微生物是一种解毒作用，而对环境则是一种很好的修复作用。正因如此，铅、汞、锡、砷等金属或类金属离子在微生物的作用下，其毒性会降低或消失。

微生物对重金属污染的修复主要有以下作用机制：生物转化（细胞代谢、沉淀和氧化还原反应）、生物吸附（化学吸附和物理吸附）、生物絮凝（生物或其他代谢物絮凝沉淀）等。

1）生物转化

生物转化是指通过生物作用改变重金属在水或土壤中的化学状态，使重金属固定或解毒，从而降低其在环境中的迁移性和生物可利用性。微生物不断适应重金属离子，并在重金属化合物环境中生长和代谢。借助微生物的氧化还原、甲基化、去甲基化等作用可实现重金属离子价态的转变，或实现无机态与有机态之间的转化，将有毒有害重金属元素转化为无毒或低毒的重金属离子或沉淀物，从而去除水体或生态环境中的重金属污染,修复污染环境。

2) 生物吸附

微生物利用自身胞外某些物质的特殊化学结构或组分特性,吸附水中的重金属离子,再通过固液分离实现对重金属的削减、净化与固定。生物吸附重金属离子的方式主要有两种:一种是活体细胞的主动运输,重金属与细胞壁上的活性基团发生结合反应,包括传输和沉积两个过程;另一种是细胞通过细胞壁上或细胞内的化学基团(螯合物或吸附金属的胞外聚合物)与金属螯合而被动吸收,通过物理吸附或形成无机沉淀而沉积在细胞壁上。一般来说,不水解的重金属离子主要通过离子交换的方式被细胞吸附,而对于那些易形成基团和水解产物的重金属离子,则主要通过物理吸附沉积在细胞壁表面。

3) 生物絮凝

生物絮凝是指利用微生物产生并分泌到细胞外具有絮凝活性的代谢产物去除重金属离子。代谢产物包括多糖、蛋白质、糖蛋白、纤维素、DNA、聚氨基酸等高分子物质。絮凝剂大分子表面具有较高电荷或较强亲水性的基团,如羟基、氨基、羧基等,可通过氢键、离子键和范德华力同时吸附多个胶体颗粒,在颗粒间产生"架桥"现象,形成网状三维结构而沉淀下来,从而表现出絮凝能力。

二、废水生物处理的活性污泥法

活性污泥法由爱德华·阿登(Edward Ardern)和威廉·洛克特(William T. Lockett)于1914年在英国发明。如今,活性污泥法及其衍生的各种改良工艺在城市污水处理中应用十分广泛。它能去除污水中溶解性的和胶体状态的可生化有机物,以及被活性污泥吸附的悬浮固体和其他一些物质,同时也能去除部分氮和磷,是利用悬浮生长的微生物对废水进行生物处理的各种方法的总称。

在活性污泥微生物中,原生动物以细菌为食,而后生动物以原生动物、细菌为食,它们之间形成一条食物链,构成生态平衡的生物群落。活性污泥细菌通常以菌胶团的形式存在,较少处于游离状态,使细菌具有抵御外界不利因素的能力。游离细菌不易沉降,但可被原生动物捕食,从而使沉淀池的出水更清澈。活性污泥的无机成分则全部来自原污水,微生物体内的无机盐数量极少,可忽略不计。

(一) 活性污泥的组成与性质

1. 活性污泥的组成

活性污泥中的固体物质含量不到1%,由有机物和无机物组成,二者比例因原污水性质不同而异。活性污泥组成可分为四部分:有代谢活性的微生物(Ma);微生物(主要是细菌)自身氧化残留物(Me);原污水带入的难降解有机物(Mi);原污水带入的无机悬浮固体(Mii)。其中,Ma是活性污泥的主要组成部分。活性污的结构与功能中心是具有絮凝作用的菌胶团,菌胶团是由细菌分泌的多糖类物质将细菌等包覆而成的黏性团块,菌胶团上生长着放线菌、酵母菌、霉菌、藻类、原生动物和某些微型后生动物(如轮虫、线虫等),构成一个独特的生态系统。菌胶团使细菌具有抵御外界不利因素的能力,同时有利于活性污泥的沉降和分离。处于游离状态的细菌不易沉降,而原生动物可以捕食这些游离细菌,提高出水水质。

2. 活性污泥的性质

从外观上看,活性污泥是一种絮绒颗粒,又称生物絮凝体,絮凝体直径一般为 $0.02 \sim 0.2$ mm,比表面积为 $20 \sim 100$ cm^2/mL,静置时可凝聚成较大的绒粒而沉降。活性污泥的颜色因污水水质不同而异,一般为黄色或茶褐色,供氧不足或厌氧状态时呈黑色,供氧过多或无机物过多时呈灰白色,略带土壤气味和霉味。活性污泥含水率很高,一般在 99% 以上,其相对密度因含水率不同而变化,一般为 $1.002 \sim 1.006$,曝气池混合液相对密度为 $1.002 \sim 1.003$,回流污泥相对密度为 $1.004 \sim 1.006$;具有沉降性能;有生物活性,可吸附、氧化有机物;胞外酶在水溶液中,将污(废)水中的大分子水解为小分子,进而吸收到体内而被胞内酶氧化分解;有自我繁殖能力。

(二) 活性污泥的评价指标

1. 污泥浓度

污泥浓度是指曝气池中单位体积混合液中活性污泥悬浮固体的质量(mixed liquor suspended solids,MLSS),单位为 g/L 或 mg/L,包括前述的 M_a、M_e、M_i 及 M_{ii} 四者在内。污泥浓度的大小可间接反映废水中所含微生物的浓度。普通活性污泥曝气池内 MLSS 为 $2 \sim 3$ g/L,对于完全混合与吸附再生工艺,则控制在 $4 \sim 6$ g/L。此外,还可以用混合液中挥发性悬浮固体浓度(mixed liquor volatile suspended solids,MLVSS)表示活性污泥的浓度,它反映了混合液悬浮固体中有机组分的浓度,包括 M_a、M_e 及 M_i 三者,不包括污泥中的无机物。

从理论上讲,用具有活性的微生物的浓度来反映活性污泥浓度更加准确,但是测定活性微生物的浓度非常麻烦,难以满足工程应用的要求。而 MLSS 测定简便快捷,实际工程应用中通常用来评价活性污泥浓度。MLVSS 代表混合悬浮固体中有机物的量,比 MLSS 能更准确反映活性微生物的浓度,测定也较为便捷。对于一定种类的废水和处理系统,MLVSS/MLSS 的值相对稳定,因此可以用 MLVSS 表示污泥浓度。一般生活污水处理系统内曝气池混合液 MLVSS/MLSS 的值在 $0.6 \sim 0.7$ 范围内。

2. 污泥沉降比

污泥沉降比(SV)是指一定量的曝气池混合液静置 30 min 后,沉淀污泥与原混合液的体积比(用百分数表示),标准采用 1 L 的量筒测定污泥沉降比。污泥沉降比与所处理污水的性质、污泥浓度、污泥絮凝体颗粒大小以及污泥絮凝体性质等有关,可以反映污泥的沉降和凝聚性能。一定范围内,污泥沉降比越小,越有利于活性污泥与水的迅速分离,但污泥沉降比太小可能是因为污泥浓度过低或悬浮固体中无机物含量过高。性能良好的污泥,沉降比一般为15%~30%。

3. 污泥体积指数

污泥体积指数(sludge volume index,SVI)是指一定量的曝气池混合液沉淀30 min后,单位质量干污泥所占沉淀湿污泥的体积,单位为mL/g。受污泥浓度的影响,同样沉降性能的污泥SV会有所不同,而SVI表示沉淀后单位干污泥所占体积,比SV能更准确反映污泥的沉降浓缩性能。SVI越大,污泥松散程度就越大,表面积也越大,越易于吸附和氧化有机物,提高废水处理效果。但SVI超过特定范围,污泥过于松散,沉降性能恶化,不利于固液分离。一般而言,SVI在50~150范围内时,污泥沉降性能良好;SVI大于200,污泥沉降性能差;SVI过低,则表明废水中无机悬浮固体含量较高,污泥活性差。

MLSS、污泥沉降比与SVI三者关系如下:

$$SVI(mL/g) = SV \times 10(mL/L)/MLSS(g/L)$$

(三) 活性污泥的净化过程

活性污泥的净化过程是指有机物作为营养底物,被活性污泥中的微生物摄取与代谢利用,使污水得到净化,微生物获得能量合成新细胞,活性污泥得到增殖。净化过程主要分为以下几个步骤。

1. 初期吸附

活性污泥微生物具有巨大的比表面积,表面又分泌有多糖类的黏性物质,因此具有良好的物理、化学吸附和凝聚、沉淀作用。当活性污泥与污水接触时,污水中悬浮态和胶体态的有机物被活性污泥吸附和凝聚而去除,即所谓的初期吸附作用。初期吸附一般在15~45 min就可以完成,污水BOD的吸附去除率可达70%,对于含有较多悬浮物和胶体有机物的污水,BOD可降低80%~90%。初期吸附速率主要取决于微生物的活性和反应器内水力扩散程度与扩散动力学,前者决定活性污泥微生物的吸附和凝聚效能,后者则决定活性污泥絮凝体与有机底物的传质效果。活性污泥微生物的吸附活性取决于较大的比表面积和适宜的微生物增殖期,一般而言,内源呼吸期微生物处于"饥饿"状态时吸附活性最高。另外,活性污泥对悬浮态和胶体态的有机污染物的吸附能力更强,因此,对这类污染物含量高的废水有机物去除效果更好。

2. 微生物降解

有机物吸附到微生物表面后,在跨膜酶的作用下,溶解态和小分子有机物能够直接透过细胞壁进入细胞体内,而胶体态和悬浮态的大分子有机物需要在胞外水解酶的作用下,水解为溶解态小分子有机物后才能进入细胞体内。进入细菌体内的有机物将作为营养基质被细菌分解代谢与合成代谢过程利用。活性污泥是一个多底物、多菌种的混合培养系统,存在错综复杂的代谢方式和代谢途径,彼此之间相互联系、相互影响。

3. 凝聚与沉淀

正常运行的活性污泥具有良好的凝聚、沉淀与浓缩性能。在二沉池中,活性污泥经过凝聚、沉淀和压缩,在污泥斗内形成浓度较高的浓缩污泥。其中,一部分回流至曝气池,补充曝气池中污泥损失,其余的作为剩余污泥排出污水处理系统。

(四)活性污泥法工艺

活性污泥法已有 100 多年的历史。随着污水处理要求的不断提高,设备、材料以及工艺过程控制的不断进步,以及人们对微生物降解过程和生命活动认识的不断深入,污水处理的活性污泥法工艺在不断改进与创新。

1. 传统活性污泥法

传统活性污泥法又称普通活性污泥法,是活性污泥法最早的工艺形式,其基本工艺流程如图 8-7 所示。废水和回流污泥从长方形曝气池的一端流入,在曝气和水力的推动下,混合液均衡地向前流动,并从另一端流出,池内混合液呈推流状态。随后,混合液流入二沉池进行固液分离,上清液排出。沉淀后的污泥大部分回流至曝气池,补充曝气池内活性污泥的流失,其余则以剩余污泥的形式排出,进入后续污泥处理系统进一步处理,以消除二次污染。

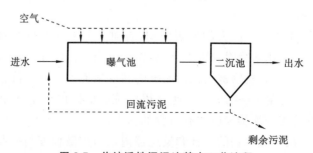

图 8-7 传统活性污泥法基本工艺流程

这类推流式曝气池通常有若干个狭长的廊道,可分为并联和串联两种。其优点:① 从曝气池首端到尾端,任何两个断面都存在有机基质的浓度梯度,因此形成基质降解动力,BOD 降解菌为优势菌,可避免产生污泥膨胀问题;② 运行灵活,可采用多种运行方式;③ 运行适当能够增加脱氮、除磷等净化功能。为避免短路,廊道长宽比一般不小于 5。

2. 渐减曝气法

渐减曝气法又称变量曝气法,是针对传统活性污泥法有机物浓度和需氧量沿池长减小的特点而改进的,可克服传统活性污泥法供氧与需氧不平衡的矛盾。

针对曝气池进水口至出水口之间混合液中有机负荷随着向前推进不断降低的特点,通过合理布置曝气器,在曝气池的不同位置供给不同的空气量,从入口至出口,供气量渐减,使空气量与混合液的需氧量大致成正比(图8-8)。这种方法可节省供氧量,不需设置初次沉淀池。

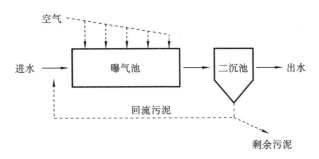

图8-8　渐减曝气法工艺流程

3. 阶段曝气法

阶段曝气法(step-feed activated sludge,SFAS)又称多点进水活性污泥法或分段曝气法,是针对传统活性污泥法进口负荷过大而改进的,工艺流程如图8-9所示。废水沿池长方向多点进入,使曝气池中有机物的分配较为均匀,从而克服了前端缺氧、后端氧过剩的缺点,提高了空气的利用效率和曝气池的处理能力;污水分散均衡流入,提高了对水质、水量冲击负荷的适应能力;流出的混合液中污泥浓度较低,减轻了二沉池的负荷;由于各个进水点的流量易于调节,运行灵活性较大。

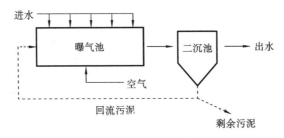

图8-9　阶段曝气法工艺流程

4. 完全混合活性污泥法

在阶段曝气法基础上,进一步增加进水点数,同时增加回流污泥的流入点数,即形成完全混合活性污泥法(图8-10)。废水进入池后,在搅拌作用下立即与池内混合液充分混合,废水得到良好的稀释,同时,池内混合液的组成、食微比(F/M)

以及活性污泥微生物的数量等参数完全均匀一致,有机物降解速率、耗氧速率不变,且在池内各处均相同,解决了传统法曝气池中混合液不均匀的问题,池内需氧量均匀分布。微生物的增殖速率不变,在增殖曲线上的位置是一个点,而不是一个区段。实际运行中,可以调节食微比使曝气池处于最佳工况。因此,完全混合活性污泥法耗能低、抗冲击负荷能力强,对冲击负荷有一定的适应能力,因此适合处理工业废水,特别是高浓度的有机废水,但有机物降解动力低,出水水质一般低于传统法,且活性污泥易产生膨胀现象。

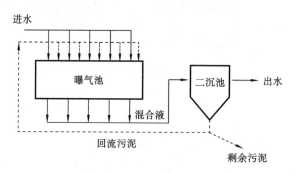

图 8-10 完全混合活性污泥法

5. 吸附再生法

吸附再生法又称接触稳定法或生物吸附活性污泥法,20 世纪 40 年代末出现在美国污水处理厂的扩建改造中。这种方法充分利用了活性污泥的初期吸附能力,在较短的时间内(10~40 min),通过吸附去除废水中悬浮态和胶体态有机物,BOD_5 可去除 80%~90%,固液分离之后,污水得到净化。二沉池沉淀的吸附饱和活性污泥,部分回流至再生池进一步氧化分解,恢复污泥活性。剩余污泥不经氧化分解直接排入污泥处理系统。

吸附再生法的主要特点是活性污泥降解有机物的两个过程即吸附和代谢降解分别在各自的反应器中进行。吸附再生法的工艺流程如图 8-11 所示,其中(a)为分建式,即吸附池与再生池分开设置,(b)为合建式,即吸附池与再生池合建。一旦吸附池受到负荷冲击,可及时用再生池污泥补充或更换。因此,该工艺抗冲

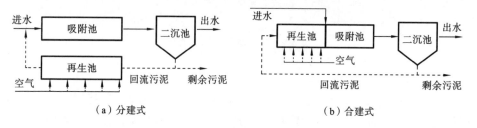

图 8-11 吸附再生法工艺流程

击负荷能力强,可省去初沉池,工程基建成本低,适合处理含悬浮物和胶体物浓度高的废水。但由于吸附时间较短,处理效率不如传统活性污泥法,尤其是含溶解性有机物较多的废水。

6. 延时曝气法

延时曝气法与传统活性污泥法类似,不同之处在于该工艺中的活性污泥处于生长曲线的内源呼吸阶段,有机物负荷很低,为 $0.05\sim0.2$ kg BOD_5/(kg·d)(传统活性污泥法一般为 $0.2\sim0.5$ kg BOD_5/(kg·d));曝气时间长,一般在 24 h 以上;污泥龄长,一般为 $20\sim30$ d。活性污泥在反应器中长期处于内源呼吸阶段,不仅降解了废水中的有机物,还氧化了合成的细胞物质,因此剩余污泥量少且稳定,主要是一些难降解的微生物代谢残留物。延时曝气法具有处理效果稳定、对水质水量变化适应性强、不需初沉池等优点,但也存在池体容积大、基建费和运行费高的缺点,一般适用于废水流量较小的场合。

7. 高负荷活性污泥法

高负荷活性污泥法又称短时曝气活性污泥法或不完全处理活性污泥法。其系统与曝气池构造等与传统活性污泥法类似,但曝气池停留时间只有 $1.5\sim3.0$ h,活性污泥生长处于对数增长期。该工艺的主要特点是有机物容积负荷高或污泥负荷高,曝气时间短,处理效率低,BOD_5 去除率一般不超过 75%。为保证系统的稳定运行,需要充分的曝气和搅拌。高负荷活性污泥法适用于处理对出水水质要求不高的污水,或用于高浓度有机废水的预处理。

8. 深井曝气法

为克服活性污泥法各种运行方式普遍存在的占地面积大、能耗高的缺点,20 世纪 60 年代开发了深井曝气法,即利用深井作为曝气池的活性污泥法废水生物处理过程。1968 年英国化学工业有限公司将其应用于水处理,随后日本、美国、加拿大等国家相继开展了研究,并生产了一批装置,主要用于处理食品废水、制药废水、造纸废水、化工废水等。深井曝气池的井体结构可以分为 U 形管与同心圆两种,直径一般为 $1\sim6$ m,深度为 $50\sim100$ m,超深井可达 $150\sim300$ m,大大减小了占地面积。同时,由于水深大幅度增加,可增大氧的传递速率。

废水与回流污泥在深井上部混合后,混合液以 $1\sim2$ m/s 的流速(超过气泡上升速度)沿井内中心管向下流动。混合液到达井底后,气泡消失并折流,从中心管外面向上流动至深井顶部的脱气槽,混合液中的二氧化碳、氮气和少量未利用的氧气逸出。部分混合液溢流至沉淀池进行泥水分离,沉淀后的活性污泥回流至深井,部分混合液在深井内进行循环。这种方法可大幅提高氧气转移效率和水中溶解氧,氧气的利用率达 90%,动力效率可达 6 kg O_2/(kW·h),从而可提高处理效果(BOD 去除率达 85%~95%),降低处理成本,节约用地。一般深井曝气法适合处理生活污水,对工业废水处理效果不佳。

9. 纯氧曝气法

与鼓风曝气相比,纯氧曝气的氧气分压比空气高约5倍,可以显著提高氧气转移效率(80%~90%),因此可以提高生物处理的效率。纯氧曝气法的污泥沉淀性能好,生物污泥产量少。纯氧曝气法一般采用密闭反应器,曝气时间短(1.5~3.0 h),污泥浓度高(4000~7000 mg/L)。纯氧曝气法的缺点是纯氧发生器容易发生故障,装置复杂,对结构和施工要求高,运行管理麻烦,若进水中混有大量易挥发的碳氢化合物,易引起爆炸。

10. 吸附-生物降解法

吸附-生物降解法又称 AB(absorption-biodegradation)法,工艺流程如图 8-12 所示。该工艺主要包括预处理段、A级、B级等三段,预处理段只设格栅、沉砂池等处理设备,不设初沉池。A级与B级串联组成,分别有独立的沉淀池和污泥回流系统,因此可以驯化出适合本级水质特点的微生物菌群。A级主要利用活性污泥的强吸附能力,采用高或极高的污泥负荷(通常大于 2.0 kg BOD_5/(kgMLSS·d))运行,水力停留时间一般为 30~60 min,污泥龄为 0.3~0.5 d;B级以低负荷运行(一般小于 0.3 kg BOD_5/(kgMLSS·d)),水力停留时间为 2~4 h。

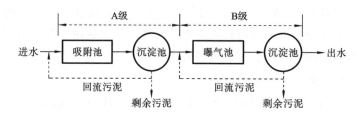

图 8-12　AB法工艺流程

AB法的突出优点:A级负荷高;抗冲击负荷能力强,适用于处理浓度高、水质波动大的污水;占地面积小,节约投资;出水水质好。缺点是产泥量大,不具备深度脱氮除磷功能。

11. 序批式活性污泥法

序批式活性污泥法采用序批式反应器(sequencing batch reactor,SBR)进行处理,又称为间歇曝气活性污泥法,是一种间歇运行的废水处理工艺。系统只设一个处理单元,废水间歇进入处理系统,间歇排出。SBR 的典型运行周期包括进水、反应、沉淀、出水和闲置五个阶段(图 8-13),不同阶段发挥不同的作用。虽然 SBR 在流态上属于完全混合式,但在有机物降解方面则属于推流式。

自 1985 年我国第一个 SBR 处理设施在上海市吴淞肉联厂投产运行以来,SBR 已在国内广泛应用于啤酒、屠宰、化工、制药等工业废水和生活污水处理。与

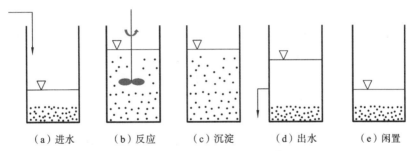

图 8-13 序批式活性污泥法示意图

连续流活性污泥法相比,SBR 具有以下优点:① SBR 集调节池、曝气池、沉淀池为一体,不需污泥回流设备;② 工艺简单,占地面积小,基建投资省,处理成本低;③ 处理效果好,兼具脱氮除磷效果;④ 污泥沉降性能好,一般不产生污泥膨胀现象,可有效控制丝状菌的过量繁殖;⑤ 反应推动力大,运行稳定性较高,对水质水量的波动适应性强;⑥ 可实现自动化控制,易于维护和管理。

12. 氧化沟工艺

氧化沟工艺是延时曝气法的一种特殊形式。通常采用圆形或椭圆形廊道,池体狭长、较浅,沟槽内设有机械曝气和推进装置,也有采用局部鼓风曝气外加水下推进器的方式运行。如图 8-14 所示,污水进入环形沟渠状的氧化沟后,在曝气和搅拌作用下,以 0.25~0.30 m/s 的流速在沟槽内循环流动,5~15 min 完成一次循环。廊道中的大量混合液可将进水稀释 20~30 倍。廊道内水流呈推流式,但其动力学特性接近完全混合反应器,因此氧化沟系统既有推流反应的优点,又有完全混合反应的优点,出水水质稳定,能承受冲击负荷。污水离开曝气区后,溶解氧降低,有可能发生反硝化反应。

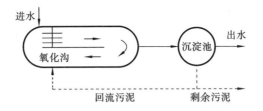

图 8-14 基本型氧化沟工艺流程

经过多年的发展与实践,氧化沟系统已发展出多种类型,如 DE 型氧化沟、Carrousel 氧化沟、Orbal 氧化沟。有些类型氧化沟可以集曝气与沉淀功能于一体,如一体式氧化沟或三沟式氧化沟,可减小占地面积,省去污泥回流系统。

13. 循环式活性污泥工艺

循环式活性污泥工艺(cyclic activated sludge technology,CAST,或称 cyclic

activated sludge system, CASS)是一种以间歇曝气-非曝气方式运行的间歇活性式污泥处理工艺。它以 SBR 为基础,吸收了 AB 法对 A 级污泥的强吸附特点,沿池长方向设计为两部分,前部为生物选择区(或预反应区),后部为主反应区(图8-15)。在生物选择区,充分利用污泥的吸附能力,系统有机负荷高,对进水水质、水量、pH 值和有毒有害物质起到良好的缓冲作用,耐冲击负荷能力强;随后在主反应区经历一个低负荷的反应阶段,以完成基质的降解和污泥再生;后部安装了可升降的自动滗水装置。CAST 集反应、沉淀、排水、闲置等功能于一体,循环进行,省去了传统活性污泥法的二沉池和污泥回流系统。污染物的降解过程属于推流过程,微生物处于好氧、缺氧、厌氧周期变化中,因而具有良好的同步脱氮除磷功能。因此,CAST 具有 SBR 法和 AB 法的优点,同时克服了 AB 法产泥量大的缺点,还可以根据水质调整运行参数,是目前应用较为广泛的污水处理技术。

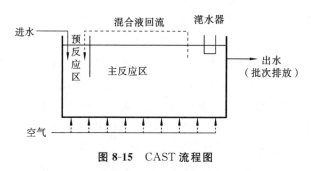

图 8-15 CAST 流程图

三、废水生物处理的生物膜法

(一)生物膜法净化污水的机制

细菌、原生动物以及微型后生动物等活性微生物固定在滤料或某些载体表面,生长繁殖并在其上形成膜状生物污泥——生物膜。生物膜的构造以及物质传递与交换如图 8-16 所示,生物膜在载体表面分布的均匀性,以及生物膜的厚度随污水中营养底物浓度、有机负荷与水力负荷、温度、pH 值、供氧条件等因素变化而变化。

物质的传递是在生物膜内外、生物膜与水层之间进行的。生物膜法净化污水的核心机制是以生物膜为微生物的载体,利用其强大的吸附能力和代谢功能,转化和降解废水中的有机物,实现废水的净化。生物膜表层生长的是好氧与兼性微生物,有机污染物经好氧微生物代谢而降解,最终产物为 H_2O 和 CO_2。由于氧气在从生物膜表层向内部传递过程中不断被消耗,生物膜内层的微生物处于厌氧状态,因此内层生物膜发生有机物的厌氧代谢,最终产物为有机酸、乙醇和 H_2S 等。

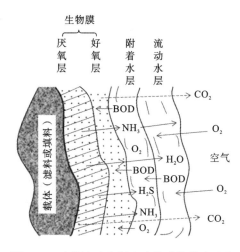

图 8-16　生物滤池滤料上生物膜的基本结构

随着微生物的不断增殖,生物膜厚度不断增加,超过一定厚度后,吸附的有机物在传递至生物膜内层微生物之前已被代谢完毕。此时,内层微生物因缺乏足够的营养物质而进入内源呼吸,失去生物活性与黏附性,进而随水流流出,滤料表面会重新长出新的生物膜。

（二）生物膜法污水处理工艺

1. 生物滤池法

生物滤池法是 19 世纪末发展起来的生物膜法处理污水的工艺,早于活性污泥法。根据处理负荷的不同以及设备构造的差异,生物滤池可分为普通生物滤池和高负荷生物滤池。普通生物滤池由池体、滤料、布水装置和排水系统四部分组成。

生物滤池法的基本工艺流程包括初沉池、生物滤池和二沉池(图 8-17)。污水先经初沉池预处理,去除悬浮物、油脂等可能堵塞滤料的物质,同时使水质均匀稳定。生物滤池后面的二沉池用以截留滤池中脱落的生物膜,以保证出水水质。早期普通生物滤池使用的是石料滤料,水力负荷和有机负荷都很低,虽然净化效果好,但占地面积大,且容易堵塞,在使用上受到一定的限制。

图 8-17　生物滤池法工艺流程

Q— 处理水的流量

后来,人们通过采用新型滤料,改进工艺,提出了多种形式的高负荷生物滤池,使负荷提高数倍,滤池体积也大大减小。高负荷生物滤池负荷高,水力冲刷能力强,滤料表面积累的生物膜量不大,不易造成堵塞。回流式生物滤池(图8-18)、塔式生物滤池(图8-19)是具有代表性的高负荷生物滤池。它们可以灵活调整负荷和流程,达到不同的处理效果。但如果负荷高时,有机物降解不彻底,排出的生物膜容易腐化。

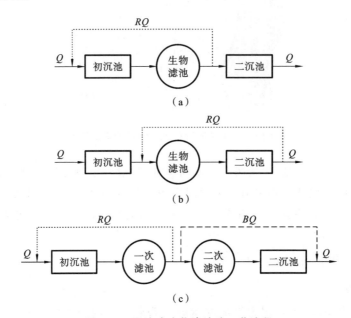

图 8-18　回流式生物滤池法工艺流程

Q—处理水的流量;R—回流比;RQ—回流水量;B—超越比;BQ—超越水量

塔式生物滤池简称滤塔,是一种塔式结构的生物滤池,采用孔隙率大的轻质滤料,滤层厚度大,从而提高了通风能力和污水处理效果。塔式生物滤池的直径一般为 1.0～3.5 m,直径与高度之比为 1∶6～1∶8,塔身一般需要分层,每层高度不宜大于 2 m。塔式生物滤池的 BOD 负荷可达 2000～3000 g/(m^3·d)。

2. 生物转盘法

生物转盘是利用圆形盘片表面上生长的生物膜处理污水的装置,其净化污水机制和生物滤池相同,但构造形式不同。如图 8-20 所示,生物转盘由一系列平行的旋转圆盘、转动中心轴、动力和减速装置、水槽等组成,其主体是垂直固定在中心轴上的间距很小的圆形盘片和一个同其配合的半圆形水槽。圆盘上约有 40%的表面浸没在水槽中,通过中心轴缓慢转动,交替与废水和空气接触。当圆盘浸没于污水中时,污水中的有机物被盘片上生物膜中的微生物吸附。圆盘离开污水时,盘片表面形成的水膜吸收空气中的氧气,用于生物膜微生物氧化分解吸附的有机物。因此,圆盘每转动一圈即可完成一次吸附-吸氧-氧化分解过程。通过圆盘不断转动,废水中的污染物不断被氧化和分解。同时,盘片上的生物膜不断生长、增厚,老化生物膜在圆盘转动的剪切力作用下脱落,从而不断生成新的生物膜。

与生物滤池相比,生物转盘具有以下优点:无堵塞现象,可用于处理高浓度有机废水;生物量大,食物链长,净化效果好,抗冲击负荷能力强,且污泥产量低,易于沉淀;不需曝气与污泥回流装置,动力消耗低,运行费用低。但生物转盘占地面积大,虽然不产生滤池蝇,但也会产生一定的臭味。

为降低生物转盘法的能耗,节省工程投资,提高处理效率,近年来又开发了空气驱动式生物转盘、与沉淀池合建的生物转盘、与曝气池组合的生物转盘以及藻类转盘等。

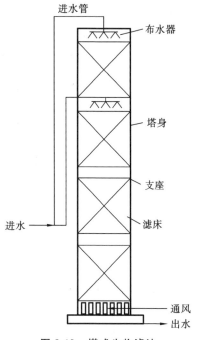

图 8-19 塔式生物滤池

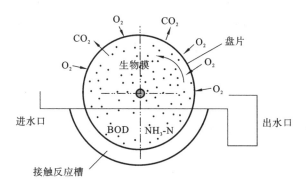

图 8-20 生物转盘基本构造

3. 生物接触氧化法

生物接触氧化法是将滤料完全浸没在污水中进行曝气的生物膜法,又称浸没式生物膜法。生物接触氧化池(又称浸没式曝气生物滤池)由池体、填料、布水装置和曝气系统组成(图 8-21)。生物接触氧化法是一种介于活性污泥法与生物滤池法之间的工艺,兼具二者的优点:① 生物接触氧化池内生物浓度高,BOD 容积负荷大,对水质、水量的变化有较强的适应能力;② 由于曝气的空气搅动,系统传质效果好,且曝气促进了生物膜的更新,生物膜活性高,因此处理效率高,占地面积小;③ 不需要回流,不存在污泥膨胀问题,运行管理方便。

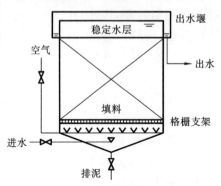

图 8-21　生物接触氧化池基本构造

4. 曝气生物滤池法

曝气生物滤池(biological aerated filter,BAF)法是 20 世纪 80 年代末在欧美发展起来的一种新型生物膜法污水处理工艺,在 90 年代初得到较大发展,可以脱氮除磷。BAF 法是在生物接触氧化工艺基础上引入饮用水处理中过滤的概念而产生的,其突出特点是将生物氧化和过滤结合在一起,滤池后部不设沉淀池,通过反冲洗再生实现滤池的周期运行。该技术的核心是采用多孔性滤料作为生物载体,单位体积的生物量远高于活性污泥法。因此,处理负荷高,池体体积小,占地面积小。此外,曝气过程中气泡行程长,气液接触时间长,经过滤料多次剪切,氧气利用率高,能耗低。

曝气生物滤池由池体、布水系统、布气系统、承托层、生物滤料层、反冲洗系统等部分组成(图 8-22),池底设有承托层,上部装填滤料。承托层要有一定的机械强度和化学稳定性,一般选用卵石。滤料是生物膜的载体,同时兼有截留悬浮物的作用,直接影响曝气生物滤池的效能,且滤料成本在处理系统建设成本中占比较大,因此开发经济、高效的滤料是该技术发展的重要方面。根据有关资料和工程经验,粒径在 5 mm 左右的均质陶粒和塑料球形颗粒能达到较好的处理效果。

根据处理程度不同,曝气生物滤池的生物过程可分为碳氧化、硝化、前置反硝化与后置反硝化,这些生物过程可以在单级曝气生物滤池中完成,也可以在多级曝气生物滤池中完成。如果出水对磷要求较高,可结合化学除磷技术,如在滤池进水前投加药剂,经滤床截留而达到除磷的目的。

5. 生物流化床法

生物流化床法是使废水通过流化的表面生长有生物膜的固体颗粒床,与流化

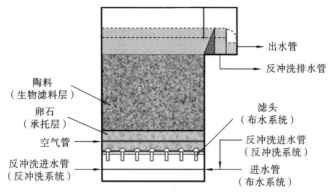

图 8-22　曝气生物滤池基本构造

床内均匀分散的生物膜相互接触,从而降解有机污染物的生物膜处理技术。生物流化床以砂粒、焦炭或活性炭粒、无烟煤粒等一类较轻的惰性颗粒为载体,表面覆盖生物膜。污水以一定流速自下而上流动,使载体处于流化状态。污水中的污染物能够频繁地与生物膜接触,因此传质效果好。由于载体不断流动和相互摩擦,生物膜活性高,还可以有效防止堵塞。

根据供氧方式、脱膜方式和床体结构等不同,生物流化床可分为两相流化床和三相流化床。前者是在流化床外设置充氧设备和脱膜设备,床内只有固、液两相;后者采用直接向床内充氧的方式,床内存在气、液、固三相(图 8-23)。在气体的剧烈搅动作用下,颗粒之间摩擦作用强,表层生物膜可自行脱落,因此可不设脱

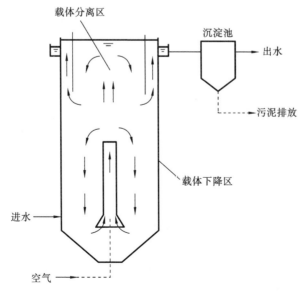

图 8-23　三相流化床结构示意图

膜装置。

与其他污水好氧生物处理技术相比,生物流化床具有以下突出优点:床内污泥量很高(一般可达 10～20 g/L),BOD 容积负荷可达 7～8 kg/(m³·d),因此水力停留时间短;氧气利用率高;占地面积小,投资成本低;抗冲击负荷与毒性物质能力强;无污泥膨胀和滤料堵塞问题。

四、废水生物处理的厌氧法

早在 1881 年,人类就开始有目的地利用厌氧生物处理技术进行废水处理,但由于最初的厌氧法水力停留时间长、有机负荷低等问题,发展十分缓慢,仅限于处理污水处理厂的污泥、粪便等。20 世纪 60 年代,随着经济发展和城市建设的推进,环境污染和能源紧张问题突出,人们意识到污水处理领域节能降耗对可持续发展的重要性。随着研究和实践的不断深入,各种新型厌氧生物处理工艺和构筑物应运而生,大大增加了厌氧反应器内的生物量,缩短了处理时间,处理效率显著提高。目前,厌氧生物处理技术不仅可用于处理有机污泥和高浓度有机废水,也可以用于处理中、低浓度有机废水。

(一)厌氧生物处理技术的基本原理

厌氧生物处理是一个复杂的微生物化学过程,依靠三大类群的微生物的联合作用,包括发酵细菌(水解酸化菌)、产氢产乙酸菌和产甲烷菌。因此,厌氧生物处理分为三个主要阶段,即水解酸化阶段、产氢产乙酸阶段和产甲烷阶段(图 8-24)。

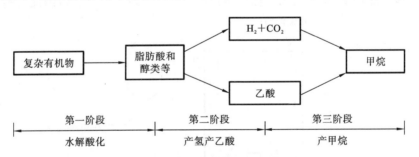

图 8-24 厌氧生物处理三阶段示意图

第一阶段为水解酸化阶段。复杂的大分子及不溶性有机物在胞外酶的催化作用下水解为小分子和溶解性有机物,进入细胞体内,在胞内各种酶的催化作用下,分解产生挥发性有机酸、醇类等。如多糖先水解为单糖,再经过酵解途径生成乙醇和脂肪酸。

第二阶段为产氢产乙酸阶段。在产氢产乙酸菌的作用下,第一阶段产生的各种脂肪酸和醇类被分解转化为乙酸、H_2 和 CO_2。

第三阶段为产甲烷阶段。产甲烷菌将乙酸、H_2 和 CO_2 等转化为甲烷。产甲烷过程由两类产甲烷菌完成：一类将 H_2 和 CO_2 转化为甲烷，另一类通过乙酸脱羧产生甲烷。前者约占 33%，后者约占 67%。

尽管厌氧生物处理理论上分为三个阶段，但在厌氧反应器内，这三个阶段是同时进行的，并保持一定的动态平衡。影响动态平衡的因素包括 pH 值、温度、有机负荷、营养比以及有毒有害物质等，其中，由于产甲烷菌的敏感性，产甲烷阶段最容易受影响，是厌氧生物处理的限速步骤。

（二）废水厌氧生物处理技术的优势与不足之处

1. 厌氧生物处理技术的优势

相比于其他废水处理技术，厌氧生物处理技术具有以下优势。

（1）能耗大大降低，并可回收生物能（沼气）。厌氧生物处理技术无须提供氧气，降低了能耗。据报道，处理 1 t COD 的废水，好氧法需耗电 1000 kW·h，而厌氧法只需 75 kW·h。此外，厌氧生物处理技术在降低废水中的有机物的同时，还会产生大量沼气，其主要成分是甲烷，这是一种利用价值很高的可燃气体，可直接用于锅炉燃烧及发电。

（2）处理负荷高，容积负荷率的提高使得对空间的需求降低，占地面积小。厌氧法可以直接用来处理高浓度有机废水，即使浓度过高也无须稀释。

（3）剩余污泥量少。厌氧生物处理过程中废水中的有机污染物大部分被用于产生沼气，用于细胞合成的有机物相对要少很多，厌氧微生物增殖速率小，故厌氧法产生的剩余污泥量远少于好氧法，且剩余污泥脱水性能好，容易处理。

（4）对营养物质的需求少。对氮、磷的需求方面，按 BOD、N、P 之比，好氧法为 100∶5∶1，而厌氧法为(350~500)∶5∶1。一般来说，废水中已含有一定量的氮、磷以及其他元素，因此厌氧法可以不添加或少添加营养盐。

（5）处理成本低。在废水处理成本上，厌氧法比好氧法要低得多，尤其是处理中高浓度(COD>1500 mg/L)废水时。这主要是由于前者动力消耗低，营养物质添加费用和污泥脱水费用少，且回收的沼气作为能源可以产生经济效益。

（6）厌氧法可以用来降解或部分降解好氧法不能处理的一些有机物。对于某些含有难降解有机物的废水，采用厌氧工艺进行可以获得较好的处理效果，或者将厌氧工艺作为预处理工艺，提高废水的可生化性，提高后续好氧工艺的处理效果。

（7）厌氧生物处理系统规模灵活，设备简单，操作容易，不需昂贵的设备。

2. 厌氧生物处理技术的不足之处

厌氧法大规模用于工业废水处理也只是近 30 年的事情，厌氧生物处理技术尚不成熟，其相关知识与经验的积累还不够。

（1）厌氧生物处理后的废水不能达到排放标准。厌氧法虽然负荷高，去除有机物的绝对量和进液浓度高,但是其去除有机物不够彻底,出水水质差,因此一般单独采用厌氧生物处理技术不能达到排放标准,需要把厌氧生物处理技术与好氧生物处理技术结合使用。

(2) 厌氧微生物尤其是其中的产甲烷细菌对温度、pH 值、有毒物质等环境因素非常敏感,使得厌氧反应器的运行和应用受到很多限制。产甲烷菌对环境条件要求较高,启动阶段必须进行菌种培养。

(3) 厌氧生物处理系统启动时间较长。由于厌氧微生物的世代周期长,增长速率较小,污泥增长缓慢,因此厌氧反应器的启动时间较长,一般达 3~6 个月,甚至更长。尽管如此,由于厌氧污泥可以长期保存,新建厌氧生物处理系统初期启动可以使用现有厌氧生物处理的剩余污泥进行接种,以克服启动慢的问题。

(4) 厌氧生物处理的气味较大。一般废水都含有硫酸盐,在厌氧条件下会发生硫酸盐的还原作用而放出硫化氢等气体。硫化氢是一种有毒且具有恶臭的气体,如果反应器不能做到完全密闭,就会散发出臭气,引起二次污染。因此,厌氧生物处理系统的各处理构筑物应尽可能做到密闭,以防臭气散发。

(三) 厌氧生物处理工艺的发展与设备

厌氧生物处理工艺的发展可以分为三个阶段:第一代、第二代和第三代。

第一代厌氧反应工艺是 20 世纪 50 年代以前开发的厌氧消化工艺,主要是传统的厌氧消化池和厌氧接触池,它们的特点是反应器中的微生物与废水完全混合,污泥停留时间与水力停留时间相同,因此污泥浓度低,反应效率低,需要较长的停留时间。这种反应器主要用于污泥或粪肥的消化,不宜用于工业废水的处理。

第二代厌氧反应工艺以提高厌氧微生物浓度和停留时间,缩短液体停留时间为目标。典型代表有厌氧滤池、厌氧生物转盘、升流式厌氧污泥床(UASB)、厌氧流化床、厌氧附着膜膨胀床等。它们的特点是在反应器中加入固体填料或形成颗粒污泥,使微生物附着在填料或颗粒上,避免了水力冲刷,实现了污泥停留时间与水力停留时间的分离,提高了污泥浓度和反应效率,缩短了停留时间。这种反应器适用于处理高浓度有机废水,具有较好的稳定性和抗冲击负荷能力。

第三代厌氧反应器在第二代厌氧反应器的基础上有所改进和创新,如厌氧膨胀颗粒污泥床(EGSB)、内循环反应器(IC)、升流式厌氧污泥床过滤器(UBF)等。它们的特点是通过加快进水速度、改变流动方式、增强搅拌效果等手段,进一步提高反应器内的污泥浓度和活性,增加微生物与废水的接触机会,实现更高的水力负荷和有机负荷,提高产气率和去除率,降低反应器的体积和能耗。

厌氧消化工艺中厌氧生物滤池、厌氧生物转盘、厌氧流化床以及厌氧序批式反应器是借鉴相应的好氧生物处理工艺而开发的,其构造与好氧生物反应器类似,主要不同之处在于上部加盖密封,以收集沼气和防止液面上空间的氧气对厌氧生物处理过程产生影响,此处不再详细描述,而重点阐述其他几类典型的厌氧生物反应器。

1. 普通厌氧消化池

普通厌氧消化池即传统消化池,其中进行的是一个完全混合的厌氧处理过程。如图8-25所示,废水定期或连续地进入消化池,消化后的废水从消化池上部排出,产生的沼气由顶部排出。消化池没有回流,水力停留时间和污泥停留时间相同。为提高消化效果,池内设有机械搅拌或沼气搅拌装置,也可以用水泵从外部泵入消化液进行搅拌。普通厌氧消化池结构简单,适用于处理

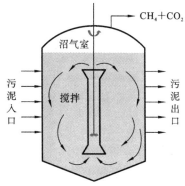

图 8-25 普通厌氧消化池结构示意图

悬浮固体含量高或颗粒较大的料液。但由于缺乏持留或补充厌氧污泥的装置,消化池内难以维持大量的活性微生物,故水力停留时间长,通常需要 15~30 d,有机负荷为 $1.0 \sim 5.0$ kg COD/($m^3 \cdot $d)。

2. 厌氧接触法处理装置

厌氧接触法也称厌氧活性污泥法,是在普通厌氧消化池后设置沉淀分离装置,厌氧消化后的混合液先经真空脱气器脱去沼气,然后排至沉淀池进行泥水分离,上清液排出,污泥回流至消化池(图 8-26)。沉淀池进行固液分离,可以降低出水悬浮物浓度,提高出水水质。污泥回流可以提高消化池内混合液的污泥浓度(12000~15000 mg/L),避免污泥流失,同时提高消化池容积负荷,大大缩短水力停留时间。因此,厌氧接触法的容积负荷率和去除效率高于普通厌氧消化法。但消化池流出的混合液在沉淀池中的固液分离存在一定的困难。一方面是由于混

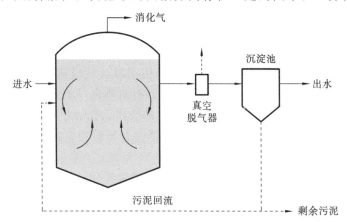

图 8-26 厌氧接触法工艺流程

合液中污泥表面附着大量的微小气泡,容易引起污泥上浮;另一方面是由于进入沉淀池的污泥仍有产甲烷菌活性,并产生沼气,导致污泥上翻,影响污泥颗粒的沉降和压缩。正因如此,固液分离效果不佳,回流污泥浓度不高,影响消化池内污泥浓度。为此,可以对混合液进行脱气处理,方法有真空脱气和热交换器急冷脱气,还可以通过絮凝沉淀提高污泥沉淀效果或采用膜过滤代替沉淀池。

3. 升流式厌氧污泥床反应器

升流式厌氧污泥床(up-flow anaerobic sludge bed, UASB)是由荷兰的Lettinga教授等在20世纪70年代开发的高效厌氧生物反应器。UASB反应器(图 8-27)集生物反应器与沉淀池于一体,是一种结构紧凑的厌氧反应器,主要组成部分包括进水配水系统、反应区、三相分离器、出水系统、气室、浮渣收集系统和排泥系统等。

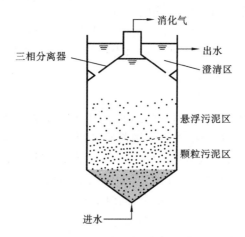

图 8-27 UASB 反应器构造

废水从底部进入反应器,经配水系统均匀分布于反应区横断面。反应器的底部是一个高浓度(可达 60~80 g/L)、高活性的颗粒污泥层,废水中的有机物大部分在这里被转化为沼气。由于消化气上升与搅动以及气泡黏附污泥,颗粒污泥层之上形成悬浮污泥区(污泥浓度为 5~7 g/L),有机物进一步分解转化。反应器的上部设有三相分离器,被分离的消化气从上部导出,进入气室并由管道引出。被分离的污泥则自动滑落至反应区,保证反应器内有足够的生物量来去除废水中的有机物。出水由澄清区经出水堰流出。

UASB 具有以下突出优点:① 可实现污泥的颗粒化,固体停留时间可达 100 d 左右,污泥床内生物量高,容积负荷率高,反应水力停留时间短;② 反应器内设有三相分离器,实现了气、液、固分离一体化,具有较强的处理能力和较好的处理效果,适用于处理各种高浓度有机废水;③ 利用反应自身产生的沼气进行搅拌,不需其他混合搅拌设备;④ 污泥床内不设填料,节省造价,避免堵塞等问题。不足之处:反应器内存在短流现象;进水悬浮物浓度尤其难消化的固体有机物浓度不宜过高,以免影响反应器的正常运行;反应器启动时间长,对水质和水量变化较为敏感。

为了增加污水与污泥的接触,更有效利用反应器,20 世纪 80 年代后期,在 UASB 基础上又开发了高效厌氧颗粒污泥床(expanded granular sludge bed, EGSB)反应器。二者有许多相似之处,最大区别在于 EGSB 反应器中的上升流速为 2.5~6.0 m/h,远高于 UASB 反应器所采用的 0.5~2.5 m/h 的上升流速。因此,EGSB 反应器中颗粒污泥床部分或全部处于膨胀状态。为了提高上升流速,一般采用较大的高度和直径比以及较高的回流比。EGSB 反应器也可以看成流化床反应器的改良,区别在于 EGSB 反应器不使用任何惰性填料作为微生物载体,同时其上升流速小于流化床反应器,颗粒污泥并未达到流化状态而只是不同程度的膨胀。

内循环厌氧反应器(又称 IC 反应器)也是在 UASB 反应器基础上开发的高效厌氧反应器,它由底部和上部两个 UASB 反应器单元重叠而成,包括四个不同的功能部分:混合部分、膨胀床部分、精细处理部分和回流部分。沼气的分离分为两个阶段:底部的第一反应室处于高负荷状态,上部的第二反应室处于低负荷状态。第二反应室的上升流速小于第一反应室,除了继续进行生物反应外,还可以充当第一反应室和沉淀区之间的缓冲区,对防止污泥流失和保证沉淀后出水水质具有重要作用。

4. 折流式厌氧反应器

折流式厌氧反应器(anaerobic baffled reactor, ABR)是 Bachman 和 McCarty 于 20 世纪 80 年代中期开发的一种高效厌氧反应器。ABR 构造如图 8-28 所示,反应器内安装了多个竖向导流板,将反应器分隔成多个串联的反应室,这样可以延长污泥的停留时间,使反应器内有较高的污泥浓度。每个反应室都是一个相对独立的升流式污泥床系统,废水在反应器内沿导流板进行上下折流前进,逐个通

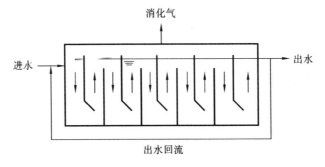

图 8-28　ABR 构造示意图

过反应室内的污泥床层,与其中的颗粒污泥或絮状污泥充分接触,使废水中污染物得以净化。折流式厌氧反应器构造简单,启动周期短,能耗低,运行稳定可靠,适合处理中低浓度有机废水。

5. 两相厌氧消化法处理装置

两相厌氧消化法是根据厌氧消化过程产酸和产甲烷两个阶段中发挥作用的微生物菌群在组成和生理生化特性上的差异,让产酸和产甲烷分别在两个独立的反应器中进行(图8-29)。第一个反应器称为产酸反应器或产酸相,第二个反应器称为产甲烷反应器或产甲烷相。两个反应器可以单独控制不同的运行参数,使产酸菌和产甲烷菌都能在各自的最佳条件下生长繁殖。两相厌氧消化法避免了普通厌氧消化池中两类微生物难以协调和平衡的问题,运行稳定可靠,可承受pH值、毒性等因素冲击,有机负荷与处理能力高。但设备多、流程长,操作管理不便。

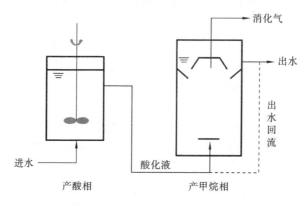

图 8-29 两相厌氧消化法工艺流程

两相厌氧消化法可以根据所处理的废水水质情况,采用不同的方法进行组合。其反应器可以采用完全混合反应器、厌氧滤池、升流式污泥床反应器等多种反应器。产酸相和产甲烷相的反应器形式可以相同,也可以不同。例如,对于悬浮物浓度较高的高浓度工业废水,可以采用厌氧接触法的酸化池和升流式厌氧污泥床串联;对于悬浮物浓度较低、进水浓度不高的废水,可以采用操作简单的厌氧生物滤池作为酸化池,串联厌氧污泥床作为产甲烷池。

五、废水生物脱氮除磷技术

20世纪80年代以前,污水处理主要以去除有机污染物为目标,在去除有机物的过程中,经过活性污泥的同化作用,通过剩余污泥的排放,氮、磷等营养物质去除量仅为10%~20%。随着水体富营养化的加剧和排放要求的不断提高,通过发展创新,研究人员研发了许多具有高效生物脱氮除磷功能的活性污泥法污水处理工艺。

(一) 生物脱氮工艺

生物脱氮过程一般要完成从 NH_4^+-N 氧化为 NO_x^--N,再将 NO_x^--N 还原为 N_2 的过程。流程中必须具备氨氮硝化的好氧区(aerobic 或 oxic)或好氧时间段,好氧区的水力停留时间和污泥龄必须满足氨氮硝化的要求,污泥龄通常大于 6 d,同时还应具备缺氧区(anoxic)或缺氧时间段以完成生物反硝化过程。缺氧区硝酸盐反硝化时,需要提供碳源作为反硝化过程的电子供体,常用的电子供体为入流污水中有机物,当碳源不足时,可外加碳源。生物脱氮工艺形式多样,但许多是传统的生物脱氮工艺和 A/O 工艺的改良,因此主要介绍这两类代表性的脱氮工艺。

1. 传统的生物脱氮工艺

传统的生物脱氮工艺如图 8-30 所示,含碳有机物的去除和氨化、硝化及反硝化脱氮反应分别在三个反应器中独立进行,并分别设置污泥回流系统,处理过程中需向脱氮反应器中投加甲醇等外碳源。由于各级构筑物内生物相较为单一,工艺较易控制,BOD 去除和脱氮效果好,但其流程较长,构筑物较多,基建费用高。在此工艺基础上,研究人员提出了将脱碳和硝化作用在一个反应器中进行,以及将一部分原水引入脱氮池以节省外碳源的改进工艺。该工艺通过将部分原水作为反硝化池的碳源,既降低了脱碳硝化池的负荷,也减少了外碳源的用量。由于原水中的碳源多为复杂有机物,反硝化菌利用这些碳源进行反硝化脱氮的反应效率将有所下降,故 BOD 去除效果略差。此外,该工艺存在流程长且复杂的问题。

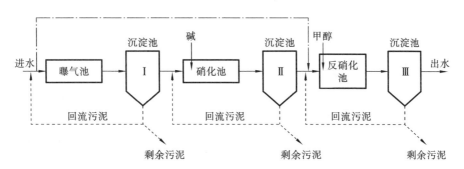

图 8-30 传统生物脱氮工艺流程(三级活性污泥法工艺流程)

2. A/O 工艺

A/O(anoxic/oxic)工艺将反硝化段设置在工艺最前端,故又称前置反硝化脱氮工艺,是目前采用较多的一种脱氮工艺。如图 8-31 所示,反硝化、硝化与脱碳分别在两个反应器内进行。原污水先进入缺氧池,以污水中的有机物为碳源,以好氧池回流的硝化液中的大量硝酸盐为电子受体,在缺氧池内进行反硝化脱氮。相对于传统脱氮工艺,A/O 工艺具有以下优点:不需外加碳源;反硝化产生的碱度可以补充硝化反应之需,减少用于调节 pH 值的碱量;通过缺氧反硝化去除进水中有机污染物,降低了后续曝气能耗;前置缺氧反硝化有利于抑制系统污泥膨胀。该工艺流程简单,基建费用与运行费用低。但由于出水中仍含有一定浓度的硝酸盐,在二沉池中有可能发生反硝化反应,导致二沉池污泥上浮,影响出水水质。

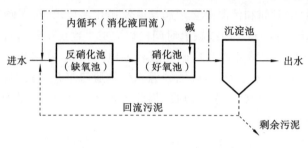

图 8-31　A/O 工艺流程

（二）生物除磷工艺

厌氧释磷和好氧吸磷是生物除磷工艺的两个基本组成部分,因此工艺流程需要设置厌氧池和好氧池。活性污泥需要不断经过厌氧释磷和好氧吸磷,通过富含磷污泥的排除使污水中磷得以有效去除。按照磷的去除方式和构筑物的组成,除磷工艺可分为主流除磷工艺和侧流除磷工艺。所谓主流除磷工艺,是指厌氧池位于污水水流方向上,磷的最终去除是通过剩余污泥的排放实现的;而侧流除磷工艺是指生物除磷和化学除磷的结合。以下主要介绍具有代表性的 A_p/O 工艺和 Phostrip 工艺。

1. A_p/O 工艺

A_p/O 工艺采用的是由厌氧池和好氧池组成的同步去除污水中有机物和磷的处理系统,如图 8-32 所示。污水和污泥依次在厌氧池和好氧池中循环流动,混合液呈平推流式。为使微生物在好氧池中更好地吸收磷,溶解氧应维持在 2 mg/L 以上。厌氧过程对污水中碳源的品质和数量要求较高,最理想的碳源为挥发性脂肪酸,其次为易发酵的有机物。

A_p/O 工艺简单,不需额外的化学药品,基建和运行费用低。厌氧池在好氧池前,不利于抑制丝状菌的生长与防止污泥膨胀,而且厌氧状态有利于聚磷菌的选择性增殖,污泥含磷量可达干重的 6%。A_p/O 工艺可高负荷运行,污泥龄和水力停留时间短。

2. Phostrip 工艺

Phostrip 工艺在传统活性污泥法的污泥回流管线上增设了一个厌氧除磷池和一个上清液化学沉淀处理系统(图 8-33),因此为侧流除磷工艺。富含磷的回流污

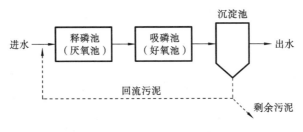

图 8-32 A_p/O 工艺流程

泥部分进入厌氧除磷池,厌氧除磷池流出的富含磷的上清液进入混合反应池,投加化学药剂(如石灰等)进行化学沉淀除磷。充分释磷后,污泥回流至好氧池进行有机物的降解和磷的吸收。Phostrip 工艺将生物除磷与化学除磷相结合,除磷效果稳定。

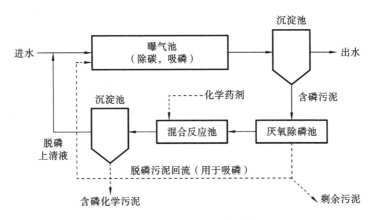

图 8-33 Phostrip 工艺流程

(三) 同步脱氮除磷工艺

如果需要同时考虑生物脱氮、除磷,则需要在活性污泥法流程中同时设置厌氧区、缺氧区和好氧区。经过多年发展,已开发出多种同步脱氮除磷工艺。

1. Bardenpho 工艺

Bardenpho 工艺由两级 A/O 工艺组成,共有 4 个反应池,工艺流程如图 8-34 所示。受污泥回流的影响,第一厌氧池和第一好氧池中均含有硝酸盐氮。在第一厌氧池中,反硝化细菌利用原水中有机碳将回流混合液中的硝酸盐氮还原。第一厌氧池的出水进入第一好氧池,在第一好氧池中含碳有机物被氧化降解,有机氮和氨氮通过硝化反应转化为硝酸盐氮。第一好氧池出水进入第二厌氧池,废水中的硝酸盐氮进一步被还原为氮气,降低出水的总氮浓度,提高污泥的沉降性能。由于该工艺采用两级 A/O 工艺,脱氮除磷效果较好,脱氮率可达 90%~95%;每个反应重复两次以上,各反应单元都有其主要功能,同时又有 2~3 项辅助功能。

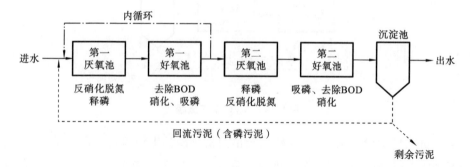

图 8-34　Bardenpho 工艺流程

1976 年,Barnard 通过对 Bardenpho 工艺中试研究发现,在 Bardenpho 工艺的初级缺氧反应器前增加一个厌氧反应器,可以保证厌氧条件下磷的释放,从而保证好氧条件下有更强的吸磷能力,提高除磷效果。该工艺在南非称五阶段 Phoredox 工艺或简称为 Phoredox 工艺,在美国称为改良型 Bardenpho 工艺(图 8-35)。

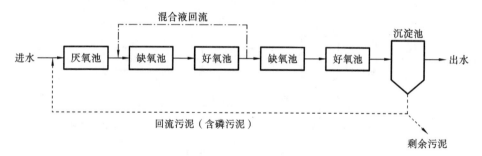

图 8-35　Phoredox 工艺流程(南非)或改良型 Bardenpho 工艺流程(美国)

2. A^2/O 工艺

1980 年,Rabinowitz 和 Marais 选择了三阶段 Bardenpho 工艺,即所谓的传统 A^2/O(anaerobic/anoxic/oxic)工艺,是较为成熟的生物脱氮除磷的工艺,也是目前我国许多污水厂采用的工艺。如图 8-36 所示,A^2/O 工艺主要由厌氧池、缺氧池、好氧池以及沉淀池组成,原水先进入厌氧池与回流污泥混合。在厌氧段,聚磷菌释放磷,并吸收低级脂肪等易降解的有机物;在缺氧段,反硝化细菌通过生物反硝化作用,将内循环带入的硝酸盐转化成氮气逸入大气中,从而达到脱氮的目的;在好氧段,硝化细菌通过生物硝化作用,将入流污水中的氨氮及有机氮氨化成的氨氮转化成硝酸盐,与此同时,聚磷菌超量吸收磷,通过剩余污泥的排放将磷去除。A^2/O 工艺具有构造简单、运行成本低等优点,但除磷效果受污泥龄、回流污泥携带的硝酸盐以及溶解氧等限制。

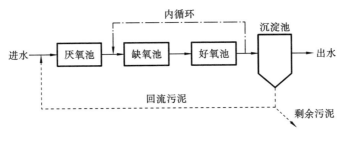

图 8-36　A^2/O 工艺流程

为进一步提高脱氮除磷效果和节约能耗,同济大学开发了改良型 A^2/O 工艺,即倒置 A^2/O 工艺,在国内一些大中型污水处理厂的建设和改造中得到较为广泛的应用。

3. UCT 及改良工艺

前述同步脱氮除磷工艺都是将回流污泥直接回流到工艺前端的厌氧池,其中不可避免地含有一定浓度的硝酸盐,因此会在第一级厌氧池中发生反硝化作用,反硝化菌会首先利用碳源进行反硝化,导致聚磷菌释磷过程中碳源不足而影响除磷效果。因此南非开普敦大学提出了 UCT(University of Cape Town)工艺,通过改变 A^2/O 工艺的回流机制,改善脱氮除磷效果,其工艺流程如图 8-37 所示。原水首先进入厌氧池,而回流污泥直接进入缺氧池,在缺氧池发生反硝化作用后,几乎不含硝酸盐的混合液回流至厌氧池,与进入厌氧池的原水混合,降低了硝酸盐氮对厌氧释磷的影响,通过这种改进,最大限度地降低硝酸盐对生物除磷的影响。厌氧段结束后的污泥进入缺氧池,聚磷菌在此以体内储存的 PHB 为碳源,以硝态氮为电子受体进行反硝化吸磷。研究表明,缺氧池到厌氧池的内循环有利于系统内反硝化聚磷菌的富集。在缺氧池中未能被反硝化聚磷菌吸收的磷进入好氧池,以 O_2 为电子受体通过好氧吸磷作用而进一步被去除。

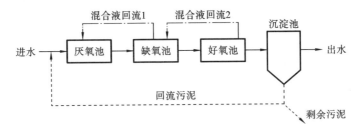

图 8-37　UCT 工艺流程

在 UCT 工艺基础之上,研究人员又进一步开发了 MUCT(modified UCT)工艺与 VIP(Virginia Initiative Plant)工艺。MUCT 是在 UCT 基础上增加了一个

缺氧池,使沉淀池中的回流污泥和好氧区的混合液分别回流至缺氧池(图 8-38),实现硝酸盐在缺氧区的反硝化去除。不足之处在于增加了缺氧段向厌氧段的回流,增加了运行费用。VIP 工艺与 UCT 工艺流程相同,但其厌氧、缺氧和好氧三个反应器都是由两个以上的完全混合反应器串联而成,具有释磷与吸磷速度快、反应设备容积小、污泥龄短、运行负荷高等优点。

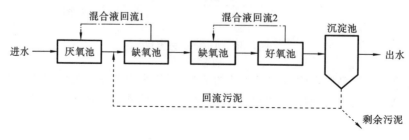

图 8-38 MUCT 工艺流程

4. SBR 工艺

通过时间顺序上的控制,SBR 工艺也可以实现同步脱氮除磷功能。如进水后进行一定时间的缺氧搅拌,好氧菌首先利用进水中携带的有机物和溶解氧进行好氧分解,水中的溶解氧将迅速降低甚至达到零,此时反硝化细菌利用原污水中的碳源进行反硝化脱氮,去除上一个循环沉降分离后残留在池中的硝酸盐;然后池体进入厌氧状态,聚磷菌释放磷;随后进行曝气,硝化细菌进行硝化反应,聚磷菌吸收磷,经过一定的反应时间后,停止曝气,静置沉淀,当污泥沉淀下来后,滗出上清液,而后再进原污水进行下一个周期循环,如此周而复始(图 8-39)。为达到更好的脱氮效果,好氧反应后可增设缺氧反硝化阶段。

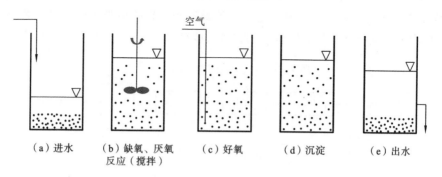

(a) 进水　(b) 缺氧、厌氧反应(搅拌)　(c) 好氧　(d) 沉淀　(e) 出水

图 8-39 SBR 工艺示意图

研究表明,SBR 工艺可取得良好的脱氮除磷效果。自动控制系统的发展和完善为 SBR 工艺的应用提供了物质基础和控制手段。由于 SBR 是间歇运行,为解

决连续进水问题,至少需设置两套 SBR 设施以实现切换运行,其间歇出水也给后续深度处理带来不便。经过长期的发展,SBR 工艺通过持续改进,逐步发展出 UNITANK 工艺、CASS 工艺、ICEAS 工艺以及 MSBR 工艺等。

5. 膜生物反应器

膜生物反应器(membrane biological reactor,MBR)是一种将废水生物处理与膜过滤技术有机结合的高效废水生物处理技术(图 8-40),以微滤膜或超滤膜代替二沉池进行污泥固液分离,活性污泥混合液中的悬浮固体完全被截留在反应器内,因此污泥浓度高,污泥龄长,且出水水质稳定可靠。根据膜组件的位置,膜生物反应器可分为一体式膜生物反应器和外置式膜生物反应器。膜生物反应器在一个构筑物内即可完成生物降解与固液分离。为强化脱氮除磷效果,可根据有机物降解或脱氮及除磷的要求,设置不同的生物反应区域。

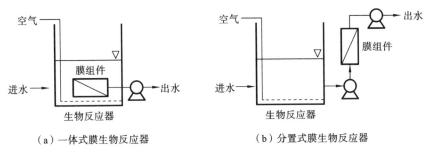

图 8-40 膜生物反应器示意图

第四节 废气生物处理

随着现代工业的发展,大气中的废气来源越来越多,如化工厂、印刷厂、冶炼厂、污水处理厂、垃圾填埋厂、汽车尾气等。这些废气包括无机废气和有机废气,无机废气主要有碳氧化物、氮氧化物、硫氧化物、H_2S 与 NH_3 等无机物,有机废气主要有苯及其衍生物、酚及其衍生物、醇、醛、酮、脂肪酸等有机物。这些废气不仅带有恶臭,还含有许多有毒物质,具有致癌、致畸、致突变风险,甚至还有强刺激、强腐蚀及易燃易爆成分,严重危害人类健康与生态环境。因此,废气治理是大气污染控制过程中的重要环节。废气的处理方法有物理法、化学法、生物法。

生物法应用于废水处理已有 100 多年历史,但在废气处理领域的应用历史很短。20 世纪 80 年代初,荷兰和德国科学家将生物法应用于有机废气净化领域取得良好的净化效果,此后,废气生物处理技术得到较快的发展。与此同时,世界各国的研究人员也先后对该技术开展了广泛的研究和应用。进入 21 世纪,由于该技术的经济优势和应用潜力,它已成为世界工业废气净化技术的研究热点之一。

与废气的物理处理与化学处理相比,生物处理具有处理效果与安全性好、投资与运行费用低、无二次污染、易于管理等优点,尤其是在处理低浓度、生物可降解性好的气态污染物时更显经济高效。

一、废气生物处理原理

废气生物处理主要是利用微生物及其酶降解废气中的有机污染物与恶臭物质,将其转化为无害或低毒的化合物及细胞物质。与废水生物处理不同,在废气生物处理过程中,气态污染物首要从气相转移到液相或固相表面的液膜中,才能被其中的微生物吸附和降解。因此,废气生物处理一般要经历以下几个步骤:① 溶解过程。废气与水或固相表面的液膜接触,污染物溶解成为液相中的分子或离子,完成由气膜扩散到液膜的过程。② 吸附过程。溶解于液膜中的污染物在浓度差的推动下进一步扩散到生物膜中,被微生物吸附和吸收。③ 生物降解过程。进入微生物细胞的污染物作为微生物生命活动的能源或养分加以分解和利用,从而去除污染物。

废气生物处理速率主要取决于三个方面的因素:气相到液相和固相的传质速率;发挥降解作用的活性微生物的数量;生物降解速率。其中,传质速率和生物降解速率决定了废气生物处理的整体效果。传质速率与污染物的理化性质、反应器结构等相关,生物降解速率与污染物的种类、微生物生长繁殖环境条件等有关。影响微生物生长繁殖的环境条件主要有温度、pH 值与湿度。

二、废气生物处理工艺

根据微生物的存在形式,废气生物处理系统可分为悬浮生长系统和附着生长系统。悬浮生长系统是指微生物及其营养底物存在于液体中,气相中的污染物与悬浮液接触后转移到液相,进而被微生物吸附和降解,如生物吸收法、生物洗涤法。附着生长系统是指微生物附着生长在固体介质表面,废气通过由滤料构成的固定床时,被滤料表面的微生物吸附和降解,如生物过滤法、生物滴滤法。

(一)生物吸收法

生物吸收法(bioabsorption)是将由微生物、营养物质和水组成的微生物混合液作为吸收液,吸收废气中的可溶性气态污染物,然后对吸收后的微生物混合液进行好氧处理,去除液体中吸收的污染物,处理后的吸收液重复使用。典型的生物吸收法包括吸收和再生两个流程,如图 8-41 所示。吸收可采用各种常用的吸收设备,如喷淋塔、鼓泡塔、筛板塔等,再生则通常在生物反应器中进行,可采用活性污泥法或生物膜法。

吸收液(循环液)自吸收塔顶部喷淋而下,与沿吸收塔自下而上的废气逆流接触,将其中的污染物和氧转入水相,实现传质。吸收了废气中组分的生物悬浮液

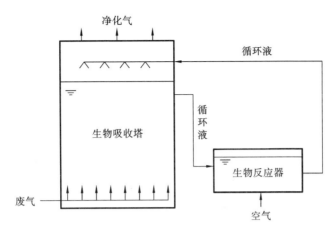

图 8-41　生物吸收法工艺流程

流入生物反应器，通入空气，污染物在此被微生物好氧降解，同时悬浮液再生并循环使用。相比之下，吸收过程非常迅速，吸收液在吸收塔内仅停留几秒，而生物反应的净化过程相对较慢，吸收液在生物反应器中一般需要停留几分钟到十几小时，因此吸收塔和生物反应器一般需分开设置。

（二）生物洗涤法

生物洗涤器（bioscrubber）包括一个装有惰性填料的洗涤塔和一个生物降解反应器，微生物及其营养物质溶解在生物降解反应器的液体中。在洗涤塔内，循环液通过喷淋或鼓泡的方式将废气中的污染物和氧气转入液相，传质吸附和吸收（图 8-42）。一般来说，气相阻力较大时采用喷淋法，液相阻力较大时则采用鼓泡法。鼓泡与废水生物处理中的曝气类似，废气从洗涤塔底通入，与生物悬浮液接触而被吸收。该过程中，污染物的吸收率与废气的总转移率、喷淋液的接触面积和平均驱动压（气态废物的平均浓度与液相中废物的实际浓度之差）有关。吸收了废气组分的洗涤液流入生物降解反应器（好氧活性污泥池）中，污染物被微生物氧化分解，该过程实际上是废水的微生物处理过程。污染物的去除率主要与污染物的可生化性、生物降解反应器的运行条件等有关。

在生物洗涤法处理废气过程中，吸收和氧化是两个相对独立的过程，因此易于控制，废气中污染物去除率高。然而这两个系统分开建立，需鼓风曝气设施，故占地面积较大、能耗高。

生物洗涤法与生物吸收法都需要首先经过废气吸收过程，所处理的污染物应具有良好的水溶性。因此，这两种方法在工业应用中存在一定的局限性。

（三）生物过滤法

生物过滤法（biofiltration）是利用装有吸附性填料（如泥炭、土壤、活性炭等物

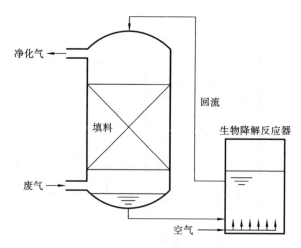

图 8-42　生物洗涤法工艺流程

质)的滤池进行废气净化的方法,其工艺流程如图 8-43 所示。废气首先进入增湿器进行润湿,然后进入生物滤池。当具有一定温、湿度的废气通过附着生物膜的生物活性填料层(0.5~1.0 m 高)时,污染物从气相转移到生物相并被氧化分解,净化后的废气从生物滤池顶部排出。因此,废气通过生物过滤床后即可得到净化,而滤料层中的微生物在生化降解污染物过程中不断生长繁殖,维持生物滤池的持续运行。

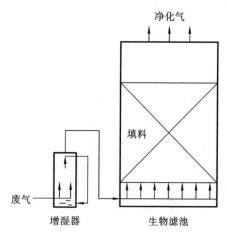

图 8-43　生物过滤法工艺流程

滤料使用一段时间后一般呈酸性,应定期维护和保养。生物滤池具有良好的通气性和适度的通水性与持水性,含有丰富的微生物群落,能有效去除废气中各类污染物,尤其是生物易降解污染物。滤料(尤其是活性炭)具有较高的吸附能力,可以使微生物胞外酶和污染物在滤料和微生物膜界面处浓缩,从而增大生化反应速率和废气的净化度。目前,生物过滤床在废气处理中得到广泛应用。

生物过滤法也存在不足之处,如反应条件不易控制、易堵塞、存在气体短流或沟流等现象,对进气量的变化适应慢。针对这些问题,研究人员重点从滤池填料的选择与改性等方面进行筛选开发。填料的选择要考虑比表面积、机械强度、化学稳定性以及取材与价格等因素,还要考虑持水性,这是因为过滤层的均衡润湿性影响生物滤池的透气性和处理效果。最初的生物滤池采用土壤为过滤介质,后采用木屑与蘑菇堆肥混合物为滤料,再后来也采用塑料填料、活性炭、碳素纤维等人工合成滤料。此外,许多天然或烧结材料,如陶粒、磁环、海藻土等,因其较大的比表面积和良好的挂膜效果而逐渐受到青睐。这些填料使用寿命长,具有较高的微生物附着和容纳能力,有效弥补了生物滤池的堵塞和传质限制等缺点。另外,填料改性与组合也大大改善了滤料的性能。

(四)生物滴滤法

生物滴滤法(bio-trickling filter)是一种介于生物滤池与生物洗涤器之间的处理方法,其工艺流程如图 8-44 所示。生物滴滤床使用的是粗碎石、塑料蜂窝状填料、塑料波纹板填料、陶瓷、拉西环、活性炭纤维、微孔硅胶等具有较高机械强度和孔隙率的不具吸附性的填料。

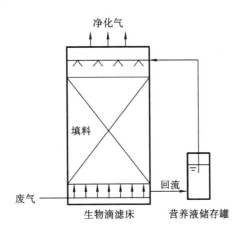

图 8-44 生物滴滤法工艺流程

废气从生物滴滤床底部进入,回流水由上部喷淋到填料层上部,并沿填料上的生物膜滴流而下,溶解在水中的污染物被填料上附着的微生物吸收后进入微生物细胞,作为代谢过程的能源和营养物质被分解,最终转化成为无害的化合物。填料的比表面积一般为 $100\sim300\ m^2/m^3$,一方面为气体通过提供了大量的空间,另一方面将气体对填料层造成的压力及微生物生长造成的空间堵塞风险降到最低。此外,流动的液体通过填料层时,反应条件(如营养物浓度、pH 值)也易于控制。因此,单位体积填料负载的生物量高,适合净化负荷较高的废气,也可以通过 pH 值控制来处理会产生酸性代谢产物的废气,如卤代烃、含硫废气、含氮废气等,扩大了生物法处理有机废气的应用范围,有较好的开发与应用前景,也是各国大气污染物生物处理的热门研究方向之一。但由于生物滴滤法的填料不能直接为微生物提供营养物质,需要通过喷淋为其提供生长必需的元素,因此需要外加营养物,运行成本相对增加,且不适合处理水溶性差的废气。

不同废气生物处理技术的比较如表 8-2 所示。

表 8-2 不同废气生物处理技术的比较

生物技术	优 点	缺 点
生物吸收法/洗涤法	中等投资; 能处理含颗粒物的废气; 占地面积相对小; 能适应各种负荷; 技术非常成熟	运行费用高; 大量沉淀时性能下降; 化学进料系统复杂; 不能去除大部分的易挥发有机物; 需要使用有毒或危险的化学物质
生物过滤法	简单、成本低; 投资和运行费用低; 有效去除低浓度污染物; 压降低; 有较强的抗冲击负荷能力	占地面积大; 每隔 1~2.5 年需要更换填料; 不适用于高浓度的废气; 有时湿度和 pH 值难以控制; 颗粒物质会堵塞滤床
生物滴滤法	简单、成本低; 中等投资、运行费用低; 去除率高; 有效去除产酸的污染物; 压降低	建造和操作比生物过滤法复杂; 营养物质添加过量时会产生大量微生物而造成堵塞; 适宜处理产酸或产碱的有害物质

(引自王家德等,2014)

随着化工行业的发展,越来越多的废气污染物进入大气。由于废气的排放随生产行业和工业条件的不同,其组成与浓度的差别也较大,给其治理带来了一定的困难。不同成分、浓度及气量的气态污染物都有其有效的生物净化系统。生物洗涤床适用于处理气量较小、浓度大、易溶且生物代谢速率较小的废气;气量大、浓度低的废气可采用生物过滤床;而对于负荷较高以及污染物降解后会生成酸性物质的废气,则以生物滴滤床为宜。

随着研究的深入,有机废气生物处理也面临一些问题:

(1) 生物技术的应用主要局限于浓度较低、组成简单的有机废气的处理,对于浓度高、成分复杂的有机废气的生物处理技术还有待于继续研究；

（2）废气流量和浓度波动较大时，容易造成废气在反应器内的停留时间不够，影响处理效率；

（3）废气中的颗粒物在滤床中堆积过多后，易造成滤床堵塞，阻力增大；

（4）对适用于特定有机物降解的菌种以及培养方法研究不足；

（5）目前可用生物法净化的有机废气几乎都是亲水性或易溶于水、易降解的，对于疏水性或难降解废气的处理效果差。

针对这些问题，研究人员提出了预处理-生物净化组合的工艺来处理工业有机废气，尤其是浓度较高且可生物降解性差的废气。常用的预处理方法主要有物理法和化学法，物理法主要有吸附法、吸收法、冷凝法，化学法主要有高级氧化法，其中紫外氧化法最为常用。

三、含硫废气的生物处理

热电、煤化工、橡胶再生、污水处理以及城市垃圾处理等过程中会产生含硫废气，其种类较多，典型的有二氧化硫、硫化氢、硫醇、硫醚、二硫化碳等。目前，含硫废气的物理和化学净化方法已比较成熟，主要有吸收法、吸附法、氧化法及分解法。这些方法虽然处理效果较好，但操作条件要求高，对设备存在一定的腐蚀。生物脱硫技术可以避免物理和化学净化方法存在的弊端，设备简单、运行管理方便、能耗少、运行费用低、无二次污染，脱除效率高。

（一）脱硫微生物

脱硫微生物能够在有氧条件下氧化 Fe^{2+}、单质硫和无机硫化物，并将还原性硫化物氧化为 SO_4^{2-}，使环境变酸，并释放出能量。目前，已发现的具有脱硫能力的微生物有十几种，如氧化亚铁硫杆菌、氧化硫硫杆菌、光合硫细菌以及真菌等。

自然界中硫细菌大多属于化能自养型，主要有三大类：丝状硫细菌、光合硫细菌和无色硫细菌。光合硫细菌从光中获得能量，借助体内的特殊的光合色素同化二氧化碳，进行光合作用合成菌体细胞，将硫化氢氧化为单质硫或硫酸。丝状硫细菌在有氧条件下将硫化氢、单质硫等硫化物氧化为硫酸，获得能量来同化二氧化碳。无色硫细菌能氧化还原态硫化物并从中获得生长和活动所需的能量。大多数无色硫细菌以 O_2 为电子受体，也有某些无色硫细菌可以在厌氧条件下以 NO_3^- 或 NO_2^- 为电子受体，将其还原为 N_2。此外，对于氧化态的含硫化合物，通常是在硫酸盐还原菌的作用下，以有机物为电子供体，将其还原为单质硫，属于异养型硫细菌。

（二）生物脱硫原理

含硫恶臭污染物主要有二氧化硫、硫化氢、甲硫醇、二甲基硫醚、二甲基二硫醚、二甲基亚砜等。液相中的还原态无机硫在微生物的作用下转化为单质硫或硫酸根离子。有机硫的微生物代谢过程则比较复杂,需要借助脱硫微生物的作用先转化为硫化氢,再被氧化。

(三) 含硫工业废气的生物处理方法

含硫工业废气通常采用生物膜法进行处理,这是因为生物膜中的生物相不仅有好氧菌还存在厌氧菌,具有较好的脱硫效果,且生物膜的生物量大,处理能力强。用于净化含硫工业废气的生物膜法主要有生物过滤法和生物滴滤法。采用生物滤池净化二甲基硫(DMS),负荷在 $0.242 \sim 0.496 \text{ g}/(\text{m}^3 \cdot \text{h})$ 时,去除率能达到 67%~74%。采用生物滴滤塔处理乙硫醇恶臭气体,当进气流量为 $0.05 \text{ m}^3/\text{h}$ 和 $0.1 \text{ m}^3/\text{h}$ 时,乙硫醇的净化率分别保持在 99.9%和 95%以上。通过生物强化的方式将筛选到的细菌和真菌挂膜到立式生物滴滤塔上研究硫化氢的去除。研究发现,滴滤塔中的接种微生物能和土著微生物共存,硫化氢的去除率能达到 85%以上。

四、含氮化合物的生物处理

氮氧化物(NO_x)是最主要的大气污染物之一,是诱发光化学烟雾和酸雨的主要物质之一。NO_x 是 NO、N_2O、NO_2、N_2O_3、N_2O_4 和 N_2O_5 等氮氧化物的统称,对人体危害较大的主要是 NO 和 NO_2。目前 NO_x 净化普遍采用物理法和化学法,但这些方法存在设备复杂、投资成本与运行费用高、易造成二次污染、不适合处理低浓度废气等缺点。生物净化法具有设备简单、能耗低、处理费用低、效果好等特点,是各国氮氧化物废气治理的热点。

在微生物体内进行氧化、还原、分解等微生物代谢作用,吸收的含氮化合物一部分通过同化作用转化为微生物生长所需的有机氮化物,组成新的细胞,使微生物生长繁殖;另一部分则被异养反硝化细菌分解为无害的氮气,并释放出微生物生长活动所需的能量。

(一) NO_x 生物净化原理

同其他废气生物处理相同,NO_x 废气的生物净化也包括两个过程,即 NO_x 由气相转移到液相或固相表面的液膜中的传质过程,以及 NO_x 在液相或固相表面被微生物降解的生化反应过程,过程的速率与 NO_x 的种类有关。由于 NO 和 NO_2 在水中的溶解能力差异较大,其净化机制也有所不同。

NO 不与水发生化学反应,且溶解度小,因此其降解途径为:首先,NO 溶于水或被液相中的微生物或固相载体表面吸附而进入液相,然后在反硝化细菌中氧化氮还原酶的作用下还原为 N_2。NO_2 能够与水发生化学反应转化为 NO_3^-、NO_2^- 和 NO,然后在硝酸盐还原酶、亚硝酸盐还原酶和氧化氮还原酶的催化作用下还原

为 N_2。

(二)参与 NO_x 降解的微生物

在 NO_x 废气净化过程中,参与 NO_x 降解转化的微生物包括硝化细菌、反硝化细菌以及真菌。NO_x 的硝化处理是在亚硝化细菌、硝化细菌的作用下,以 O_2 为电子受体,以 CO_2 为碳源合成细胞物质,将 NO_x 氧化为 NO_3^- 而获得能量。反硝化细菌包括异养反硝化细菌和自养反硝化细菌,以异养反硝化细菌为主。异养反硝化细菌以 NO_3^-、NO_2^- 和 NO 为电子受体,以有机物为电子供体,进行无氧呼吸,将 NO_3^-、NO_2^- 和 NO 还原为 N_2,获得生长所需的能量。自养反硝化细菌以 CO_2 为碳源,以 H_2、H_2S、S 以及亚硫酸盐等为电子供体进行无氧呼吸,将 NO_3^-、NO_2^- 和 NO 还原为 N_2。

(三)NO_x 生物净化方法

生物法处理挥发性有机物或臭味已得到广泛应用,设备及工艺都比较成熟。而对 NO_x 废气的研究还不多,尚处于研究阶段。利用生物膜滴滤塔有效地脱除了废气中的 NO_x,其中 NO_2 的去除率达到 99% 以上,NO 的去除率为 90% 左右。利用脱氮硫杆菌净化 NO_x,含量由原来的 $5.0\times10^{-3}\sim2.0\times10^3$ mg/L 降到 5.0×10^{-4} mg/L 以下,处理后的硝酸尾气中 NO_x 浓度远低于国家标准,且处理后的菌液可以综合利用。这些研究只是小规模的试验研究,实现其工程应用还有一定的距离,主要有以下几个方面的原因:① 烟道气通常气量较大、流速较快,微生物与烟气的接触时间短;② 烟道气的温度通常较高,不同烟道气的成分差别较大,对含碳量低的烟道气需要外加碳源,以满足微生物生长的需要,导致工艺复杂;③ 由于 NO 在水中溶解度很小,气液传质阻力大,烟道气中 NO 的净化效率低;④ 微生物的生长需要适宜的环境,如何在工业应用中创造适宜的培养条件,也是需要解决的问题之一。

因此,针对 NO_x 生物净化所面临的问题,未来还需要从以下几个方面开展研究:① 开发合适的生物填料,优化反应器设计,提高单位体积的生物量、处理负荷;② 优化运行参数的控制,如温度、pH 值、湿度等;③ 借助现代生物工程技术获得工程菌种,增大单位容积的生物降解速率;④ 选择合适的技术强化 NO_x 的传质过程;⑤ 深入研究反硝化、硝化各个反应的主要限速步骤、电子和能量传递等。随着研究的深入,NO_x 生物处理也将得到广泛的应用。

五、二氧化碳的生物处理

"温室效应"与全球变暖是 21 世纪全人类所面临的环境问题之一。由于工业的快速发展和人口的急剧增加,大气中 CO_2 等温室气体的浓度呈逐年上升的趋势,其浓度已远超出自然生态环境的承受能力,导致"温室效应"的发生。其中,

CO_2 是对"温室效应"影响最大的气体,约占总效应的 49%。全球变暖、极地冰川融化、海平面上升以及由这些现象引起的一系列负面影响都与"温室效应"有关。另一方面,CO_2 是地球上最丰富的碳资源,只要有合适的技术,CO_2 可转化为巨大的再生资源。近年来,由于能源危机、资源短缺、环境污染严重,世界各地都在探索解决上述问题的途径。因此,CO_2 固定在环境与能源方面具有极其重要的意义。目前,CO_2 的固定方法可分为物理法、化学法和生物法三大类,而大多数物理法和化学法仍需借助生物法以实现 CO_2 固定。所谓生物法,是指利用植物和自养型微生物达到固定 CO_2 的目的。

(一)植物固定 CO_2

绿色植物的叶绿体中有一个特有的酶促机构,它以大气中的 CO_2 为碳源,催化合成自身的细胞物质,并释放出 O_2,是天然的 CO_2 "固定场"。不仅陆生植物,海洋生态环境中的植物也有很强的 CO_2 吸收能力。CO_2 的固定通过卡尔文循环(Calvin cycle)途径进行,其场所是叶绿体基质。

(二)微生物固定 CO_2

对于 CO_2 的生物固定,人们最初主要关注植物的光合作用。实际上,CO_2 的微生物固定是不可忽视的。地球上存在各种各样的生态系统,尤其是植物不能生长的特殊环境中,自养型微生物能很好地发挥固定 CO_2 的作用。与森林等高等植物的 CO_2 固定相比,微生物固定 CO_2 具有生长周期短、生产环节简单、易培养、环境适应性强等特点,还可以生产许多具有经济价值的副产物,如生物燃料甲烷、乙醇、有机酸、多糖、维生素、氨基酸、单细胞蛋白、聚 3-羟基丁酸酯,以及生物肥料和动物饲料等。

固定 CO_2 的微生物一般分为光能自养型微生物和化能自养型微生物两类。前者主要包括微藻类(如小球藻、蓝绿藻等)和光合细菌,它们都含叶绿素,以光为能源、CO_2 为碳源合成菌体组成物质或代谢产物;后者以 CO_2 为碳源,能源主要有 H_2、H_2S、$S_2O_3^{2-}$、NH_4^+、NO_2^- 及 Fe^{2+} 等还原态无机物。根据微生物对氧的需求,固定 CO_2 的微生物又分为好氧微生物和厌氧微生物。前者包括微藻类、氢细菌、硝化细菌、硫化细菌等,后者主要包括光合细菌、甲烷和乙酸菌等。

由于微藻和氢细菌具有生长速率大、适应性强等特点,利用它们固定 CO_2 的研究和开发更为广泛和深入。利用微藻固定 CO_2 的光生物技术被认为是一种经济高效的新方法。微藻可以在高温、高二氧化碳浓度环境下生长繁殖,这为发电厂排放的含有大量二氧化碳的燃放气生物净化提供了新思路。培养微藻不仅可获得藻生物体,还可以获得氢气和许多高附加值的胞外产物(蛋白质、类胡萝卜素等),是精细化工和医药开发的重要资源。氢细菌是生长速率最大的自养菌,具有生长周期短、适应性强等特点,作为化能自养菌固定 CO_2 的代表,引起了人们的极大关注。随着新型固定 CO_2 的微生物的不断发现以及现代微生物育种技术的应用，高效固定 CO_2 的新菌种将不断出现，在固定 CO_2 的同时实现 CO_2 的资源化。但相对于光合作用，微生物固定 CO_2 的生产成本较高。

在微生物固定 CO_2 的机制及应用方面，还需要开展大量深入细致的研究工作，但可以预见，利用微生物分离固定 CO_2，开发 CO_2 转化为甲烷、甲醇等技术，是 21 世纪环境工程防治"温室效应"，实现 CO_2 资源化的有效途径，具有广阔的应用前景。

第五节 固体废弃物的生物处理

固体废弃物是指在生产、流通、消费等一系列社会活动过程中产生的不再具有进一步使用价值而被丢弃的以固态、半固态存在的物质。固体废弃物一般可按组成分为有机固体废弃物和无机固体废弃物。随着社会经济的快速发展和城市化进程的不断加快，城市固体废弃物产生量急剧增加。如果不经妥善处理与处置，固体废弃物不仅会侵占土地，还会污染土壤、水体和大气，影响环境卫生，危害人类健康。

固体废弃物无害化处理技术主要有垃圾焚烧、填埋、堆肥和有害废弃物的热处理与解毒处理等。其中，堆肥与填埋属于生物处理。自然界中许多微生物具有氧化分解有机固体废弃物的能力，因而可用来处理有机固体废弃物，实现减量化和无害化。在微生物的新陈代谢作用下，固体废弃物可通过各种工艺转化为有用的物质和能源，如肥料、沼气、单细胞蛋白，实现资源化。经过生物处理后，固体废弃物体积大大减小，形成稳定的腐殖质和无机物等，形态也发生了明显变化，更易于储存、运输、利用和处置。

一、堆肥化处理

堆肥化是指在人工控制条件下，依靠自然界广泛分布的细菌、放线菌和真菌等微生物，将可生物降解的有机固体废弃物转化为稳定腐殖质的过程。堆肥化的产物是堆肥，是一种价廉物美的土壤改良肥料，具有改善土壤结构、增加土壤持水性、减少无机氮损失、促进不溶性磷转化为可溶性磷、提高土壤缓冲能力、提供化学肥料的肥效等多种功效。早在 1000 多年以前，中国和印度等国的农民已经采用这种方法处理农作物秸秆和人畜粪便，其产品称为农家肥。20 世纪中期以后，人们发现其作用原理也可用于城市生活垃圾的稳定无害化处理，经过大量的应用研究和工艺开发工作后，利用现代工艺技术进一步实现了工艺的机械化和自动化。

根据堆肥化过程中微生物对氧气的需求，堆肥化可分为好氧堆肥和厌氧堆肥。无论是好氧堆肥还是厌氧堆肥,堆肥化实质是一个生化反应过程,固体废弃物中的有机物在一定条件下被微生物分解成为肥料、CO_2、NH_3 等,并释放能量。该生化反应是多个生物群体共同作用的动态过程。微生物群体主要降解转化有机物,中型和微型动物通过摄食微生物影响生物菌群结构,而大型土壤动物通过破碎、混合、运输等过程影响有机物的理化性质。

(一) 好氧堆肥

1. 好氧堆肥原理

好氧堆肥是好氧微生物在有氧条件下吸收、氧化、分解固体废弃物的过程。好氧微生物通过自身的生命活动,将一部分吸收的有机物氧化成简单的无机物,释放出微生物生长所需的能量;另一部分有机物则被合成新的细胞物质,使微生物得以生长繁殖,产生更多生物体,如图 8-45 所示。在有机物生化降解的同时,伴有热量产生。堆肥工艺中产生的热能不会全部散发到环境中,必然造成堆肥物料温度的升高。好氧堆肥过程伴随着两次升温过程,将其分为四个阶段:起始阶段、中温阶段、高温阶段和腐熟化阶段。

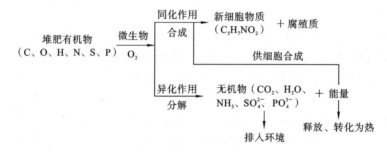

图 8-45　好氧堆肥原理

(1) 起始阶段:也称潜育阶段或驯化阶段,堆层温度基本不变,维持在 20 ℃ 左右。生化作用主要表现为菌群更替,适应堆肥环境的微生物开始繁殖并逐渐占主导地位,不适应的微生物衰退死亡。

(2) 中温阶段:好氧条件下,嗜温微生物(主要是细菌、真菌和放线菌等)开始大量分解易降解有机物,并不断产生热量,使堆温不断上升。随着温度的上升,嗜温微生物更加活跃,并大量繁殖,进而促进更多的有机物降解和热量释放。当堆肥温度达到 45 ℃ 以上时,即进入高温阶段。

(3) 高温阶段:起始阶段的微生物开始死亡,取而代之的是嗜热微生物。在这一阶段,除了堆肥中残留和新形成的可溶性有机物继续分解转化,复杂的有机物(如纤维素、半纤维素、木质素)等开始被迅速分解。50 ℃ 左右,主要是嗜热真菌和放线菌活跃;60 ℃ 时,真菌几乎完全停止活动;70 ℃ 以上,微生物大量死亡或进入休眠状态。高温阶段可以最大限度地杀灭病原菌。

(4) 腐熟化阶段:高温持续一段时间后,有机物降解已基本完成,剩下的是木质素等较难分解的有机物以及新形成的腐殖质。此时,嗜热微生物因缺乏合适的营养而停止生长,进入休眠状态,产热量随之减少,温度逐渐下降,嗜温微生物又逐渐成为优势菌群,进一步分解残余物质,腐殖质进一步积累,堆肥进入腐熟化阶段。当温度下降并稳定在 40 ℃左右时,堆肥基本达到稳定。

2. 好氧堆肥工艺与设备

好氧堆肥工艺通常包括前处理、主发酵(一次发酵)、后发酵(二次发酵)、后处理、除臭和储存等单元,如图 8-46 所示。

图 8-46 好氧堆肥基本工艺流程

(1) 前处理:包括分选、破碎以及调整含水率和碳氮比。首先清除废物中的金属、玻璃、塑料和木材等杂质,并破碎到 40 mm 左右的粒度,然后选择堆肥原料进行配料,以调整水分和碳氮比,可以采用纯垃圾,以垃圾和粪便之比为 7∶3 或者垃圾与污泥之比为 7∶3 进行混合堆肥。

(2) 主发酵(一次发酵):可以在露天或发酵反应器内进行,通过翻堆或强制通风向堆积层或发酵反应器内供氧。发酵微生物一般来自堆肥原料本身携带的各种微生物,也可以人工添加一些功能性菌剂,以促进堆肥的快速降解。主发酵是好氧堆肥的中温与高温两个阶段的微生物代谢过程,具体为从发酵开始,经中温、高温再到达温度开始下降的整个过程,一般需要 10~12 d,高温阶段持续时间较长。

(3) 后发酵(二次发酵):物料经过主发酵后,仍有一部分易分解和大量难分解的有机物存在,需将其送到二次发酵仓进行二次发酵,使有机物进一步分解转化为更稳定的物质,最终得到腐熟的堆肥产品。二次发酵主要是在露天场地、料仓内进行,堆成 1~2 m 高的堆垛,进行二次发酵和腐熟化。当温度稳定在 40 ℃左右时即达腐熟,一般需 20~30 d。

(4) 后处理:对发酵熟化的堆肥进行处理,进一步去除堆肥前处理过程中未去除的杂物(如塑料、玻璃、金属、小石块),并进行必要的破碎处理,以获得符合要求的高质量堆肥产品。精制堆肥含水率约为 30%,碳氮比为 15~20。

(5) 除臭:在整个堆肥过程中,有机质的微生物分解会产生 NH_3、H_2S 等臭气。为保护环境,需要对产生的臭气进行除臭处理。除臭方法有除臭剂除臭、生物除臭、吸附除臭等。露天堆肥时,可在堆肥表面覆盖熟堆肥,以减少臭气逸散。

(6) 储存：堆肥有时需要储存一段时间，因此，通常堆肥厂需要建立一个可储存数月生产量的仓库。堆肥可直接存放在二次发酵仓，也可装袋存放。但储存时要注意保持通风和干燥，防止闭气受潮，影响堆肥产品的质量。

堆肥技术已发展形成多种类型。从反应工程角度，堆肥方法可分为非反应器堆肥和反应器堆肥。非反应器堆肥一般采用露天条垛式堆放（也称静态堆肥），是我国长期沿用的方法。将堆肥物料混合均匀，堆积一批物料后就不再添加新物料。通过定期翻堆来维持堆体中的氧气含量，以满足微生物降解有机物对氧气的需求。翻堆可采用人工方式或机械设备。由于工程措施少，受环境影响较大，微生物难以达到最佳生长要求，堆肥过程较慢，整个过程需要 1～3 个月。但其投资少，对人员和设备的要求低。反应器堆肥是一种将物料装进容器内，工程措施较多的封闭式堆肥方式。反应器堆肥中，堆肥环境条件可调，有机物降解速率大、堆肥效率高、不受时间和空间的限制，可实现快速工业化生产，已得到广泛应用。

非反应器堆肥主要有翻堆条垛式堆肥和通氧式静态堆肥，前者借助翻堆为堆体提供氧气，后者借助鼓风机供氧。反应器堆肥设备主要有沟槽式（卧式）、塔仓式（立式）和滚筒式（回转式）三大类。

3. 影响好氧堆肥的因素

好氧堆肥是微生物在好氧条件下对堆肥物料中有机物进行生物降解的过程，影响好氧堆肥的因素主要有有机物的含量、含水率、通风供氧量、pH 值、碳氮比（C/N）与碳磷比（C/P）、物料颗粒度、堆肥腐熟度等。

（二）厌氧堆肥

厌氧堆肥是在不通气的条件下利用厌氧微生物对有机废弃物进行发酵，制成有机肥料的过程。厌氧堆肥方式与好氧堆肥基本相同，但不设通气系统，温度低，腐熟及无害化所需的时间长。该法简便省力，一般要求堆肥后一个月左右翻动一次，以便于微生物活动使堆料成熟。厌氧堆肥过程中会产生大量的 CH_4 和 H_2S、CO_2 等气体，如无法收集或收集不完全，不利于碳减排，还会造成环境污染。

二、厌氧发酵

人类应用厌氧发酵技术的历史十分悠久。早期主要出现在农村，利用人畜粪便和一些农业废弃物进行小规模厌氧发酵，产生沼气用于家庭取暖等。厌氧发酵技术最初的工业化应用是处理粪便和污泥，可以去除其中 30%～50% 的有机物，实现减量化和稳定化的目的。

（一）厌氧发酵原理

厌氧发酵是指有机废弃物在厌氧条件下通过厌氧微生物的代谢活动而被分

解,同时产生沼气的过程。该过程涉及多种菌群,形成较复杂的相互作用体系。厌氧发酵一般分为三个阶段:水解阶段、产氢产酸阶段、产甲烷阶段,如图 8-47 所示。

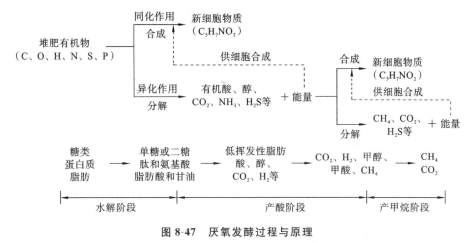

图 8-47 厌氧发酵过程与原理

(1) 水解阶段:发酵细菌利用胞外酶对复杂有机物(纤维素、蛋白质、脂肪等)进行酶解,使固体物质转变成水溶性物质。然后,细菌吸收水溶性物质并将其分解为简单脂肪酸和醇等小分子物质。复杂有机物的水解速率相对较小,主要取决于物料理化性质、微生物浓度以及温度、pH 值等环境条件。

(2) 产氢产酸阶段:在产氢和产酸菌的作用下,水解阶段产生的简单可溶性有机物进一步转化为低分子化合物,主要有挥发性脂肪酸(如甲酸、乙酸、丙酸、丁酸、乳酸以及长链脂肪酸)以及醇、酮、醛、CO_2 和 H_2 等。

(3) 产甲烷阶段:产甲烷菌将第二阶段的产物乙酸、甲酸、甲醇、H_2 和 CO_2 转化为甲烷,主要底物为乙酸、H_2 和 CO_2。产甲烷阶段的生化反应较为复杂,甲烷的生成主要来自乙酸的分解和 H_2 还原 CO_2。产甲烷菌的活性取决于水解阶段和产氢产酸阶段所提供的营养底物。其中,乙酸是厌氧发酵过程最重要的中间产物。

产甲烷菌的营养物质与代谢底物来自各类分解菌分解转化有机物过程的代谢产物,产甲烷菌利用这些物质进行代谢活动生成甲烷。因此,产甲烷菌和不产甲烷菌的生长以及产甲烷和产酸过程的动态平衡显得尤为重要。

在我国农村,沼气发酵是农业生态系统的一个重要环节,处理各类废弃物以制成农家肥,还可获得沼气用于照明或作为燃料。城市污水处理厂的污泥经厌氧消化可大大减小污泥体积并使其稳定化,产生的甲烷用来发电,补偿污水处理厂的运行费用。厌氧发酵一般在厌氧发酵罐(池)中进行,固体废弃物厌氧发酵的原理与厌氧堆肥相同,只是固体废弃物的厌氧发酵是在水相中进行。

(二)厌氧发酵工艺与设备

按发酵温度、发酵方式等,厌氧发酵工艺可分为多种类型。高温厌氧发酵工艺适用于城市生活垃圾、粪便和有机污泥的处理,最佳温度为 47~55 ℃,有机物分解速率大,物料在厌氧发酵池内停留时间短。自然温度半批量厌氧发酵是指在自然温度条件下发酵温度发生变化,采用半批量投料方式,是我国农村常采用的发酵类型。两相厌氧发酵是根据厌氧堆肥机制的研究和厌氧生物学的发展而提出和改进的工艺,即第一阶段包括水解和酸化过程,第二阶段包括产乙酸和产甲烷过程,两个阶段分别在不同的反应器内进行,以便创造最佳的微生物生长环境条件。

厌氧发酵池的类型较多,厌氧发酵池按结构形式分为圆形池和长方形池,按储气方式分为气袋式、水压式和浮罩式。其中,水压式沼气池是农村推广应用的主要类型。

(三)影响厌氧发酵的因素

影响厌氧发酵生物降解过程的生物因素很多,主要有温度、污泥投配率、碳氮比、搅拌、酸碱度、有毒物质含量等。这些因素与废水厌氧生物处理过程的影响因素较为类似,此处不再赘述。

三、填埋

填埋是从避免使环境受二次污染的角度出发,在传统的堆放和填地处置基础上发展起来的一种固体废弃物处置方法。其基本操作是在陆地上选择合适的天然场所或人工改造出来的合适场所,把固体废弃物用土层覆盖起来。目前采用较多的是卫生填埋、安全填埋和生态填埋三种。其中,卫生填埋是目前普遍认为的最为经济、方便和适用的一般固体废弃物处置方法,主要用来处理城市垃圾。

安全填埋是一种改良的卫生填埋,主要用来填埋处置危险废物,安全填埋场必须设置人造或天然衬里。生态填埋比卫生填埋要求更高,一方面把垃圾填埋场视为一种特殊的生态系统,另一方面在构建填埋生态系统时,尽量不要对周围生态系统造成危害,填埋完成后需对填埋场进行生态修复。

卫生填埋主要有三种类型:厌氧填埋、好氧填埋和半好氧填埋。目前,厌氧填埋因具有操作简单、投资费用低、可回收沼气等优点在国内外得到广泛应用。好氧填埋类似于高温堆肥,能够减少填埋过程中垃圾降解产生的水分,还可以减少垃圾渗滤液积聚所造成的地下水污染。好氧填埋分解速率大,并可产生高温(60 ℃),可有效消灭大肠杆菌和部分致病菌,但好氧填埋工艺较复杂、施工难度大、投资成本较高,难以推广应用。半好氧填埋介于厌氧填埋和好氧填埋之间,存在与好氧填埋类似的问题,不宜推广应用。

(一) 填埋的基本原理

垃圾降解与温度、湿度、垃圾组分、供氧方式(好氧或厌氧)等因素有关。在填埋坑中,有机垃圾在填埋层内的生化过程大致分为三个阶段。

(1) 好氧阶段:垃圾填埋时,存在于垃圾孔隙中的大量空气也同样被埋入其中。因此,在填埋初期,土壤及垃圾中的好氧微生物利用这部分氧气将垃圾中的部分有机质分解成 CO_2、H_2O 及稳定细胞质,并产生氨化作用,将有机氮转化成氨氮。这一阶段的长短取决于分解速率,从几天到几个月不等。好氧分解耗尽填埋层中氧气之后进入第二阶段。

(2) 厌氧阶段:随着氧气逐渐被消耗,填埋层开始形成厌氧条件。在厌氧或缺氧条件下,厌氧微生物菌群首先将有机垃圾液化,使固体物质转化成可溶性有机物,然后经过酸性发酵,产生大量的有机酸和少量 H_2。硝酸盐和硫酸盐被还原产生氮气、硫化物和 CO_2。填埋场内氧化还原电位逐渐降低,产生的垃圾渗滤液 pH 值迅速下降,COD 与 BOD 明显上升。填埋 200~500 d 后,产甲烷菌开始将有机酸分解为稳定的细胞质、CH_4、CO_2 等。随着有机酸和 H_2 被转化成 CH_4 和 CO_2,有机氮也部分转化成氨氮,填埋场以及垃圾渗滤液 pH 值开始上升,COD 与 BOD 开始下降。大约 2 年后,大部分垃圾可以被分解。

(3) 稳定阶段:对整个填埋场而言,历经 2 年左右,垃圾中易分解有机物大多能被分解而接近稳定状态,产气量达到最大。当垃圾中的可降解有机物转化成 CH_4 和 CO_2 后,填埋场进入稳定阶段,持续产气期可达 10~20 年甚至更久,产气量显著下降。

填埋场中垃圾降解是一个漫长的过程,垃圾中可降解组分含量随填埋时间(年)的延长变化非常缓慢。由于垃圾组成的不均匀性,其含量变化又呈现出一定的波动性。

(二) 垃圾渗滤液及其收集与处理

垃圾分解过程中产生的液体以及渗出的地下水和入渗的地表水统称为填埋场渗滤液。为了防止渗滤液污染地下水,需在填埋场底部构建不透水的防水层、集水管、集水井等设施,以收集和排放不断产生的渗滤液。垃圾渗滤液是一种高浓度有机废水,其水质和水量随垃圾成分、当地气候、大气降水、水文、填埋时间及填埋工艺等因素不同而有很大差异。垃圾渗滤液中还可能含有多种重金属,因此,垃圾渗滤液必须严格管理和处理,达到要求后才能排放。

对于新产生的渗滤液,由于挥发性酸的存在,渗滤液的 pH 值低,COD 与 BOD 高,BOD/COD 的值一般为 0.5~0.7,可生化性好,可以采用厌氧、好氧或厌氧-好氧组合的生物处理方法。对于 5 年以上的已稳定的填埋场产生的渗滤液,可生化的有机物已经被消耗得差不多了,氨氮浓度较高,一般为中性,仅用普通的生物法很难达到良好的处理效果,可采用物理化学法或物理化学法与生物法联用技术。

(三) 填埋场气体的收集与利用

垃圾填埋后在微生物作用下会产生 CH_4、CO_2、H_2、氨气、硫化氢、一氧化碳、氮气等气体。填埋场的产气量和成分与被分解的固体废弃物的种类有关,并随填埋时间而变化。自由排放的填埋场气体危害环境和人类健康,CH_4 含量较高时可能引起爆炸。所以,应对填埋场气体加以收集和处理,作为能源利用。填埋场气体一般含 40%~50% 的 CO_2 和 30%~40% 的 CH_4,填埋场气体的净化实际上是 CO_2 和 CH_4 的分离处理,主要方法有吸收分离、吸附分离和膜分离。

填埋场气体的资源化已成为城市垃圾填埋处置的重要组成部分。目前,填埋场气体的主要利用方式包括:直接燃烧产生蒸汽用于生活或工业供热;通过内燃机燃烧发电;作为运输工具(如汽车)的动力燃料;经脱水和深度净化处理后用作城市民用燃气;用于燃料电池;用作 CO_2 和甲醇工业的原料。其中,发电、民用燃气和汽车燃料是三种常见的利用方式。

第九章　生物催化技术在废弃物资源化与生物能源开发中的应用

能源是人类赖以生存的基础资源,是社会发展的动力,也是经济发展和人民生活改善的重要基础。当今世界,能源和环境是全球人类共同关心的问题,也是我国国民经济发展的重要问题。

目前,可供人类利用的能源种类很多,如煤炭、石油、天然气、太阳能、风能、水能、地热能、潮汐能、海流能、核能、生物质能等。其中,太阳能最大,而且是无污染、可再生的能源。通常,将自然界中以现成形式存在的能源称为一次能源,而将依赖其他资源制造或生产的能源称为二次能源。如图9-1所示,按照能否再生,一次能源可进一步分为再生能源和非再生能源。再生能源不会随着其自身的转化或人类的利用而减少,而非再生能源则会随着人类的开发和利用而越来越少。

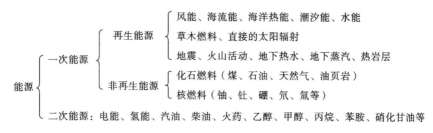

图 9-1　能源的分类

工业化的发展及人口膨胀,加快了对一次能源的消耗,使得非再生能源面临枯竭的严峻局面。在全球变暖和化石能源总量逐步下降的压力下,发展可再生能源成了国家的当务之急。在未来若干年内,人类必须在解决能源问题上采取切实可行的技术手段,以解决能源将枯竭的问题。

随着能源危机的出现,利用生物催化技术实现废弃物处理、能源开采以及新能源的开发等已受到各国的重视,目前已有大量人力、物力投入。通过酶或微生物催化剂,可以将废弃物等生物质转化为可再生的生物燃料,如乙醇、氢气、甲烷等,实现资源的再利用,减少对化石燃料的依赖和对环境的污染。通过生物催化可以利用有机废弃物生产可降解塑料,解决塑料废弃物污染环境的问题,具有显著的经济效益和社会效益。此外,微生物燃料电池技术可将有机废弃物中燃料的化学能转化为电能,实现能源的回收和利用,同时还能减少有机废弃物对环境的污染;微生物采油技术可提高石油采收率,提高国家或地区的能源自给率,减少对外部石油资源的依赖，增强能源安全保障；微生物冶金技术可以提高低品位矿石利用率，使大量原本被视为废弃物的低品位矿石、尾矿、废矿等重新成为可利用的资源，大大提高了矿产资源的整体利用率，缓解了日益紧张的矿产资源短缺问题。在不远的将来，生物催化技术在能源的生产与制备等方面将发挥越来越重要的作用。

第一节 生物质与生物质能

一、生物质

生物质是指利用大气、水、土地等通过光合作用产生的各种有机体。广义的生物质包括所有的植物、微生物以及以植物和微生物为食的动物及其生产的废弃物，代表性的生物质有农作物、农作物废弃物、木材、木材废弃物和动物粪便。狭义的生物质主要是指农林业生产过程中除粮食和果实以外的秸秆、树木等木质纤维素、农产品加工业的下脚料、农林废弃物以及畜牧业生产过程中的禽畜粪便和废弃物等。

生物质属于可再生的物质，遍布世界各地，其储量巨大，仅地球上的植物每年的生产量就相当于目前人类消耗矿物能的20倍，或相当于世界现有人口食物能量的160倍。

二、生物质能

生物质能是以生物质为载体将太阳能以化学能的形式储存在生物质中的一种能量形式。生物质能直接或间接地来源于绿色植物的光合作用，可以转化为固态、液态和气态等形式的燃料，取之不尽、用之不竭，是一种清洁的可再生能源。生物质能来源于太阳，生物质是太阳能最主要的吸收器和储存器。在各种可再生能源中，生物质能是唯一可再生的碳源，具有可再生、储量大、分布广、生长快、污染少、使用便捷等特点。

生物质能是继煤炭、石油和天然气之后的第四大能源。1987年，生物质能占世界能源消耗量的14%，相当于12.57亿吨石油。生物质能种类繁多，总体可分为三大类：植物类、非植物类和微生物类。其中，能源植物是生物质能的主要组成部分，包括农作物和农业有机残余物、林木和林产品加工废弃物。非植物类主要指动物排泄物、工业生产产生的有机废水与废渣、城镇固体垃圾等。此外，藻类、水生植物以及可以进行光合作用的微生物等，也是可以开发利用的生物质能资源。

虽然地球上的生物质能资源非常丰富，据估计，地球每年经光合作用产生的干物质约为1730亿吨，其所蕴含的能量相当于当前世界能源消耗总量的10～20

倍,然而利用率不到3%。传统能源的危机和生态环境的破坏,迫使全球能源结构必须进行战略性调整。作为新型能源舞台上的一员,生物质能必将在现代科学技术的支撑下发挥更加重要的作用。因此,高效生物质能的开发在许多国家技术开发中均占有重要地位。在当前提倡绿色低碳循环发展的时代背景下,优化生物质能应用技术,对于能源可持续发展具有重要意义。

三、生物质能的转化途径

生物质能的转化途径主要包括物理转化、化学转化和生物转化。物理转化主要是指生物质的固化,将生物质粉碎至一定的平均粒径,不添加黏结剂,通过高压条件挤压成一定形状。化学转化可分为传统化学转化和热化学转化。传统化学转化即酯化,可获得生物柴油。热化学转化可获得木炭、焦油和可燃气体等高品位的能源产品,其热加工方式包括直接燃烧、液化、气化和热解。生物转化主要是以酶法水解和微生物发酵为手段,促进生物质转化过程。借助生物催化技术,以酶或微生物为催化剂,生物质可转化为各种清洁能源,如沼气、燃料乙醇、生物氢、生物柴油等。

第二节 有机废弃物资源化

有机废弃物是指在生产、生活和其他活动中产生的,丧失原有利用价值或者虽未丧失利用价值,但被抛弃或者放弃的有机物。有机废弃物资源化是指将有机废弃物转化为可再利用资源的过程,是实现资源循环利用和环境保护的重要途径。有机废弃物主要包括:工业有机废弃物,如食品加工与造纸的废水、废渣等;城市有机废弃物,如厨余垃圾、园林垃圾,还有部分含有机成分的生活垃圾;农业有机废弃物,如农作物秸秆、畜禽粪便、农产品加工废弃物等。

有机废弃物资源化具有以下重要意义:

(1) 环境保护。可避免因填埋、焚烧等传统处理方式造成的环境污染,减少土壤、水体、大气污染以及疾病传播等问题。

(2) 资源再生。将有机废弃物转化为优质动物蛋白、有机肥、生物柴油、沼气等资源,实现资源的回收利用,缓解资源短缺压力。

(3) 推动碳循环。有助于实现生态系统的物质循环和能量流动,使各种碳进入新循环,助力"双碳"战略的实施。

一、有机废水发酵制氢

(一) 概述

从发展清洁能源的角度来看,氢是最理想的能源载体,燃烧时只生成水,不产生任何污染物,可实现真正的"零排放"。与传统的能源物质相比,氢气具有能量密度高、热转化效率高、输送成本低等诸多优点。随着化石能源的日益短缺,氢气作为一种理想的"绿色能源",将成为继柴薪时代、煤炭时代、石油时代、天然气时代后又一个全新的能源时代。氢能将在未来的能源体系中发挥举足轻重的作用。

(二) 制氢技术

自然界中的大部分氢是以化合态形式存在的,所以氢气的制取需要从其他化合物中分离获得。目前,主要的制氢技术包括物理化学法和生物法。

(1) 热化学工艺制氢。热化学工艺制氢是指能源物质(天然气、煤、生物质)在高温化学反应器中发生化学反应,生成氢气、一氧化碳、二氧化碳和甲烷的合成气,通过后续分离提纯获得较高纯度的氢气。目前,热化学工艺制氢技术包括煤气化制氢、烃类水蒸气转化制氢、甲醇水蒸气重整制氢等。

(2) 裂解水制氢。裂解水制氢是指利用电能、热能、太阳能等能量进行电解、热解或光解制氢。其中,电解制氢和光解制氢是研究比较深入的制氢技术。电解制氢过程简单,不会产生污染,但电量消耗大,应用受到一定的限制。借助光电过程利用太阳光分解水制氢的途径有光电化学法、均相光助络合(配位)法和半导体光催化法。寻找和制备高效吸收和转化可见光的光解水催化剂是利用太阳光分解水制氢技术的发展关键。

(3) 生物制氢。生物制氢主要是指微生物制氢,通过发酵或光合微生物的作用,利用生物体特有的酶催化,将有机物分解,获得氢气。相对于物理化学法制氢,生物制氢具有清洁、节能和不消耗矿物资源等突出优点。尽管目前生物制氢的产量不高,但随着现代生物技术的飞速发展,可以通过遗传改造和过程控制等手段提高生物制氢能力。此外,生物制氢还可以与有机废弃物的处理相结合,实现制氢和环保的双重目的。

(三) 生物制氢技术及产氢微生物

根据产氢微生物、产氢底物及产氢机制,生物制氢可分为三种类型:① 绿藻和蓝细菌(也称蓝绿藻)在光照和厌氧条件下分解水产氢,通常称为光解水制氢或蓝绿藻制氢;② 光合细菌在光照和厌氧条件下分解有机物产氢,通常称为光解有机物制氢、光发酵制氢或光合细菌制氢;③ 兼性厌氧或专性厌氧细菌在黑暗和厌氧条件下分解有机物产氢,通常称为厌氧发酵制氢或黑暗(暗)发酵制氢。

1. 光解水制氢

光解水制氢是蓝细菌和绿藻以太阳能为能源,以水为原料,通过光合作用及其特有的产氢酶系将水分解为氢气和氧气。蓝细菌和绿藻都不能利用有机物,需要在光照的条件下克服氧气的抑制作用。因此,光合过程中产生的氢气和氧气需要及时分离。

绿藻制氢是利用水直接光解产氢,其作用机制与绿色植物光合作用类似。该光合系统中有两个独立但协同发挥作用的光合反应中心:光合作用系统Ⅱ(PSⅡ)和光合作用系统Ⅰ(PSⅠ)。前者接收太阳能分解水产生 H^+、电子和氧气,后者产生还原剂以固定 CO_2。PSⅡ吸收光能后光解水,释放出 H^+、电子和氧气,电子在 PSⅠ吸收的光能作用下传递给铁氧还蛋白,然后到达产氢酶,在一定的条件下催化 H^+ 形成氢气。当环境中氧气的体积分数达到一定值(接近1.5%)时,产氢酶迅速失活,产氢反应停止。产氢酶是所有生物产氢的关键因素。绿色植物因为没有产氢酶,所以不能产生氢气,这是藻类与绿色植物光合作用过程的重要区别。产氢绿藻包括莱茵衣藻、斜生栅藻、绿球藻、亚心形扁藻等。

蓝细菌产氢系统是一种间接生物光解产氢系统,参与产氢代谢的酶主要有固氮酶、吸氢酶和可逆氢酶(或双向氢酶),后两者统称为氢化酶。固氮酶在催化固氮的同时催化产氢,吸氢酶可以氧化固氮酶释放出氢气,而可逆氢酶既可以吸收也可以释放氢气。这三种酶对氧都非常敏感,可被空气中的氧气或光合作用释放的氧气抑制而失活。蓝细菌由于具有两种类型的酶,因此具有两种产氢机制:固氮酶催化产氢和氢化酶催化产氢。产氢蓝细菌包括鱼腥蓝细菌属、颤蓝细菌属、黏杆蓝细菌属、念珠藻属、聚球藻属等。

根据目前光合法生物制氢技术的主要研究成果,该技术未来的研究方向主要有光合产氢机制、参与产氢代谢的酶结构与功能、产氢抑制因素、产氢电子供体、高效产氢基因工程菌的研究、产氢生物系统的研发等。尽管研究人员对光解产氢技术开展了大量的研究,但目前效果仍不理想。制氢能力及其对光能的转化率偏低,产氢代谢过程稳定性差,制氢过程需要充足的光源等问题限制了光合法生物制氢技术的发展。因此,要实现光合法生物制氢技术的大规模工业化应用,还有许多问题需要研究和解决。

2. 光发酵制氢

光发酵制氢是指光合细菌在厌氧条件下通过光照将有机物分解转化为氢气的过程。光合细菌产氢和蓝细菌产氢一样,都是在太阳能驱动下的光合作用,但是光合细菌只有一个光合反应中心(相当于蓝细菌的光合作用系统Ⅰ),由于缺少藻类中起光解水作用的光合作用系统,只能以有机物或还原态硫化物作为电子供体进行不产氧气的光合作用。产氢的光合细菌主要有红螺菌属、梭状芽孢杆菌属、丁酸芽孢杆菌属、红假单胞菌属、红硫细菌属、红杆菌属、绿硫菌属等。

光合细菌的产氢代谢有三种酶参与,即固氮酶、氢酶和可逆氢酶(甲酸脱氢酶),产氢过程由固氮酶催化,需要提供能量和还原力。不同于绿藻和蓝细菌,光合细菌的光合作用仅提供 ATP,不提供还原力 NAD(P)H。ATP 来自光合磷酸化,即细菌叶绿素和类胡萝卜素吸收光子后,其能量被传递到光合反应中心,产生高能电子。电子传递方向:电子供体→铁蛋白→钼铁蛋白→可还原底物。固氮酶在光照及 ATP 提供能量的条件下,接受还原性铁氧还蛋白(Fd)传递的电子,将 H^+ 还原为氢气,同时将空气中的 N_2 转化为氨或氨基酸,完成固氮产氢。

黑暗条件下,光合细菌通过氢酶催化,也能以有机酸、葡萄糖、醇等物质产氢,产氢机制与严格厌氧细菌类似。黑暗条件下具有较高的放氢活性,而光照时放氢活性有一定程度的下降。此外,CO_2 抑制放氢,当 CO_2 体积分数达到 20%,放氢过程几乎完全受抑制,这表明黑暗条件下的产氢可能与固氮酶无关,而是由氢酶催化。

与其他产氢的光合微生物(如绿藻、蓝细菌)相比,光合细菌光合只产氢气不放氧气,不存在产物氧气和氢气分离的问题,可大大简化生产工艺,也不会导致固氮酶失活。产氢纯度和效率也比较高,原料转化率高,可利用光谱广,并可利用多种有机废水作为原料,如淀粉废水、酿酒废水、乳制品废水、豆制品废水、精制糖废水等。然而,由于光合产氢过程的复杂性和精密性,产氢机制研究中仍有许多问题待解决,如对碳代谢途径与固氮酶的调控机制尚不清楚,光合细菌适应外界环境变化时代谢模式转变的调控机制也有待探索。此外,利用有机废水制氢所面临的实际问题也有待进一步解决,如废水的颜色(颜色深浅影响光的穿透性)、废水中铵盐浓度(铵盐会抑制固氮酶的活性,减少产氢量)、废水中的有毒物质(如重金属、毒害性有机物等)的预处理。

3. 厌氧发酵制氢

厌氧发酵制氢是指异养厌氧菌利用糖类等有机物通过暗发酵作用产生氢气。能够发酵产氢的细菌有很多,如梭菌属、类芽孢杆菌属、拟杆菌属、巨型球菌属、肠杆菌属等。

根据碳源类型的不同,厌氧发酵微生物产氢有四种基本途径:混合酸型发酵、丁酸型发酵、乙酸型发酵和 NADH 途径。以食品工业废液、发酵工业废水、造纸工业废水、农业废弃物(秸秆、牲畜粪便等)为原料进行生物制氢,既可获得清洁能源氢气,又不额外消耗能源,实现有机废弃物的资源化利用,更具有开发和应用价值,可充分发挥经济效益、环境效益和社会效益。

与光发酵制氢相比,非光合微生物的厌氧发酵制氢具有一定的优势:厌氧发酵制氢能力高于光发酵制氢,且厌氧发酵产氢细菌的生长速率一般大于光解产氢细菌;可利用不同的有机物为底物实现连续制氢;可利用生物可降解的工农业有机废弃物。提高厌氧发酵法生物制氢的能力是其应用的前提,一方面提高现有产氢菌的产氢能力,另一方面,要寻找新的高效产氢菌株。应用现代生物技术研究产氢菌生理生态是获取高效产氢菌株的有效手段之一。

不同生物制氢技术的比较如表 9-1 所示。发酵细菌的产氢速率最大,对环境条件要求最低,具有直接应用前景;光合细菌的产氢速率比藻类大,能量利用率比发酵细菌高,能将产氢与光能利用、有机物的去除结合起来,因而得到广泛的关注。非光合微生物可降解大分子物质产氢,光合细菌可利用多种低分子有机物光合产氢,而蓝细菌和藻类可光解水产氢,开发组合技术和新生物技术,有助于生物制氢技术的不断优化与完善,因此也将更具有开发潜力。

表 9-1　不同生物制氢技术的比较

生物制氢技术	产氢速率	转化底物类型	转化底物效率	环境效益
光解水制氢	小	水	低	需要光,对环境无污染
光发酵制氢	较大	小分子有机酸、醇	较高	可利用各种有机废水制氢,制氢过程需要光照
厌氧发酵制氢	大	葡萄糖、淀粉、纤维素等糖类	高	可利用各种工农业废弃物制氢,发酵液在排放前需要处理
光发酵与厌氧发酵耦合制氢	最大	葡萄糖、淀粉、纤维素等糖类	最高	可利用各种工农业废弃物制氢,光发酵过程中需要光照

(引自任南琪等,2004)

二、有机废弃物发酵产甲烷

(一)概述

很早人们就发现,富含有机物的沼泽地会发酵产生很多可燃性的混合气体,即沼气。沼气通常含有 60%～70% 的甲烷、30%～40% 的二氧化碳以及少量氢气、氮气和硫化氢等气体。天然的沼气热值不高,使用极其有限,经干燥及除去二氧化碳等杂质,浓缩净化后甲烷质量分数可提高至 90% 以上,热值也相应增加。浓缩后的沼气通常称为生物甲烷,可广泛用于发电、民用、化工原料和工业燃料等领域,应用前景广阔。各种有机废弃物,如农作物秸秆、人畜粪便、城市垃圾、工业废水废渣等,都可以用作生物发酵产甲烷的原料。这为人类提供了消除环境污染、生产可再生能源的重要途径,具有很大的发展潜力。该技术的成本主要取决于生物原料的种类和有效性、厌氧消化过程、浓缩净化技术、甲烷的运输方式、与消费终端的距离以及规模扩增所带来的经费节约等。

(二)产甲烷过程的机制及微生物

1. 产甲烷过程的机制

产甲烷一般发生在有机物的厌氧代谢过程中,是指在没有溶解氧、硝酸盐和硫酸盐存在的条件下,微生物将各种有机物分解并转化为甲烷、二氧化碳、微生物细胞以及无机物等的过程。具体转化机制在前述章节已有详细表述。

2. 产甲烷过程的微生物

复杂有机物转化为甲烷的过程有多种微生物菌群的参与，根据划分的阶段，参与的细菌主要有水解酸化菌、产氢产乙酸菌、产甲烷菌。

水解酸化菌的主要功能有两个方面：一是在水解酶的催化作用下，将大分子不溶性有机物水解为小分子水溶性有机物；二是将水解产物吸收到细胞内，经胞内复杂的酶催化转化，分解产生挥发性有机酸、醇、酮等。如多糖先水解为单糖，经过发酵途径生成乙醇和脂肪酸。蛋白质先水解为氨基酸，再经过脱氨基作用产生脂肪酸和氨。

产氢产乙酸菌是有机物转化为甲烷过程中的一类重要微生物，可将第一阶段产生的各种脂肪酸和醇转化为产甲烷菌可以利用的基质，如甲酸、乙酸、H_2和CO_2等。

产甲烷菌是厌氧代谢过程中的最后一类也是最关键一类菌群，它们的细胞结构与参与厌氧代谢过程的其他微生物菌群有显著的差异。产甲烷菌为古菌，细胞壁中缺少肽聚糖，而含有多糖。产甲烷菌可利用的代谢底物包括CO_2/H_2、乙酸、甲醇、甲酸等。近年来研究还发现，部分产甲烷菌可以氧化两个及两个以上碳原子的醇和酮。

此外，Zeikus等还提出厌氧产甲烷过程中存在同型产乙酸阶段，即同型产乙酸菌将CO_2/H_2转化为乙酸，但这类菌群所产生的乙酸往往不到乙酸总量的5%，一般可忽略不计。

(三) 产甲烷技术的应用

1. 农村沼气技术

中国、印度等发展中国家的农村地区，建立了大量的小型家用沼气池，通过发酵秸秆、杂草及人畜粪便生产沼气，用于家庭烧火做饭和照明。人均有效容积为$1.5 \sim 2.0 \text{ m}^3$的沼气池可满足全家日常需要。沼气残渣经密闭发酵，杀死了病菌和虫卵，而富含氮、磷、钾等营养物质，可作为安全有效的有机肥，改善公共卫生条件。目前，我国建有各类沼气池数百万个，在为农民提供清洁能源、改善农村生态环境、增加农民收入等方面都发挥了良好的作用。

2. 工业有机废水废渣厌氧消化

同好氧生物处理相比，厌氧消化在处理高浓度有机工业废水废渣等方面具有诸多优势：无须供应氧气，电能消耗低；可产生大量高能的沼气；产生的剩余污泥少，相应的污泥处理处置成本低。需要注意的是，厌氧消化处理后的废水中有机物浓度仍然较高，通常达不到排放或循环利用的要求。因而，可以先对高浓度有机废水进行厌氧发酵，产生沼气，再进一步好氧处理，这样既可获得能源，又可满足环保要求。

例如,我国某乙醇厂建成两座 2000 m³ 的大型沼气池,利用乙醇蒸馏后的酒糟液发酵生产沼气。常温下每天可处理酒糟 500~600 m³,产沼气 9000~11000 m³,如全部用于发电,每天可发电 12000~15000 kW·h。沼气发酵后废液可直接用作肥料,或将沉淀得后的消化污泥干燥制成固体有机肥。消化污泥可用作种植底肥,平均可增产 20% 左右。

3. 城市垃圾生产"填埋气"

随着人口增长和城市化进程加快,城市垃圾的量也在迅速增加。如何将城市垃圾转化为资源,是一个亟待解决的问题。垃圾中可生物降解物质的含量通常超过 60%,主要成分为纤维素、半纤维素、木质素、蛋白质等。利用现代填埋技术,将城市垃圾封闭在经过防渗处理的填埋场里,提供一定的条件,可使其厌氧发酵,从垃圾中产生大量"填埋气",进而可用于生产电力,供周围社区使用。

三、有机废弃物发酵制醇

(一)概述

20 世纪 70 年代出现的两次石油危机提醒我们,以石油、煤炭等不可再生资源为基础的现代工业化社会的发展模式是不可持续的,寻找可再生的替代能源和化工原料,尤其是新型液态燃料,已成为人类社会可持续发展的当务之急。地球上每年光合作用的产物高达 1500 多亿吨,是地球上最重要的可再生资源。其中,一部分蛋白质和糖类已被广泛用作人类的食品、饲料和发酵工业原料。研究表明,许多微生物都可以将淀粉水解产生的葡萄糖等糖类物质转化为各种各样的醇类、酮类、有机酸等化工产品。其中,乙醇、乙酸、乳酸、柠檬酸、甘油、各种氨基酸等早已规模化生产。然而,随着世界人口的增长,以糖类生产燃料和化工产品的发展将受到限制。

绝大部分光合作用产物为木质纤维素类物质,是纤维素、半纤维素、木质素等聚合物的复合物。就总量而言,木质纤维素类生物质是世界上最广泛的可再生生物质资源。目前,这部分资源尚未得到充分的开发利用,有些还造成环境污染,如秸秆就地焚烧、农产品加工业排放废弃物、城市丢弃有机垃圾等。仅我国每年的农林废弃物就高达 10 亿吨,工业纤维性废弃物达数千万吨。借助微生物技术等手段将其部分转化为燃料、饲料、化工原料等加以有效利用,对于解决资源不足问题具有重要意义。

鉴于目前正在开发和利用的各种产能技术及其效益,乙醇很可能成为未来石油的替代品,这是因为乙醇产能效率高,燃烧过程中不生成有毒的 CO,比其他常用燃料的污染程度低。目前,巴西、瑞士、法国、澳大利亚、日本及中国等国家都在大量开展利用农作物残余物及森林废弃物发酵生产乙醇的研究和应用工作。我国生物燃料乙醇生产技术比较成熟,部分省份已基本实现用乙醇汽油替代普通无铅汽油,成为继巴西、美国之后的第三大生物燃料乙醇的生产国和应用国。

(二) 用于乙醇发酵生产的原材料

生物燃料乙醇通常是利用微生物在蔗糖水解酶和醇化酶的作用下发酵蔗糖、淀粉或纤维素生产的。蔗糖水解酶是胞外酶,可将蔗糖水解成单糖(葡萄糖、果糖);醇化酶是参与乙醇发酵的各种酶的总称。可用于微生物发酵生产乙醇的原料很多,如表9-2所示,主要包括:① 糖类(单糖、低聚糖)原料,如甘蔗、甜菜等作物的汁液以及废蜜糖等;② 淀粉类原料,如玉米、马铃薯等;③ 纤维素类原料,如农业和林业废弃物、城市固体垃圾、草本和木本植物以及未充分利用的林产品等。

表 9-2　微生物发酵生产乙醇的原料

类　别		原　料
淀粉类	谷物类	玉米、小麦、高粱、大麦、燕麦等
	薯类	木薯、马铃薯、红薯等
	工业淀粉及副产品	工业淀粉、湿磨副产品等
纤维素类	农业废弃物	农作物秸秆、木薯渣、甘蔗渣等
	林业废弃物	森林残留物、木材加工剩余物、废弃木材等
	工业副产品	废纸及造纸黑液、食品加工废弃物等
	能源植物	芒草、柳枝稷等
糖类(单糖、低聚糖)		葡萄糖、木糖、果糖、蔗糖、糖蜜、甜菜、乳浆等

(改自王家德等,2014)

目前,以糖类(单糖、低聚糖)和淀粉类原料生产乙醇的技术已非常成熟且已商业化。在人口膨胀、粮食短缺及其价格较高的情况下,以粮食类为原料大规模发酵乙醇明显受到限制。相比之下,纤维素类原料(如农林废弃物、城市固体垃圾等)来源广、数量大、价格低,可以大大降低乙醇的生产成本。因此,利用纤维素生产乙醇的发酵技术已成为近几十年来的研究热点。

(三) 纤维素生物质发酵生产燃料乙醇的基本工艺流程

由纤维素生物质生产燃料乙醇一般包括预处理、水解和发酵三个主要步骤,如图9-2所示。

1. 预处理

由于木质素与半纤维素对纤维素的保护作用以及纤维素本身的结晶结构,天然的纤维素生物质直接进行酶水解时水解程度很低,通常需要采取一定的预处理措施。预处理的目的是破坏天然纤维的结构,降低纤维素的结晶度,脱去木质素

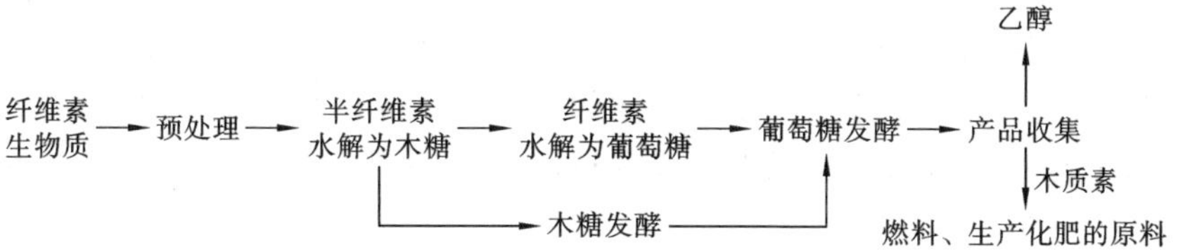

```
纤维素          半纤维素      纤维素                     乙醇
生物质 → 预处理 → 水解为木糖 → 水解为葡萄糖 → 葡萄糖发酵 → 产品收集
                      ↓            ↑                    ↓
                    木糖发酵 ───────┘                   木质素
                                                    燃料、生产化肥的原料
```

图 9-2　纤维素生物质生产燃料乙醇的基本工艺流程

或半纤维素,增加生物质的孔隙率,提高酶与纤维素的接触面积,从而提高纤维素和半纤维素的酶解效率。目前,纤维素生物质的预处理方法主要有物理法、化学法和生物法。

物理法包括机械粉碎、辐射处理和微波处理。机械粉碎是常用的预处理方法,可使颗粒减小,降低结晶度和聚合度,从而提高酶解转化率,其中,球磨法最为有效。其他物理法包括 γ 射线、高能电子、微波处理等。但这些物理法的能耗与成本往往比较高。

化学法有蒸汽爆破、氨纤维爆裂、碱水解、酸处理、湿式氧化处理、有机溶剂处理等,各方法均有其优缺点,主要问题在于化学药剂的毒性和污染效应,导致处理成本也很高,制约了技术的应用。

生物法是利用分解木质素的微生物或酶对纤维素生物质进行预处理,除去木质素,解除木质素对纤维素的包裹。常用的微生物有白腐真菌、褐腐真菌和软腐真菌,培养过程中可以产生分解木质素的酶,提高纤维素和半纤维素的酶解效率。生物法具有反应条件温和、能耗低、专一性强、处理成本低、无环境污染等优点。但目前存在的问题也较多:能降解木质素的微生物种类少,木质素分解酶的生产效率低,生产成本较高,处理过程中部分纤维素和半纤维素会被细菌消耗掉等。尽管如此,研究人员对纤维素生物质的生物降解开展了大量研究,随着生物技术的发展,尤其是基因工程技术的应用,许多改良基因工程菌将会在纤维素生物质预处理中发挥重要作用。

虽然纤维素生物质预处理方法比较多,但至今仍缺乏经济高效的方法,需要研发新的预处理技术。

2. 水解

一些高活性乙醇生产菌株不能直接利用纤维素生物质作为发酵底物,必须水解纤维素生物质,将其转化为菌株可利用的糖类。纤维素生物质的水解主要是指纤维素和半纤维素的水解。纤维素本质上是一种葡聚糖,半纤维素则是戊聚糖。水解过程也叫糖酵解过程,通过酶的作用破坏纤维素和半纤维素中的氢键,将其分解为可发酵的单糖(五碳糖和六碳糖)。水解过程如下:

纤维素:$(C_6H_{10}O_5)_n$(葡聚糖)$+ nH_2O \longrightarrow nC_6H_{12}O_6$(葡萄糖)

半纤维素：$(C_5H_8O_4)_n$（戊聚糖）$+nH_2O \longrightarrow nC_5H_{10}O_5$（戊糖）

酶水解可以在常温下反应，水解副反应少，糖化产率高，无有害发酵物质，水解过程可以与发酵过程耦合。但是酶水解的预处理的设备和运行成本较高，这是因为纤维素酶的生产效率低、生产成本高，一定程度上降低了其相对于酸碱水解的优越性，限制了其大规模应用。

为提高纤维素酶的水解效率，降低其应用成本，可以采用以下途径改善纤维素酶解过程：① 选育高效产酶的微生物，借助基因工程技术，构建高产纤维素酶的基因工程菌，选择合适的发酵技术和提取工艺；② 纤维素酶水解过程中加入非离子表面活性剂，可有效避免酶失活；③ 酶水解过程采用复合酶制剂，使不同的酶更好地发挥协同作用；④ 对酶进行固定化，实现纤维素酶的重复利用，降低酶水解的成本；⑤ 为有效消除产物抑制作用，可通过超滤将水解还原糖从酶水解体系中分离出来，或采取同步发酵，以便及时消耗掉水解产生的还原糖。

3. 发酵

纤维素生物质的酶水解法转化过程通常包括以下生物催化反应：纤维素酶生产、纤维素生物质水解、单糖（葡萄糖、戊糖）发酵。纤维素生物质水解为单糖由纤维素酶参与完成，这是蛋白质水平的酶促反应，是纤维素生物质制乙醇的限速步骤；后续单糖发酵由酵母菌参与完成，这是活细胞水平上的微生物反应。根据这些过程的组合，利用微生物进行乙醇工业生产主要有四种工艺：水解发酵二段法、同步糖化发酵法、同步糖化共发酵法、联合生物工艺法（图9-3）。

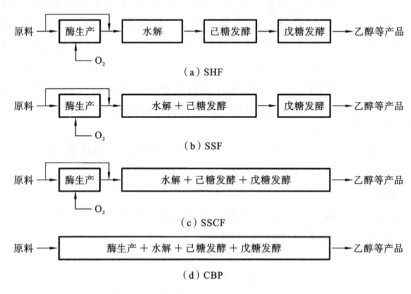

图 9-3　纤维素生物质发酵制乙醇工艺流程

(1) 水解发酵二段法:水解发酵二段法(separate hydrolysis and fermentation, SHF)是指纤维素水解和葡萄糖发酵分开进行,例如,先用纤维素酶将纤维素糖化,再经酵母发酵成乙醇。SHF 的优点在于糖化过程和发酵过程都能在各自优化的条件下进行,如纤维素水解糖化最适温度为 45~50 ℃,而大多数发酵产乙醇的最适温度为 28~37 ℃。缺点在于糖化产物葡萄糖和纤维二糖的积累会抑制纤维素酶的活性,降低糖转化率。

(2) 同步糖化发酵法:同步糖化发酵(simultaneous saccharification and fermentation,SSF)是指在同一个反应器中进行纤维素糖化和发酵产乙醇,即加入纤维素酶的同时接种乙醇发酵微生物,可使水解生成的葡萄糖立即发酵成乙醇,解除糖对纤维素酶的产物抑制作用,减少纤维素酶的用量,缩短反应时间,免去了 SHF 中的固液分离步骤,避免还原糖的损失,同时节省反应器容积,降低投资与生产成本。SSF 的乙醇产量相比 SHF 可提高 40% 左右。其限速步骤在反应初期为发酵微生物的生长,后期则是酶水解糖化,其中最关键的是酶对纤维素的可及性。SSF 的缺点主要是糖化和发酵的最优温度和 pH 值不同,无法同时满足,难以保证两个过程都处于最佳状态。此外,尽管 SSF 消除了水解产物的反馈抑制,但最终产物乙醇也存在产物反馈抑制,不仅影响水解反应,还会抑制发酵菌株的生长,加速其细胞死亡,进而影响发酵反应的顺利进行。因此,选用对乙醇耐受性强的发酵菌株尤为重要。

(3) 同步糖化共发酵法:随着能同时发酵戊糖和己糖的稳定的基因重组菌株的获得,为了提高产量,可将纤维素和半纤维素产生的戊糖和己糖都进行发酵,同步糖化和共发酵(simultaneous saccharification and co-fermentation,SSCF)应运而生。半纤维素水解产生的戊糖不与纤维素分离,而是与其一起进入后续发酵产乙醇。与前两种工艺相比,SSCF 不仅减少了水解过程的产物反馈抑制,还省去了单独发酵戊糖的步骤。戊糖和己糖共发酵可以提高底物利用率和乙醇产量,还有利于降低成本。但是,目前用于乙醇发酵的微生物(如 *Saccharomyces cerevisiae*)需要改造后才能利用戊糖发酵,这在一定程度上阻碍了 SSCF 技术的应用,也是目前该技术研究需要重点解决的问题。

(4) 联合生物工艺法:上述几种工艺中,多糖水解酶(纤维素水解酶等)需要单独生产,且回收操作麻烦。自然界中某些微生物可直接把生物质转化为乙醇,这就为在同一个反应器中利用同一种微生物,完成生物质转化为乙醇所需的酶制备、水解及多种糖类的发酵等全过程,从而简化工艺、降低成本,提供了可能。联合生物工艺(consolidated bioprocessing,CBP)是将多糖水解酶的产生、水解糖化、戊糖和己糖发酵全部融入一个反应器中,整个过程由一种微生物或微生物群体来实现,也称为直接生物转化。CBP 前景非常广阔,但目前技术还不成熟,乙醇最终产量和浓度都比较低,主要原因是缺少可用于该工艺的高产、高乙醇耐受性且能有效分泌CBP所需酶的合适微生物或微生物群体。因此,寻找合适的微生物成为该技术的研究重点。此外,通过代谢工程技术将CBP所需要的所有酶集于一个菌体,构建超级细菌也是研究热点。

四、有机废弃物生产生物可降解塑料

(一)可降解塑料概述

20世纪70年代以后,塑料工业发展迅猛,在工业、农业、建筑业以及人们的日常生活中发挥着重要作用。然而,目前使用的塑料大多是化学合成的,在自然环境中很难分解,燃烧处理又会产生有害气体,越来越多的塑料垃圾对生态和环境造成极大的危害。为此,世界各国纷纷采取对策,意大利、美国、日本、德国等先后制定了限用或禁用非降解塑料的法规,与此同时,研发各种可降解塑料。

可降解塑料包括光可降解塑料、生物可降解塑料(图9-4)、化学可降解塑料、光-生物可降解塑料等。其中,生物可降解塑料在使用后进入生态循环系统自然降解,可解决塑料废弃物污染环境的问题,具有显著的经济效益和环境效益。研发高效生物可降解塑料已成为全球关注的研究热点。

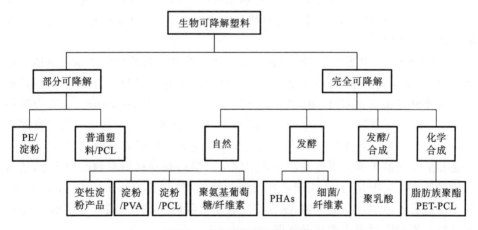

图9-4 各种生物可降解塑料

(引自李建政等,2004)

(二)PHAs的结构与性质

在众多生物可降解材料中,聚-β-羟基脂肪酸酯(polyhydroxyalkanoates,PHAs)是重要的生物可降解塑料之一,不仅具有高分子化合物的基本特性,还具有生物可降解性和生物相容性。PHAs在微生物系统中普遍存在,具有优良的环保特性,已成为应用环境微生物学的热门研究课题。

早在20世纪初,人们就在微生物体内发现了聚-β-羟基丁酸(polyhydroxybutyrate,PHB),此后又在近 100 种细菌中发现了 PHAs。20 世纪 70 年代,随着石油危机和环保运动的兴起,PHAs 开始受到重视。PHAs 的通式可以表示如下:

$$\left[-O-CH(-CH_2)_m-\overset{\overset{R}{|}}{C}\overset{O}{\|} \right]_n$$

其中,当 R 为甲基时,为 PHB;当 R 为乙基时,为 PHV(polyhydroxyvalerate)。

PHAs 可以是同一种羟基脂肪酸的均聚物,也可以是不同羟基脂肪酸的共聚物。在 PHAs 家族中,研究和应用最为广泛的是 PHB、PHV、PHBV(poly-(3-hydroxybutyrate-co-3-hydroxyvalerate),3-羟基丁酸与 3-羟基戊酸的共聚物)。PHAs 分子链中手性中心碳原子只有 R 构型,使得 PHAs 具有光学活性,具有普通高分子化合物的轻弹性、可塑性和耐磨性等基本特性,而其生物可降解性和生物相容性使其成为同类用途的石化合成塑料最具潜力的替代品,可减少或避免塑料废弃物对环境的污染,具有深远的环保意义,在日常生活的各个领域都有着广阔的应用前景。

(三) PHAs 的生物合成

1. 合成 PHAs 的主要微生物

早在 1925 年,Lemoigne 首次发现 PHB 在巨大芽孢杆菌细胞内的积累。20 世纪 50 年代末,Macrae 等发现 PHB 是微生物在氮源或磷源受限而碳源过剩的情况下体内积累的一种营养储存物,开创了微生物发酵生产 PHB 的先河。20 世纪 80 年代初,人们又在细菌合成的 PHAs 中发现了 3-羟基戊酸(3-HV)、3-羟基己酸(3-HHx)和 3-羟基辛酸(3-HO)等单体。PHA 的单体已有 150 多种,新的单体还在不断被发现。目前已发现大约 300 种微生物可积累 PHAs,包括革兰阳性菌和革兰阴性菌,发酵能力较高的菌株主要有固氮菌属(*Azotobacter*)、假单胞菌属(*Pseudomonas*)、产碱杆菌属(*Alcaligenes*)、甲基单胞菌属(*Methylomonas*)、红螺菌属(*Rhodospirillum*)、芽孢杆菌属(*Bacillus*)等。除上述几大菌属外,20 世纪 90 年代以来,研究发现部分红球菌属(*Rhodococcus*)、诺卡菌属(*Nocardia*)和棒杆菌属(*Corynebacterium*)能够利用葡萄糖或其他单一碳源生成含 HB 和 HV 的 PHAs。例如,红球菌 NCIMB40126 可利用葡萄糖在细胞内形成 HB 与 HV 之比为 24∶76 的 PHAs;极端嗜盐菌利用淀粉为唯一碳源产生 HV 含量为 7.5%～17.7%的 PHBV。

随着分子生物学与基因工程技术的迅速发展,可以通过向原本不能产生 PHAs 的微生物或者一些植物中植入 PHB 合成基因或进行基因重组,使微生物或者植物具有 PHAs 的合成能力。目前,典型代表是大肠杆菌基因工程菌或相应的基因工程植物。

2. PHB 与 PHBV 的生物合成

对于 PHB,目前主要有三种合成方式:一种是直接作为许多细菌的能量物质;一种是有些细菌在碳源丰富而缺乏某些营养成分(如氮、磷、钾、镁、氧、硫等)时会自发积累 PHB;还有一种是有些细菌在不需限制某种营养成分条件下就会积累 PHB。

在不同微生物体内,PHB 的合成积累途径一般如下(图 9-5):第一步,3-酮硫裂解酶催化乙酰辅酶 A 生成乙酰乙酰辅酶 A;第二步,在 NADPH 依赖的乙酰乙酰辅酶 A 还原酶的作用下把乙酰乙酰辅酶 A 还原成 D-(-)-3-羟基丁酰辅酶 A;第三步,单体的 D-(-)-3-羟基丁酰辅酶 A 经 PHB 合成酶催化聚合合成 PHB。

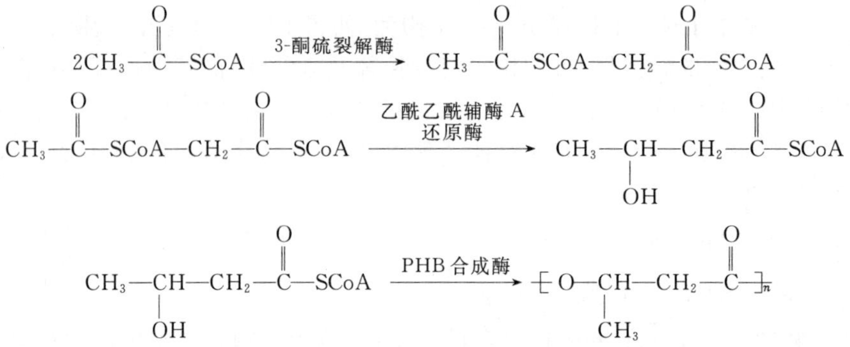

$$2CH_3-\overset{O}{\underset{}{C}}-SCoA \xrightarrow{3-酮硫裂解酶} CH_3-\overset{O}{\underset{}{C}}-SCoA-CH_2-\overset{O}{\underset{}{C}}-SCoA$$

$$CH_3-\overset{O}{\underset{}{C}}-SCoA-CH_2-\overset{O}{\underset{}{C}}-SCoA \xrightarrow{乙酰乙酰辅酶 A 还原酶} CH_3-\underset{OH}{\underset{|}{CH}}-CH_2-\overset{O}{\underset{}{C}}-SCoA$$

$$CH_3-\underset{OH}{\underset{|}{CH}}-CH_2-\overset{O}{\underset{}{C}}-SCoA \xrightarrow{PHB 合成酶} {[-O-\underset{CH_3}{\underset{|}{CH}}-CH_2-\overset{O}{\underset{}{C}}-]}_n$$

图 9-5 PHB 的生物合成积累途径

对 PHBV 合成的研究发现,在多数情况下,微生物以糖类为基础碳源,同时添加丙酸或戊酸来产生 PHBV。微生物利用自身代谢系统,将糖类和添加的丙酸或戊酸分别转化为 HB 和 HV,生成的 HB 与 HV 在 PHB 合成酶的作用下进一步聚合,生成共聚物 PHBV。通过调整丙酸或戊酸的配比,可以精确控制共聚物中 HB 与 HV 的比例。

3. PHAs 的发酵生产

可用于生物合成 PHAs 的微生物种类很多,但目前可以实现工业化生产的微生物并不多,需要考虑到细胞利用廉价碳源的能力、生长繁殖速率、多聚物合成速率以及在细胞内积累多聚物的能力。真养产碱杆菌是目前动力学和代谢途径研究较为透彻的一类微生物,是目前主要应用于工业化生产多聚体的微生物。由于真养产碱杆菌只有在某些营养成分(如氮、磷或氧等)缺乏而碳源过量的不平衡条件下才能大量积累 PHAs,因此,在发酵生产 PHAs 过程中,一般可分为两个阶段分别控制:第一阶段是菌体细胞的生长繁殖阶段;第二阶段是多聚体的形成阶段。当培养基中某种营养物质耗尽时,细胞进入 PHAs 形成阶段,在此阶段 PHAs 大量形成,菌体细胞基本上不再繁殖。

在 PHAs 生产中,根据操作条件的不同,通常采用三种发酵方式:分批发酵、连续发酵和补料发酵。其中,补料发酵作为分批发酵和连续发酵的过渡,具有明显的优势。与分批发酵相比,补料发酵可以解除营养物质的抑制、产物反馈抑制和葡萄糖分解阻遏效应;与连续发酵相比,补料发酵可避免菌种老化和变异问题。补料发酵已成为各国 PHAs 发酵的主要方式。

4. PHAs 的提取

确定 PHAs 的提取技术时需要考虑两个方面的问题:一是提取方法的合理性,主要评价指标包括提取率、产物纯度,提取过程中 PHAs 的结构是否受影响,前处理与后处理等操作过程是否复杂,从实验室到工业规模生产放大的可行性等;二是提取方法的经济性,要考虑提取过程中的材料成本、能耗以及设备投资等。PHAs 组分以颗粒状态存在于细胞中,难以分离和提取,因而探索适宜的提取方法以降低提取成本具有重要意义。目前研究较多的提取方法有有机溶剂提取法、次氯酸钠法、酶法和表面活性剂/次氯酸钠法。这些方法并不尽如人意,在简化操作过程、降低操作成本的同时,往往造成产品质量不理想。在保证产品质量的同时,最大程度地降低提取成本,已成为提取方法从实验室阶段过渡到工业化应用阶段的关键。

五、有机废弃物生产单细胞蛋白与饲料

(一)单细胞蛋白概述

单细胞蛋白(single cell protein,SCP),又称菌体蛋白、微生物蛋白,是以各种有机或无机营养物质为培养基,在适宜的条件下培养单细胞微生物(如细菌与放线菌中的非病原菌、酵母菌、霉菌和微型藻等),使其大量增殖,收集菌体并加工后产生的蛋白质。单细胞蛋白营养极为丰富,除含有大量蛋白质和人体必需的 8 种氨基酸以外,还含有多种维生素、糖类、脂类等。

目前,人们普遍认为单细胞蛋白是非常具有前景的蛋白质新资源之一,在解决粮食中蛋白质不足和动物饲料等方面的问题中发挥着重要作用。同时,工农业生产又不断产生大量的废弃物,其中有大量的纤维素、木质素等可再生生物资源。由于缺乏合理利用,这些废弃物被焚烧或填埋,不仅造成生物质资源的浪费,而且造成环境污染。在此背景下,利用微生物将这些物质转化为高酶活性的单细胞蛋白,已成为国际上令人瞩目的研究课题。

人类利用微生物的发酵过程生产各种食品已有数千年历史,而以纯培养的微生物作为食物还是 20 世纪以来的事情。第一次世界大战期间,德国为了解决粮食问题,开展了利用小球藻、酵母作为食物资源的研究,以纸浆和造纸厂排出的废液作为底物(主要利用其中的木糖)生产出食用酵母,并将酵母产品用作肉类的代用品,以弥补蛋白质的不足。随后又开发出利用造纸工业的亚硫酸盐废液制造饲

料酵母的技术。如今,利用其他各种有机废料作为原料生产单细胞蛋白,正引起世界科学界和工业界的关注。

与动植物蛋白相比,单细胞蛋白生产周期短、原料来源广、能源利用率高,且对环境的影响和依赖性小,可作为动植物蛋白食品的替代品。单细胞蛋白还含有多种维生素、不饱和脂肪酸和无机盐,营养价值高,可用于生产功能性食品。此外,单细胞蛋白具有良好的水合性、胶凝性、乳化性和组织成型性等,可在食品加工中用作食品添加剂。

(二) 用于生产单细胞蛋白的微生物

用于生产单细胞蛋白的微生物种类繁多,包括细菌、放线菌、酵母菌和其他真菌、单细胞藻类等。主要细菌和放线菌有无色杆菌、甲烷假单胞菌、氢单胞菌、甲基单胞菌、巨大芽孢杆菌、假单胞菌、嗜甲基菌、诺卡菌等。细菌的生产原料广泛,生产周期短,且产物的蛋白质含量高,但细菌菌体小,含有较复杂的其他成分,分离困难。主要酵母菌有啤酒酵母、热带假丝酵母、产朊假丝酵母、解脂假丝酵母等。酵母菌个体细胞大,易于分离和回收,在偏酸环境中容易生长,可减少污染;所产蛋白质易于被人体吸收,目前生产应用较多。主要霉菌有根霉、曲霉、青霉和木霉等,真菌菌丝生长慢且易受污染,因此必须在无菌条件下培养,蛋白质含量较低。主要藻类有小球藻、螺旋藻等。螺旋藻蛋白质含量(50%~70%)是已知动植物中最高的,还含有18种氨基酸(包括8种必需氨基酸),但由于藻类具有纤维质的细胞壁,不易被人体消化吸收,且有重金属富集风险,藻类作为食品还需要进行深加工。

(三) 生产单细胞蛋白的有机废弃物种类

利用有机液体和固体废弃物作为发酵底物并不是一个新的想法,多年以来,蜜糖被广泛用作发酵面包酵母、柠檬酸和青霉素的碳源。能源价格的不断上涨以及环境污染控制的需要,进一步推动了通过发酵将废弃物转化为食物和饲料技术的发展和应用。

自然界微生物资源十分丰富,可用于单细胞蛋白生产的原料较多,大致可以分为以下几类。

(1) 烃及其氧化衍生物:这类碳源主要有石油烃、天然气及其氧化物,如合成法生产的甲醇、乙醇、乙酸等。正烷烃可从原油中提取,纯度高,但是短链烷烃的溶解度较小,长链烷烃不溶解,因此发酵过程中需氧量高,放出大量热量,能耗和冷却成本较高。甲醇可利用天然气、原油生产,其成本低、易获得、纯度高,需氧量及放热量低,缺点在于能利用甲醇的微生物种类有限,且甲醇易挥发,浓度高时对微生物有毒性。

(2) 农林牧业加工中的固体废料与废液:如农业废弃物、纸浆和造纸废弃物、酿酒业废弃物、屠宰场废水、木材加工中的废弃物、食品加工中的废弃物、海产品加工中的废弃物等。

（3）城市有机垃圾：如城市居民区有机垃圾、污水处理厂污泥、制药厂废弃物等。

（4）工业废气：火电厂、钢铁厂和发酵厂等排出的大量二氧化碳可用于微型藻类和氢单胞菌的人工培养。以正烷烃为主的炼油厂的废气可用于生产石油二次产品，如合成甲醇、乙醇、甲醛、乙酸等，进一步用于生产单细胞蛋白，但这些资源的利用仍处于研究阶段。

此外，利用以二氧化碳为碳源的自养型微生物生产单细胞蛋白的研究也受到重视，包括光能无机营养型的藻类、光合细菌等，以及化能自养氢细菌等。

判断有机废料是否适合用于生产单细胞蛋白，可以考虑以下原则：① 价格低廉；② 易于被微生物降解；③ 原料可常年可靠地供应，可安全、经济地储存，并且可经济地运往工厂所在地；④ 质量稳定。

（四）单细胞蛋白的一般生产流程

单细胞蛋白生产的工艺流程包括微生物菌种的培养、微生物菌种的收获、微生物蛋白质的分离、微生物蛋白质的提纯、单细胞蛋白食品的制备等步骤，如图 9-6 所示。

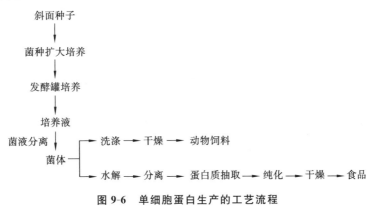

图 9-6　单细胞蛋白生产的工艺流程

1. 微生物菌种的培养

首先，选用适合生产的微生物菌种，将培养好的菌种、水、基质、营养物质等投入发酵罐中进行培养，可采用分批发酵或连续发酵的方式。培养过程中要对温度、pH 值、氧气含量、营养物等条件进行控制。通过培养，微生物大量生长繁殖，以满足后续的生产需要。

2. 微生物菌种的收获

采用离心、过滤等方法将繁殖良好的微生物分离出来。对于比较难分离的菌体,可先加入絮凝剂,改善菌体的沉降性能,以便于分离。

作为动物饲料的单细胞蛋白,收集离心后的浓缩菌体,洗涤后经喷雾干燥或滚筒干燥就可以得到可以出售的产品。作为人类食品的单细胞蛋白,还需要进一步分离和提纯。

3. 微生物蛋白质的分离

可采用超声波、压力过滤等方法将微生物蛋白质与微生物细胞的其他组分分离开来。

4. 微生物蛋白质的提纯

采用离子交换、凝胶渗透等方法,对分离出的微生物蛋白质进行提纯。

5. 单细胞蛋白食品的制备

纯化后的微生物蛋白质经过干燥、调味等加工处理可制成食品蛋白。作为人类食用的单细胞蛋白,尤其是作为蛋白质的来源,必须是干燥、可溶的粉末,色泽极淡且极少气味;活细胞数低,不含病原体;营养价值高,核酸含量低,且毒性物质含量低。

对于有机固体原料,通常采用固态发酵法,其优点包括:① 发酵不需严格灭菌条件;② 以纤维素生物质和粗淀粉为原料,不需特殊预处理;③ 产物全部用作饲料,后处理简单,产量高;④ 设备投资少;⑤ 发酵过程无废水或废水量少,无环境污染。但也存在一些技术难点,包括:固态基质传质与传热困难,参数不易监控;缺乏大型发酵设备。

对于高浓度有机废水,宜采用连续发酵,以便降低电耗和生产成本,提高生产效率和原料利用率。在一定通风量条件下,连续发酵的重点在于控制好稀释率,使菌体生长始终处于对数期,达到最大生物量和 COD 物质去除率。主要问题在于:液体深层培养需要较强的通风供氧,能耗较大;有机废水中基质浓度相对较低,菌体浓度不会太高,因此细胞分离、干燥成本相对增加。

第三节 生物燃料电池

一、生物燃料电池概述

燃料电池(fuel cell,FC)是一种在金属催化剂的作用下将燃料(如石油、天然气、甲醇、氢气等)与氧化剂(通常是氧气)中的化学能转化为电能的发电装置,借助电化学反应产生电能和热能。与传统的能源相比,燃料电池在反应过程中不涉及燃烧,能量转换不受卡诺循环的限制,具有高效、清洁和环保的特点,是21世纪首选的清洁高效发电技术,是继水力、火力、原子能之后的第四种发电方式,受到研究人员的广泛关注。

生物燃料电池(bio fuel cell,BFC,图 9-7)是用生物催化剂(酶、微生物或者微生物组织)代替传统的金属催化剂,将燃料中的化学能转化为电能的发电装置。其中,酶、微生物或微生物组织是该类电池结构的核心组成。在生物燃料电池中,阳极和阴极分别发生氧化反应和还原反应。有机物在阳极氧化产生质子和电子,电子经外电路由阳极流向阴极,产生电流。通过生物代谢过程,不断向电解液中补充反应所需的各种离子,促使循环电路持续产生电流。

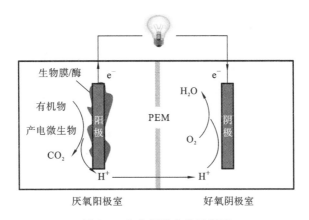

图 9-7　生物燃料电池示意图

早在 1910 年,英国植物学家 Petter 将酵母和大肠杆菌放入含葡萄糖的培养基中进行厌氧培养,其产物在铂电极上显示出 0.3~0.5 V 的开路电压和 0.2 mA 的低电流。人类真正对生物燃料电池感兴趣是在 20 世纪 50 年代末,随着人类航天研究的迅速发展,主要是想借助生物燃料电池来处理宇航员生活产生的废弃物,进行发电,因而关于生物燃料电池的报道相继增加。21 世纪初,生物燃料电池的研究得到世界范围内的广泛关注,研究内容包括生物体系、电极材料、膜材料、反应装置等。

作为一种特殊的燃料电池,生物燃料电池发电效率高达 40%~60%,综合利用率可达 80%,对环境影响极小,极具发展潜力。尽管目前发电效率低,尚处于试验阶段,但随着生物技术等相关学科的发展,生物燃料电池的工业化应用将越来越成熟。

二、生物燃料电池的工作原理

生物燃料电池以酶或微生物为催化剂,将有机物中的化学能转化为电能。其基本工作原理:在阳极室厌氧环境中,有机物在生化作用下分解并释放出质子和电子,电子依靠合适的电子传递介体从生物体传递至阳极表面,并通过外电路传递到阴极,同时质子穿过质子交换膜到达阴极溶液中,与电子、氧化剂(一般为氧气)发生还原反应生成水,从而形成完整的化学反应途径(图9-7)。电子传递到阳极时产生负阳极电位,而电子与质子到达阴极产生正阴极电位,电子流耦合产生的电位差使电子定向移动,从而产生电流。

以葡萄糖作为基质、氧气作为电子受体为例:

阳极反应:$C_6H_{12}O_6 + 6H_2O \longrightarrow 6CO_2 + 24H^+ + 24e^-$

阴极反应:$6O_2 + 24H^+ + 24e^- \longrightarrow 12H_2O$

电池总反应:$C_6H_{12}O_6 + 6O_2 \longrightarrow 6CO_2 + 6H_2O$

可见,生物燃料电池产电过程主要包括五个步骤:① 底物(燃料)的生物氧化,阳极室内有机物被酶或微生物催化氧化,产生电子、质子和代谢产物;② 阳极还原,有机物氧化产生的电子从酶或微生物表面传递至阳极表面,使电极还原;③ 外电路电子传递,电子经由外电路到达阴极;④ 质子迁移,有机物氧化产生的质子从阳极室迁移至阴极室,到达阴极表面;⑤ 阴极反应,阴极室中的氧化剂(如氧气)与阳极传递过来的质子和电子在阴极表面发生还原反应,氧化剂被还原。至此,通过电子的产生、传递和消耗产生电流,完成整个产电过程。

三、生物燃料电池的类型

根据工作性质的不同,生物燃料电池的结构变化较大,目前常见的结构类型有单室型、双室型和多级串联型,尽管结构存在差异,但基本组成相似。单室型生物燃料电池只有一个阳极室,阴极暴露在空气中,以氧气为电子受体,因此也称为空气阴极生物燃料电池。空气阴极在无外力作用的情况下直接从空气中吸收氧气,降低了曝气成本,进一步提高了生物燃料电池技术的实用性。同时,阴极室被压缩直至阴极化,缩短了阴极与阳极之间的距离,从而降低了电荷转移内阻,提高了功率密度,减小了装置体积。双室型生物燃料电池含有2个单室,根据所处理的废水性质不同,中间的分隔膜可分为质子交换膜与离子交换膜,2个单室可处理不同性质的废水,如在阳极室降解有机废水的同时阴极室进行重金属废水处理。

根据生物催化剂形式的不同,生物燃料电池可分为微生物燃料电池(microbial fuel cells,MFCs)和酶燃料电池(enzymatic fuel cells,EFCs)。微生物燃料电池以整个微生物细胞为催化剂,通过微生物代谢产生的电子驱动电流,将化学能转化为电能,包括酵母燃料电池、细菌燃料电池等。微生物燃料电池对燃料的氧化能力强,使用寿命长,但能量密度低,副反应多。酶燃料电池以脱氢酶和氧化酶等为催化剂,甲醇和葡萄糖为原料,反应产生的能量密度高,对温度和压力的适应性强,但也面临着酶的稳定性、耐久性和成本等挑战,使用寿命短。

按电子传递方式,生物燃料电池可分为直接生物燃料电池和间接生物燃料电池。前者燃料在电极上氧化,电子直接从燃料分子转移到电极上,生物催化剂的作用是催化燃料在电极表面的反应。后者燃料不在电极上反应，而在电解液中或其他地方，电子通过具有氧化还原活性的介体传输到电极上。目前，直接生物燃料电池相对较少，使用介体的间接生物燃料电池占据主导地位。氧化态的小分子介体可以穿过细胞膜或酶蛋白的外壳到达反应部位，接受电子被还原，然后扩散到阳极表面发生氧化反应，从而加速生物催化剂与电极之间的电子传递，提高工作电流密度。

四、影响生物燃料电池性能的因素

目前，输出功率是衡量生物燃料电池性能的重要标准，输出功率的大小与许多因素有关，主要取决于电子在微生物和电极之间的传递效率、电极表面积、电解液（阳极液和阴极液以及质子交换膜）的电阻和阴极区的反应动力学等因素。对于阳极室，生物催化剂的种类与数量、燃料的类型与浓度、进料速率、底物转化速率等是影响性能的重要因素。对于阴极室，电子受体的种类和数量、阴极催化剂、阴极液pH值、操作温度和离子强度等对生物燃料电池的性能有重要影响。影响生物燃料电池性能的关键因素如下。

（1）底物转化率：主要受生物量、营养物质的传质、微生物生长动力学和质子传递效率等因素的影响。首先，为保证在最短时间内积累足够的生物量，需要确保微生物生长的最佳条件。其次，为保证微生物与营养物充分接触，培养基的充分混合至关重要。其中，通入氮气的方式是可行的，并且效果很好。另外，提高质子传递效率和选择优质的膜也能提高底物转化率。

（2）电池内阻：包括两个电极之间电解质的电阻和质子交换膜的电阻，从优化角度来看，两电极之间的距离应尽可能短。质子的迁移会严重影响与电阻相关的电位损失，充分搅拌有利于减小电位损失。

（3）电池的电解质：电解质的pH值的选取十分关键，既要保证微生物处于最佳生长状态，又要保证质子高效透过膜。如果pH值过高，质子倾向于在还原态，对电子的产生和传递会产生不利影响。另外，为了保证质子交换膜的良好性能，电解液不应对质子交换膜产生腐蚀作用，同时电解质也形成一部分电池内阻，因此，应尽可能提高电解质的导电性。

（4）阴极室供氧：生物燃料电池的阴极室较多采用开放式，利用空气中的氧气为氧化剂，但仅靠正常大气压下的溶解氧是不够的，为了保证氧气的充足供应，一般采用空气饱和电解质，或向电解质中不断通入空气。当然，如果条件允许，也可以直接通入氧气。

（5）阳极室除氧：质子交换膜对氧气都有一定的透过性，对于阳极室的厌氧菌来说，氧气的存在对其代谢极为不利，会使氧化还原电位升高，抑制厌氧菌的代谢，严重时还会影响电池的性能。

因此，对于特定的生物燃料电池系统，优化操作条件，可以提高生物燃料电池的性能。

五、生物燃料电池的应用

1. 生物质能的利用

生物燃料电池利用微生物氧化和代谢废水中的有机物，同时产生电能，为解决废水处理系统能耗高的难题提供了新的解决方案，使生物燃料电池技术在废水处理领域备受关注。废水中的有机物的能量以化学能的形式存在，其数量为处理过程所耗费电能的9.3倍。将有机废水作为生物燃料电池的"养料"，既能处理污水，又能实现能源的可持续利用。因此，只要生物燃料电池技术发展成熟，就可以利用从废水中回收的能量实现废水处理系统能量的自给自足，甚至产生额外的电能。

2. 生物传感器

生物燃料电池的电流或电量输出与电子供体存在一定的关系，其电信号可以直接反映水体污染程度，实现在线监测，因此生物燃料电池在生物传感器领域发展迅速。生物燃料电池生物传感器早已用于BOD、COD、DO以及有毒物质的检测，具有性能稳定、灵敏度高的特性。例如，研究人员制备了生物阳极和生物阴极作为毒性监测的传感元件，用于监测有机物、Hg^{2+}、阿维菌素和金霉素，结果阳极生物膜和阴极生物膜的活性均受到抑制，因此生物燃料电池可用于有机物及毒性物质监测。

3. 人造器官的动力源

生物燃料电池对生物学和临床医学等领域的研究具有重要意义。生物燃料电池可以作为植入式体内电源，利用人体或动物体内大量存在的乳酸、维生素C、葡萄糖等内源性物质作为燃料，将其转化为电能，用作人或动物的内置电源，为人造心脏、心脏起搏器、血管纳米机器人等提供电能。

第四节 微生物采油

一、微生物采油概述

石油资源是非常宝贵的，属于不可再生资源，在人们的生产生活过程中发挥着积极的作用。随着我国社会的发展以及现代化工业的繁荣，对石油的需求也在逐渐增加。在各种能源日益紧张的今天，世界各国对石油的开采空前重视。就我国而言，由于开发时间较长，国内许多油田的采收率呈下降趋势，开采难度逐渐加大。经过两次常规采油，总采收率一般只占地下原油的 30%～40%，残留在地层中的原油仍占 60%～70%。寻找和开发新的有效而成本低的采油技术，提高采收率，从地下开采出更多原油，一直是世界上许多国家持续研究的问题。

微生物提高石油采收率(microbial enhanced oil recovery，MEOR)技术又称微生物采油技术，是利用微生物在油藏环境中的有益活动提高石油产量的三次采油技术，是 20 世纪中叶发展起来的生物学与油田开发技术相结合的新技术。微生物采油可以采出流动的原油和不流动的石油，延长枯竭井的寿命，充分利用资源，是目前最经济且最有前途的强化采油方法。

二、微生物采油的原理

MEOR 是微生物提高石油采收率的各种技术的总称，凡是与微生物有关的采油技术均属于 MEOR，从机制上大致分为本(异)源生物采油技术(细菌法)和生物酶采油技术两大分支。

原油中含有大量的饱和烃、芳香烃、胶质与沥青质，采油微生物以烃类为碳源，通过向井内注入营养液的方式实现微生物的增殖，同步实现烃类的代谢和有效利用。同时，新陈代谢产生的氢气及二氧化碳等气体可以提高地层压力，降低黏度，提高原油的流动性。代谢生成的有机物可以改变油藏内岩石的湿润性，降低原油的界面张力，对油层表面岩石具有脱膜的效果，有利于提高石油的采收率。微生物内的酸类物质能够加速岩石内盐分的溶解，提高岩石孔隙度，提高渗透率，适应现阶段石油开采工作的要求。总的来说，微生物采油的原理包括三个方面：微生物降解作用、代谢产物的作用以及微生物的自身作用，如表 9-3 所示。

表 9-3　微生物及其产物对提高石油采收率的作用

微生物及其产物	作用
微生物生命体	选择性或非选择性封堵； 对烃类黏附引起乳化作用； 改善固体表面性质； 降解原油； 降低原油黏度和原油凝固点； 原油脱硫作用
气体(CO_2、CH_4、H_2)	使油层压力增加； 原油膨胀； 降低原油黏度
酸	改变油层岩石； 增加孔隙度与渗透率； 与碱质岩石反应生成 CO_2

续表

微生物及其产物	作　用
溶剂	对碳酸盐的溶解作用； 溶解原油
表面活性剂	降低界面张力； 乳化作用
高分子化合物	流度控制； 选择性或非选择性封堵

（引自王家德等，2014）

菌种筛选是 MEOR 技术应用的关键，筛选的基本原则是所选微生物须适应油藏环境条件（如高温、高压、高盐、缺氧及不同渗透率和 pH 值等），在此环境下生长代谢产生的表面活性剂、酸、气体、溶剂及高分子化合物等物质能有效乳化原油、增加压力、降低黏度，从而提高原油流动性。根据生理生化特性，油藏微生物分为发酵菌、硫酸盐还原菌、硝酸盐还原菌、铁还原菌和产甲烷古菌等。MEOR 技术用于开采深层高温油井时，从自然界分离到的微生物很少能够满足所有的要求。为此，可通过分子生物学操作改造现有菌种，构建符合特殊要求的菌种。

三、微生物采油工艺及应用

根据微生物的注入和生产方式，微生物采油工艺大致分为单井周期注入微生物采油与微生物驱油两大类。

（一）单井周期注入微生物采油

单井周期注入微生物采油法又称单井吞吐法，微生物及其营养物通过套管注入单口油井。油井关闭数日至数周，微生物在油层中生长繁殖并代谢产物，微生物可移动到油井周围直径 10 m 左右的储油岩层中。在微生物及其代谢产物的作用下，堵塞的油层空隙通道被疏通，从而增加原油的流动性，提高采收率。注入液中有时会加入少量化学降黏剂或气体（CO_2 或 N_2），以增加地层能量，扩大微生物在油藏中的作用范围，提高微生物吞吐的总体效果。

关井时间取决于微生物的生长繁殖情况，而这主要取决于油层温度。开井生产后，采油微生物被反排出来，故称单井吞吐法。为保持高产，当采油量降低时，需要再次注入采油微生物，整个过程 3~6 个月重复一次，微生物有机会进入更深的地层，作用于更多的残余油。合理的菌液用量与处理频率是影响经济效益的重要因素，需结合具体情况进行调整，一般不宜超过 6 轮次。建议在含水率 70%~90%时进行，有利于微生物的生长繁殖。

该法适用于常规稠油油藏(地层原油黏度为 100~500 mPa·s),效果好的一轮次可增产 1000~2000 t。一些多轮次蒸汽吞吐的稠油油井也在尝试应用微生物吞吐技术延长其经济寿命,但目前微生物吞吐的成功率并不高,约为 70%。

(二) 微生物驱油

微生物驱油是通过微生物作用于整个油层,提高产量和采收率的方法。将筛选到的微生物及营养液从注水井高压泵入储油层,无论是连续注入还是间断注入,微生物都能通过注水系统以正常速度注入油层。微生物随注入水在油层内迁移,直至储油层深部。微生物在油层内生长繁殖,并产生各种代谢产物。细胞与代谢产物均可作用于原油,协同发挥驱油功能,降低原油黏度,增加原油的流动性,驱动原油从油井中采出,提高采收率。该工艺几乎无须改动现有的注水流程,也无须中断常规注入流程。

微生物驱油技术是从注水井注入微生物,作用对象是大面积油层,对微生物的要求与单井吞吐法相同,但微生物及营养物的用量远大于单井吞吐法。所有微生物采油方法中,微生物驱油可真正提高采收率,且效果最好,显效最长,是主要的发展方向。

微生物驱油技术经过不同油藏的试验,从早期的外源微生物驱油发展到目前的外源微生物驱油、内源微生物驱油和微生物制剂驱油三种。2010 年以来,我国已有 40 多个区块实施了微生物驱油,主要分布在胜利、华北、克拉玛依、大庆和长庆等油田。2018 年统计结果表明,通过微生物驱油累计增油量超过 8.0×10^5 t,试验区块数量相比 10 年前也有明显增加趋势,可见该技术具有广泛的适用范围。

经过多年的努力,MEOR 技术有了很大的提升,在我国原油三次开采领域发挥着积极作用,并在全国各大油田进行了中试,取得良好的结果。虽然目前 MEOR 技术的应用还不够成熟,存在菌种培育不足、菌种性能评价不完善、与生态环境冲突、监测管理不到位等方面的问题,但是只要重视微生物菌种的培育和选择,完善微生物性能评价体系,加大科研经费的投入,提升相关研究人员的综合素质与能力,就能够对现阶段 MEOR 技术进行创新,提高石油采收率,尽量避免资源浪费,为我国社会经济发展提供能源动力。

第五节 微生物冶金

一、微生物冶金概述

随着人类社会的快速发展,人类对自然资源的需求量与日俱增,而自然矿产资源的枯竭以及因资源开采而导致的环境问题,对矿冶工作提出了更高的要求。微生物冶金技术是近年来生物工程技术与传统选矿技术交叉发展而产生的一种新工艺,具有能耗低、成本低、工艺简单、无污染等优点,在矿物加工、"三废"治理等领域展现了广阔的应用前景,取得良好的经济效益。

人类很早就认识到微生物在溶解矿石、浸出和回收金属方面的作用。据记载,1670年,西班牙的 Rio Tinto 矿利用细菌浸出法从硫化铜矿坑中回收铜;1687年,瑞典 Falun 矿利用微生物金属浸出回收了约 2000000 t 铜。1947年,Colmer 与 Hinkel 首次从酸性矿坑水中分离出氧化亚铁硫杆菌,随后,Temple 等和 Leathen 等相继发现这种细菌能够将 Fe^{2+} 氧化为 Fe^{3+},并且能够将矿物中的硫化物氧化为硫酸。1954年,Bryner 等系统研究了各类硫化物的微生物浸出作用,阐明了氧化亚铁硫杆菌在硫化矿浸出过程中的作用。1958年,Zimmerley 等首次申请了微生物堆浸技术的专利,并将该专利委托给美国 Kennecott 铜业公司,建成世界上第一座铜的微生物堆浸厂,率先利用氧化亚铁硫杆菌渗滤硫化铜矿获得成功,开创了现代微生物冶金的工业化应用。1986年,南非金科公司的 Fairview 金矿建立了世界上第一个细菌氧化提金厂,实现了难浸金矿细菌氧化预处理法在世界上的首次商用。1980年后,国内外一批铜矿、金矿、铀矿采用生物浸出技术,在商业上获得成功。在铀矿生物冶金方面,美国、加拿大、俄罗斯、印度等国已广泛采用细菌法溶浸铀矿。

我国微生物冶金技术研究始于20世纪60年代,研究人员对安徽铜官山铜矿开展了细菌浸铜初步试验研究。1970年,湖南一铀矿进行了贫铀矿石的细菌堆浸扩大试验。1997年,江西德兴铜矿建成我国第一座年产 2000 t 阴极铜的微生物堆浸厂。2000年,紫金矿业集团股份有限公司也建成微生物堆浸厂,处理的矿石含铜 0.68%。国内微生物提金技术近年来也进入工业化应用阶段,烟台的黄金冶炼厂于2000年建成生物预氧化生产线,对含砷较高的金精矿进行预处理,处理量达到 60 t/d。高砷金精矿常规浸出仅能回收 10% 的金,而经过生物预氧化后,回收率可达 96%。此外,镍的微生物浸出实践也在甘肃金川集团逐步施行。核工业部门在江西进行半工业细菌堆浸试验,回收铀 1142 kg。目前在国内已有多个铀矿应用微生物堆浸技术进行生产。

微生物冶金技术适合处理贫矿、废矿、表外矿,或用于难采、难选、难冶矿的堆浸和就地浸出。同时,微生物冶金技术具有操作简便、成本低、能耗低、污染少等优点,具有广泛的应用前景。微生物冶金技术将大大提高矿产资源的利用率,对我国资源开采具有重要的战略意义。

二、微生物冶金技术的分类

微生物冶金是指利用某些微生物或其代谢产物对某些矿物的化学作用,将矿物里的有价元素以离子形式溶解到浸出液中并进行回收。利用微生物能氧化、还原、溶解和吸收矿物的特性,再结合湿法冶金等相关方法,形成微生物冶金技术。

根据微生物自身及其对矿物的作用,微生物冶金技术可以分成微生物浸出、微生物氧化和微生物分解三类。

(一) 微生物浸出

微生物浸出技术是通过微生物或者微生物的代谢产物对金属的吸附作用而达到矿物分选的目的。微生物浸出工艺大致可分为四类:地浸法、堆浸法、槽浸法和搅拌浸出法。浸矿微生物的种类较多,可分为两类:一类是化能自养型微生物,主要有硫杆菌属、硫化杆菌属、钩端螺旋菌属、硫化叶菌属等。这类微生物是应用最广、研究最多的浸矿微生物,主要用于铜、锌、镍等金属硫化矿的氧化浸出,以及铀矿、低品位矿的回收;另一类是化能异养型微生物,主要有芽孢杆菌属、假单胞菌属、黑曲霉等。化能异养型微生物通常都可以代谢产生柠檬酸、草酸、苹果酸、乳酸等有机酸。这些有机酸可与金属发生酸解、配位反应,促进矿物质的分解。这类微生物在从富含有机质的固体废物中去除重金属、浸出回收重金属以及重金属解毒等方面有着广阔的应用前景。

微生物浸出可以提取低品位矿石和硫化矿中的金属元素,其作用机制是细菌自身代谢产生有机酸并作用于矿物,使矿物中有用组分进入溶液。对于硫化矿的浸出分解过程,细菌既有直接作用,也有间接作用。

(1) 直接作用:指细菌吸附于矿物表面,对硫化矿直接氧化分解的作用。

微生物浸出主要反应过程如下:

$$2MS + O_2 + 4H^+ \xrightarrow{\text{细菌参与}} 2M^{2+} + 2S + 2H_2O$$

式中,M 为 Zn、Pb、Co、Ni 等金属元素。

(2) 间接作用:指金属硫化物被溶液中 Fe^{3+} 氧化,可用以下反应式表示:

$$MS + 2Fe^{3+} \longrightarrow M^{2+} + 2Fe^{2+} + S$$

反应所生成的 Fe^{2+} 在细菌的作用下氧化成 Fe^{3+}:

$$4Fe^{2+} + O_2 + 4H^+ \xrightarrow{\text{细菌参与}} 4Fe^{3+} + 2H_2O$$

(二) 微生物氧化

金通常以固、液或亚显微形式包裹于砷黄铁矿($FeAsS$)、黄铁矿(FeS_2)等硫化矿物中,传统方法难以提取。微生物氧化又称细菌氧化,是利用嗜硫、铁的氧化亚铁硫杆菌等微生物,氧化矿石中物理包裹以及化学结合紧密难以暴露的金粒,通过氧化作用去除表面的黄铁矿等杂质,暴露出的目的矿物或元素保存在氧化渣中,以便进行下一步的处理和回收。在酸性(pH 为 2~6)环境中,细菌对砷黄铁矿的氧化作用机制为

$$4FeAsS + 12.75O_2 + 6.5H_2O$$
$$\longrightarrow 3Fe^{3+} + Fe^{2+} + 2H_3AsO_4 + 2H_2AsO_4^{2-} + H_2SO_4 + 3SO_4^{2-} + H^+ + 2e^-$$

对铜、硫含量低的金精矿采用微生物氧化法,能将金从杂质中有效剥离,对金精矿的氧化效果良好。生物预氧化工艺投资少、成本低、对环境污染少,在难选冶金矿的处理中产生了理想的效果,并取得较好的经济效益。

(三)微生物分解

微生物分解是通过微生物的分解作用从矿物中提取有用元素的过程,成本低、操作简单而且环保,可以处理尾矿以及矿渣以获得精矿。铝土矿中的细菌可以很好地分解碳酸盐和磷酸盐类矿物。例如,芽孢杆菌分泌出的多糖可和铝土矿中的硅酸盐以及铁、钙氧化物作用,黑曲霉、芽孢杆菌和假单胞菌可选择性地从低品位铝土矿中浸出铁和钙。微生物对碳酸盐矿物的分解作用包括微生物代谢产生的酸分解碳酸盐,以及呼吸产生的 CO_2 溶解产生 H_2CO_3,加速碳酸盐的分解。

三、微生物冶金技术的应用

(一)微生物冶金技术在金、银矿石处理中的应用

微生物冶金技术主要应用于金、银矿的预氧化处理。南非、美国、巴西、澳大利亚和加拿大等国家已有多个生物氧化预处理厂投产。南非金科公司的 Fairvirw 金矿采用细菌浸出,金浸出率达 95% 以上;美国内华达州的 Tomkin Spytins 金矿于 1989 年建成生物浸出厂,日处理矿石 1500 t,金回收率为 90%;澳大利亚于 1992 年建成 Harbour Lights 细菌氧化提金厂,处理规模为 40 t/d。巴西一家工厂于 1991 年投产,处理规模为 150 t/d。我国陕西省地矿局于 1994 年进行了 2000 t 级黄铁矿类型贫金矿的细菌堆浸现场试验,原矿的含金量仅 0.54 g/t,经细菌氧化预处理后金的回收率达到 58%,未经处理的只有 22%;1995 年,云南镇源难浸金矿利用细菌氧化预处理技术建成我国第一个微生物浸金工厂。新疆包古图金矿经细菌氧化预处理后,金浸出率高达 92%~97%。

(二)微生物冶金技术在铜矿石处理中的应用

起初,微生物浸出铜技术主要用于回收废石和低品位硫化矿中的铜,近年来这种技术被用于处理含铜量大于 1% 的次生硫化铜矿。美国和智利用 SX-EW 法生产的铜中有 50% 以上是采用微生物堆浸技术生产的,如世界上海拔最高(4400 m)的湿法炼铜厂位于智利北部的奎布瑞达布兰卡,该厂处理的铜矿物主要为辉铜矿和蓝铜矿,含铜量为 1.3%,采用微生物堆浸技术,铜的浸出率为 82%,年产 75000 t 阴极铜。我国已开采的铜矿中有 85% 属于硫化矿,受当时选矿技术和经济成本的限制,开采过程中产生了大量的表外矿和废石,废石含铜量一般为 0.05%~0.3%。德兴铜矿采用细菌堆浸技术处理含铜量为 0.09%~0.25% 的废石,建成生产能力为 2000 t/a 的湿法铜厂,萃取槽的处理能力达到 320 m³/h,接近国外萃取槽的先进水平。1997 年 5 月该厂投产,生产的阴极铜质量达到 A 级。

福建紫金山金铜矿已探明的铜储量为 3000000 t,主要铜矿物为蓝辉铜矿、辉铜矿和铜蓝,属低品位含砷铜矿,铜平均含量为 0.45%,含砷量为 0.37%。该矿采用微生物堆浸技术建成年产 300 t 阴极铜的试验厂。

(三) 微生物冶金技术在铀矿石处理中的应用

细菌浸铀也有数十年的历史。1953 年,葡萄牙开始试验细菌浸铀。1959 年,某铀矿采用细菌浸铀,浸出率达到 60%~80%。20 世纪 60 年代,加拿大用细菌浸出 Elliot Lake 铀矿中的铀。该地区有 3 家铀矿公司建立了细菌生产厂,1986 年铀-308 年产量达 3600 t。1983 年,采用原位浸出法从 Dension 矿中成功回收铀-308 约 250 t。1966 年加拿大成功实现了细菌浸铀的工业化应用,用细菌浸铀生产的铀占加拿大铀总产量的 10%~20%,而西班牙几乎所有的铀都是通过细菌浸出法获得的。目前,世界上许多国家都已广泛应用细菌浸出法溶浸铀矿。

20 世纪 70 年代初,我国也在湖南 711 铀矿开展了处理量为 700 t 贫铀矿石的细菌堆浸扩大试验。柏坊铜矿则将堆积在地表的含铀量为 0.02%~0.03% 的 20000 t 尾砂通过细菌浸出法得到铀浓缩物 2 t 多。20 世纪 90 年代,新疆某矿山采用细菌地浸法浸出铀取得良好的经济效益。此外,相山铀矿开展了细菌堆浸半工业化试验研究,赣州铀矿原地爆破浸出试验及草桃背矿石堆浸试验中都应用了细菌溶浸技术。

(四) 微生物冶金技术在其他金属矿处理中的应用

据报道,镍、镉、锑、钴、钼和锌等硫化物的生物浸出试验比较成功。可见,氧化亚铁硫杆菌和嗜温微生物能有效地从纯硫化物或复合多金属硫化物中溶解出上述重金属。金属提取速度取决于其溶度积,因而溶度积最高的金属硫化物的浸出速度最快。这些金属硫化物可用细菌直接或间接浸出。除上述金属硫化物外,锰和铅的硫化物、铜的硒化物、稀土元素以及镓和锗也可被微生物浸出。硅酸铝的微生物降解也曾得到广泛研究,尤其是利用生长过程中能释放出有机酸的异养型微生物,这些有机酸对岩石和矿物具有侵蚀作用。微生物冶金技术在贵金属和稀有金属的提取中具有广泛的应用,包括大洋多金属结核、大型硫化铜镍矿、难选铜-锌混合矿、含金硫化物矿等。

微生物冶金技术为人类解决当今世界所面临的矿产资源和环境保护等诸多重大问题提供了有力的手段。微生物湿法冶金具有环境友好、基建投资少、运行成本低等优点,其应用将越来越广。

参 考 文 献

[1] 伦世仪. 环境生物工程[M]. 北京:化学工业出版社,2002.
[2] 陈坚. 环境生物技术[M]. 北京:中国轻工业出版社,1999.
[3] 马放,冯玉杰,任南琪. 环境生物技术[M]. 北京:化学工业出版社,2003.
[4] 冯玉杰. 现代生物技术在环境工程中的应用[M]. 北京:化学工业出版社,2004.
[5] 周群英,王士芬. 环境工程微生物学[M]. 4版. 北京:高等教育出版社,2015.
[6] 高廷耀,顾国维,周琪. 水污染控制工程[M]. 4版. 北京:高等教育出版社,2015.
[7] 王家德,成卓韦. 现代环境生物工程[M]. 北京:化学工业出版社,2014.
[8] 任南琪,李建政. 环境污染防治中的生物技术[M]. 北京:化学工业出版社,2004.
[9] 李建政,汪群慧. 废物资源化与生物能源[M]. 北京:化学工业出版社,2004.
[10] 陈欢林. 环境生物技术与工程[M]. 北京:化学工业出版社,2003.
[11] 王建龙. 生物固定化技术与水污染控制[M]. 北京:科学出版社,2002.
[12] 沃克 J M,拉普勒 R. 分子生物学与生物技术[M]. 谭天伟,黄留玉,苏国富,等译. 北京:化学工业出版社,2003.
[13] Bommarius A S,Riebel B R. 生物催化:基础与应用[M]. 孙志浩,许建和,译. 北京:化学工业出版社,2006.
[14] 阿依木古丽,蔡勇. 生物化学与分子生物学实验技术[M]. 北京:化学工业出版社,2016.
[15] 李海英,杨峰山,邵淑丽. 现代分子生物学与基因工程[M]. 北京:化学工业出版社,2008.
[16] 王举,王兆月,田心. 生物信息学:基础及应用[M]. 北京:清华大学出版社,2014.
[17] 王廷华,王廷勇,张晓. 生物信息学理论与技术[M]. 北京:科学出版社,2015.
[18] 王禄山,高培基. 生物信息学应用技术[M]. 北京:化学工业出版社,2008.
[19] 陶士珩. 生物信息学[M]. 北京:科学出版社,2007.
[20] 赵亚力,马学斌,韩为东. 分子生物学基本实验技术[M]. 北京:清华大学出版社,2006.

[21] 许建和,郁惠蕾. 生物催化剂工程:原理及应用[M]. 北京:化学工业出版社,2016.

[22] 曹林秋. 载体固定化酶:原理、应用和设计[M]. 北京:化学工业出版社,2008.

[23] 杨立荣. 生物催化技术研究现状和发展趋势[J]. 生物产业技术,2016(4):22-26.

[24] Choi J M, Han S S, Kim H S. Industrial applications of enzyme biocatalysis: Current status and future aspects [J]. Biotechnology Advances, 2015, 33(7): 1443-1454.

[25] Liu Q, Xun G, Feng Y. The state-of-the-art strategies of protein engineering for enzyme stabilization[J]. Biotechnology Advances, 2019, 37(4): 530-537.

[26] de Carvalho C C. Enzymatic and whole cell catalysis: Finding new strategies for old processes[J]. Biotechnology Advances, 2011, 29(1): 75-83.

[27] Haque S, Singh R, Harakeh S, et al. Enzyme-based biocatalysis for the treatment of organic pollutants and bioenergy production [J]. Current Opinion in Green and Sustainable Chemistry, 2022, 38: 100709.

[28] Masotti F, Garavaglia B S, Gottig N, et al. Bioremediation of the herbicide glyphosate in polluted soils by plant-associated microbes[J]. Current Opinion in Microbiology, 2023, 73: 102290.

[29] Singh K, Ansari F A, Ingle K N, et al. Microalgae from wastewaters to wastelands: Leveraging microalgal research conducive to achieve the UN Sustainable Development Goals[J]. Renewable and Sustainable Energy Reviews, 2023, 188: 113773.

[30] Wagh M S, Sowjanya S, Nath P C. Valorisation of agro-industrial wastes: Circular bioeconomy and biorefinery process-A sustainable symphony[J]. Process Safety and Environmental Protection, 2024, 183: 708-725.

[31] Markus B, Christian G C, Arkadij K, et al. Accelerating biocatalysis discovery with machine learning: A paradigm shift in enzyme engineering, discovery, and design[J]. ACS Catalysis, 2023, 13(21): 14454-14469.

[32] Wan M C, Qin W, Lei C, et al. Biomaterials from the sea: Future building blocks for biomedical applications[J]. Bioactive Materials, 2021, 6(12): 4255-4285.

[33] Wachtmeister J, Rother D. Recent advances in whole cell biocatalysis

techniques bridging from investigative to industrial scale[J]. Current Opinion in Biotechnology, 2016, 42: 169-177.

[34] Yang G, Ding Y. Recent advances in biocatalyst discovery, development and applications[J]. Bioorganic & Medicinal Chemistry, 2014, 22(20): 5604-5612.

[35] Polakovič M, Švitel J, Bučko M, et al. Progress in biocatalysis with immobilized viable whole cells: Systems development, reaction engineering and applications[J]. Biotechnology Letters, 2017, 39(5): 667-683.

[36] Jeandet P, Sobarzo-Sánchez E, Silva A S, et al. Whole-cell biocatalytic, enzymatic and green chemistry methods for the production of resveratrol and its derivatives[J]. Biotechnology Advances, 2020, 39: 107461.

[37] 彭司华, 孙丹, 袁文亮, 等. 通过宏基因组学发现生物催化剂[J]. 应用与环境生物学报, 2019, 25(2): 463-472.

[38] 王叶, 贾振华, 宋水山. 宏基因组学结合合成生物学法挖掘新型生物催化剂的研究进展[J]. 生物技术通报, 2018, 34(8): 35-42.

[39] 王魁, 汪思迪, 黄睿, 等. 宏基因组学挖掘新型生物催化剂的研究进展[J]. 生物工程学报, 2012, 28(4): 420-431.

[40] 崔金明, 刘陈立. 合成生物学中的高通量筛选与测量技术[J]. 中国细胞生物学学报, 2019, 41(11): 2083-2090.

[41] 杨建花, 苏晓岚, 朱蕾蕾. 高通量筛选系统在定向改造中的新进展[J]. 生物工程学报, 2021, 37(7): 2197-2210.

[42] Sousa J, Silvério S C, Costa A M A, et al. Metagenomic approaches as a tool to unravel promising biocatalysts from natural resources: Soil and water[J]. Catalysts, 2022, 12: 385.

[43] Bilal T, Malik B, Hakeem KR. Metagenomic analysis of uncultured microorganisms and their enzymatic attributes[J]. Journal of Microbiological Methods, 2018, 155: 65-69.

[44] Wang Y Z, Qian J Y, Shi T Q, et al. Application of extremophile cell factories in industrial biotechnology[J]. Enzyme and Microbial Technology, 2024, 175: 110407.

[45] Kaur A, Capalash N, Sharma P. Communication mechanisms in extremophiles: Exploring their existence and industrial applications[J]. Microbiological Research, 2019, 221: 15-27.

[46] Sun J Z, He X, Le Y L, et al. Potential applications of extremophilic bacteria in the bioremediation of extreme environments contaminated with

heavy metals[J]. Journal of Environmental Management, 2024, 352: 120081.

[47] Ashcroft E, Munoz-Munoz J. A review of the principles and biotechnological applications of glycoside hydrolases from extreme environments [J]. International Journal of Biological Macromolecules, 2024, 259(Part 1): 129227.

[48] Schmidl S R, Ekness F, Sofjan K, et al. Rewiring bacterial two-component systems by modular DNA-binding domain swapping [J]. Nature Chemical Biology, 2019, 15(7): 690-698.

[49] Sikora A E, Tehan R, McPhail K. Utilization of vibrio cholerae as a model organism to screen natural product libraries for identification of new antibiotics [J]. Methods in Molecular Biology, 2018, 1839: 135-146.

[50] Kan S B J, Lewis R D, Chen K, et al. Directed evolution of cytochrome c for carbon-silicon bond formation: Bringing silicon to life [J]. Science, 2016, 354: 1048-1051.

[51] Han B, Sivaramakrishnan P, Lin C J, et al. Microbial genetic composition tunes host longevity [J]. Cell, 2017, 169: 1249-1262.

[52] 庄滢潭, 刘芮存, 陈雨露, 等. 极端微生物及其应用研究进展[J]. 中国科学:生命科学, 2022, 52(2): 204-222.

[53] 黄春晓. 极端微生物在环境保护中的应用[J]. 长春师范学院学报, 2007, 26(3): 69-71.

[54] 何冰芳, 欧阳平凯. 极端微生物与工业生物催化剂开发[J]. 化工进展, 2006(10): 1124-1127.

[55] 刘欣, 魏雪, 王凤忠, 等. 极端酶研究进展及其在食品工业中的应用现状[J]. 生物产业技术, 2017(4): 62-69.

[56] 李升康, 王玉桥. 深海微生物极端酶的研究进展[J]. 海洋科学, 2009, 33(5): 98-102.

[57] 刘爱民, 黄为一. 极端酶的研究[J]. 微生物学杂志, 2004(6): 47-50.

[58] 王继莲, 魏云林, 李明源. 嗜冷酶的特性及其在食品工业上的应用[J]. 食品工业科技, 2014, 35(9): 381-384.

[59] 吴军林, 林炜铁, 杨继国. 嗜高温酶的研究及应用[J]. 广州食品工业科技, 2003(1): 60-62, 84.

[60] Yaashikaa P R, Devi M K, Kumar P S. Advances in the application of immobilized enzyme for the remediation of hazardous pollutant: A review [J]. Chemosphere, 2022, 299: 134390.

[61] Wang L T, Du X R, Li Y, et al. Enzyme immobilization as a sustainable

approach toward ecological remediation of organic-contaminated soils: Advances, issues, and future perspectives[J]. Critical Reviews in Environmental Science and Technology, 2023, 1: 727-735.

[62] Shakerian F, Zhao J, Li S P. Recent development in the application of immobilized oxidative enzymes for bioremediation of hazardous micropollutants-A review[J]. Chemosphere, 2019, 239: 124716.

[63] 潘虹,陆天炆,王晓军,等. 酶固定化技术的最新研究进展[J]. 西安工程大学学报, 2024, 38(1): 83-91.

[64] 杨月珠,李章良,吕源财,等. 漆酶的固定化技术及固定化漆酶载体材料研究进展[J]. 净水技术, 2022, 41(9): 8-17.

[65] 刘茹,焦成瑾,杨玲娟,等. 酶固定化研究进展[J]. 食品安全质量检测学报, 2021, 12(5): 1861-1869.

[66] 李海玲,陈丽华,肖朝虎,等. 微生物固定化载体材料的研究进展[J]. 现代化工, 2020, 40(8): 58-61.

[67] 石小霞,褚可成,陈志梅,等. 固定化细胞技术及其应用[J]. 食品工业科技, 2010, 31(12): 380-382.

[68] 彭春燕,刘天翔,高育慧,等. 微生物固定化载体材料的最新研究进展[J]. 现代化工, 2021, 41(6): 55-59.

[69] Nezhad N G, Rahman R N Z R A, Normi Y M, et al. Recent advances in simultaneous thermostability-activity improvement of industrial enzymes through structure modification[J]. International Journal of Biological Macromolecules, 2023, 232: 123440.

[70] Xu Z, Cen Y K, Zou S P, et al. Recent advances in the improvement of enzyme thermostability by structure modification[J]. Critical Reviews in Biotechnology, 2020, 40(1): 83-98.

[71] Yu H, Feng J, Zhong F, et al. Chemical modification for the "off-/on" regulation of enzyme activity[J]. Macromolecular Rapid Communications, 2022, 43(18): e2200195.

[72] Minten I J, Abello N, Schooneveld-Bergmans M E F, et al. Post-production modification of industrial enzymes[J]. Applied Microbiology and Biotechnology, 2014, 98(14): 6215-6231.

[73] Giri P, Pagar A D, Patil M D, et al. Chemical modification of enzymes to improve biocatalytic performance[J]. Biotechnology Advances, 2021, 53: 107868.

[74] Ahmad M, Liu S, Mahmood N, et al. Synergic adsorption-biodegradation

by an advanced carrier for enhanced removal of high-strength nitrogen and refractory organics [J]. ACS Applied Materials & Interfaces[J], 2017, 9(15): 13188-13200.

[75] 刘金升, 陈振娅, 霍毅欣, 等. FACS 技术在酶定向进化中的应用[J]. 生物技术通报, 2023, 39(10): 93-106.

[76] 王千, 白杰, 江会锋. 合成生物学酶改造设计技术的研究进展[J]. 生命科学, 2021, 33(12): 1493-1501.

[77] 明玥, 赵自通, 王鸿磊, 等. 基于序列和结构分析的酶热稳定性改造策略[J]. 中国生物工程杂志, 2021, 41(10): 100-108.

[78] 路福平, 黄爱岚, 赵蕾, 等. 计算机模拟在食品工业用酶改造中的应用[J]. 中国食品学报, 2020, 20(11): 1-10.

[79] 王文豪, 闻鹏飞, 许孔亮, 等. 工业环境下酶蛋白的催化行为与适应性改造研究进展[J]. 生物工程学报, 2019, 35(10): 1857-1869.

[80] 姜恬, 冯旭东, 李岩, 等. 底物特异性的生物催化与酶设计改造[J]. 化工进展, 2019, 38(1): 606-614.

[81] 黎春怡, 黄卓烈. 化学修饰法在酶分子改造中的应用[J]. 生物技术通报, 2011(9): 39-43.

[82] 邰赵伟, 张宇宏, 张伟. 微生物酶分子改造研究进展[J]. 中国生物工程杂志, 2010, 30(1): 98-103.

[83] 罗巅辉, 陆军, 李晓雪. 蛋白质定向进化技术的进展及其在酶制剂改造中的应用[J]. 生物技术, 2003(1): 41-43.

[84] 曹浩. 应用生物信息学手段的酶催化性能优化研究[D]. 北京: 北京化工大学, 2017.

[85] 孙伟峰, 钟文娟, 孙彬, 等. 生物信息学在蛋白质(酶)改造及设计中应用的新进展[J]. 西华大学学报(自然科学版), 2016, 35(2): 67-71.

[86] 蔡晓辉. 基于结构生物信息学的蛋白质设计[D]. 上海: 中国科学院上海生命科学研究院, 2006.

[87] 于慧敏, 罗晖, 史悦, 等. 生物信息学在工业生物催化研究中的应用[J]. 生物工程学报, 2004(3): 325-331.

[88] Paiva V A, Gomes I S, Monteiro C R, et al. Protein structural bioinformatics: An overview[J]. Computers in Biology and Medicine, 2022, 147: 105695.

[89] Gustafsson C, Govindarajan S, Minshull J. Putting engineering back into protein engineering: Bioinformatic approaches to catalyst design [J]. Current Opinion in Biotechnology, 2003, 14(4): 366-370.

[90] Palomo J M, Filice M. New emerging biocatalysts design in biotransformations[J]. Biotechnology Advances, 2015, 33(5): 605-613.

[91] 雷文龙, 雷思茹, 陈帅, 等. 纳米孔测序技术在基因组学中的应用研究进展[J]. 基因组学与应用生物学, 2023, 42(3): 233-241.

[92] 孙海汐, 王秀杰. DNA 测序技术发展及其展望[J]. 科研信息化技术与应用, 2009(3): 18-29.

[93] Vihinen M. Bioinformatics in proteomics[J]. Biomolecular Engineering, 2001, 18(5): 241-248.

[94] Rosano G L, Ceccarelli E A. Recombinant protein expression in *Escherichia coli*: Advances and challenges[J]. Frontiers in Microbiology, 2014, 5: 172.

[95] Kondo T, Yumura S. Strategies for enhancing gene expression in *Escherichia coli*[J]. Applied Microbiology and Biotechnology, 2020, 104(9): 3825-3834.

[96] Mack M, Wannemacher M, Hobl B, et al. Comparison of two expression platforms in respect to protein yield and quality: *Pichia pastoris* versus *Pichia angusta*[J]. Protein Expression and Purification, 2009, 66(2): 165-171.

[97] Potvin G, Ahmad A, Zhang Z. Bioprocess engineering aspects of heterologous protein production in *Pichia pastoris*: A review[J]. Biochemical Engineering Journal, 2012, 64: 91-105.

[98] Wu H, Yan H, Quan Y, et al. Recent progress and perspectives in biotrickling filters for VOCs and odorous gases treatment[J]. Journal of Environmental Manage, 2018, 222: 409-419.

[99] Cheng Y, He H, Yang C, et al. Challenges and solutions for biofiltration of hydrophobic volatile organic compounds[J]. Biotechnology Advances, 2016, 34(6): 1091-1102.

[100] Roy S, Guanglei Q, Zuniga-Montanez R, et al. Recent advances in understanding the ecophysiology of enhanced biological phosphorus removal[J]. Current Opinion in Biotechnology, 2021, 67: 166-174.

[101] Wang N, Peng L, Gu Y, et al. Insights into biodegradation of antibiotics during the biofilm-based wastewater treatment processes[J]. Journal of Cleaner Production, 2023, 393: 136321.

[102] 罗丽芳. 污水生物脱氮除磷研究进展[J]. 生物化工, 2021, 7(2): 137-141.

[103] 刘超,廖雷,彭娟,等. 挥发性有机废气生物处理技术研究进展[J]. 环境工程,2016,34(4):95-99.

[104] 常远,李若琪,李珅,等. 好氧堆肥腐殖酸形成机制及促腐调控技术概述[J]. 中国环境科学,2023,43(10):5291-5302.

[105] 付程,郭占斌,付义琦,等. 好氧堆肥技术与厌氧发酵技术研究进展[J]. 热带农业工程,2023,47(5):165-169.

[106] 张国治,魏珞宇,葛一洪,等. 我国农村生活垃圾处理现状及其展望[J]. 中国沼气,2021,39(4):54-61.

[107] Kibria M G, Paul U K, Hasan A, et al. Current prospects and challenges for biomass energy conversion in Bangladesh: Attaining sustainable development goals[J]. Biomass and Bioenergy, 2024, 183: 107139.

[108] Singh T, Alhazmi A, Mohammad A, et al. Integrated biohydrogen production via lignocellulosic waste: Opportunity, challenges & future prospects[J]. Bioresource Technology, 2021, 338: 125511.

[109] Du W, Wang J Z, Feng Y X, et al. Biomass as residential energy in China: Current status and future perspectives[J]. Renewable and Sustainable Energy Reviews, 2023, 186: 113657.

[110] Ahmad W, Nisar J, Anwar F, et al. Future prospects of biomass waste as renewable source of energy in Pakistan: A mini review[J]. Bioresource Technology Reports, 2023, 24: 101658.

[111] Vigneswari S, Kee S H, Hazwan M H, et al. Turning agricultural waste streams into biodegradable plastic: A step forward into adopting sustainable carbon neutrality[J]. Journal of Environmental Chemical Engineering, 2024, 12(2): 112135.

[112] Yu D Y, Yu Y, Tang J W, et al. Application fields of kitchen waste biochar and its prospects as catalytic material: A review[J]. Science of the Total Environment, 2022, 810: 152171.

[113] Behera S, Samal K. Sustainable approach to manage solid waste through biochar assisted composting[J]. Energy Nexus, 2022, 7: 100121.

[114] Tang Y, Zhao W, Gao L, et al. Harnessing synergy: Integrating agricultural waste and nanomaterials for enhanced sustainability[J]. Environmental Pollution, 2024, 341: 123023.

[115] Zhang Y, Wang X, Zhu W, et al. Anaerobic fermentation of organic solid waste: Recent updates in substrates, products, and the process with multiple products co-production[J]. Environmental Research, 2023,

233：116444．

[116] 贾意久，石雅丽．生物质能源利用研究进展[J]．科技导报，2023，41(16)：55-75．

[117] 王雨桐，艾光华，肖国圣．微生物技术在矿物选冶过程中的研究进展[J]．矿产综合利用，2022(5)：91-95，108．

[118] 汪卫东．微生物采油技术研究进展与发展趋势[J]．油气地质与采收率，2021，28(2)：1-9．

[119] 陈紫荆，韩明阳，魏景垣．微生物采油技术在石油开采中的应用研究[J]．化学工程与装备，2019，10：170-171．

[120] 鹿钦礼，李亮，刘金亮，等．微生物燃料电池的应用研究进展[J]．环境工程，2019，37(8)：95-100．

[121] 陈薇．微生物浸出技术研究及其应用现状[J]．广州化工，2014，42(20)：53-55．